新世纪电气自动化系列规划教材

数控机床加工工艺与编程

主编　顾雪艳　缪德建　于磊磊

东南大学出版社
SOUTHEAST UNIVERSITY PRESS
·南京·

内 容 提 要

本书编写结合企业实际案例，由数控技术应用专业领域资深一线教师依据相关课程教学与培训基本要求，结合多年的教学经验，坚持课程改革新理念，教材内容突出应用性和实践性。引用企业实际加工案例，确保先进性和权威性。力求将专业知识与专业技能相结合，体现先进性、实用性、易懂性。

本书共分 9 章，第 1 章、第 2 章介绍了数控编程的基础知识和数控加工工艺基础；第 3 章介绍了数控车削工艺与编程基础；第 4 章、第 5 章介绍了 FANUC0i 数控车床系统编程和机床操作方法；第 6 章介绍了数控铣削编程基础；第 7 章、第 8 章介绍了 SIEMENS 802D、828 系统的编程和数控铣床的操作方法；第 9 章为综合编程实例。

本书可作为普通高等院校数控技术、机械制造、模具设计、机电一体化等专业的教学用书，也可作为技术学院的教材、企业数控加工人员的参考用书。

图书在版编目(CIP)数据

数控机床加工工艺与编程/顾雪艳，缪德建，于磊磊主编. —南京：东南大学出版社，2020. 11
新世纪电气自动化系列规划教材
ISBN 978-7-5641-9195-5

Ⅰ. ①数… Ⅱ. ①顾… ②缪… ③于… Ⅲ. ①数控机床—加工—高等学校—教材 ②数控机床—程序设计—高等学校—教材 Ⅳ. ①TG659

中国版本图书馆 CIP 数据核字(2020)第 217577 号

数控机床加工工艺与编程
Shukong Jichuang Jiagong Gongyi Yu Biancheng

主　　编　顾雪艳　缪德建　于磊磊
出版发行　东南大学出版社
出 版 人　江建中
社　　址　南京市四牌楼 2 号
邮　　编　210096

经　　销　全国各地新华书店
印　　刷　兴化印刷有限责任公司
开　　本　787 mm×1092 mm　1/16
印　　张　14. 25
字　　数　371 千字
书　　号　ISBN 978-7-5641-9195-5
版　　次　2020 年 11 月第 1 版
印　　次　2020 年 11 月第 1 次印刷
印　　数　1—2000 册
定　　价　49. 00 元

(本社图书若有印装质量问题，请直接与营销部联系，电话：025—83791830)

前　言

制造业是我国工业的支柱产业，而数控加工是制造业的基础，提高数控加工的水平和效率关系到我国制造业的竞争能力。

本书由数控技术应用专业领域资深一线教师依据相关课程教学与培训基本要求，结合多年的教学经验和企业实际案例，在实习讲义的基础上编写而成。本书编写时坚持课程改革新理念，具有以下特色：

(1) 教材内容突出应用性和实践性。

在编写时以 FANUC、SIMENS 数控系统为编程及操作对象，从工程实际出发，整合数控编程、数控机床、数控加工工艺、切削原理、刀具、机床操作等相关知识，有大量实用的编程实例，涵盖了数控加工所需的主要内容。

(2) 引用企业实际加工案例，确保先进性和权威性。

本书在编写过程中得到山特维克可乐满公司技术人员的支持，书中涉及的主要加工案例采用了山特维克刀具的实际切削用量及其加工新工艺方法。

(3) 体现课改理念，创新教材编写风格。

本书编写风格适用于具有职业教育特色的“做中教、做中学”的教学模式和行为导向教学原则下，操作步骤要点突出，编程案例经典详实，操作部分的插图以截屏图为主，直观清晰，增强可读性。

本书第 1 章介绍了数控编程的基础知识；第 2 章介绍了数控加工工艺基础；第 3章介绍了数控车削工艺与编程基础；第 4 章介绍了 FANUC0i 数控车床系统的编程方法；第 5 章介绍了数控车床的操作方法；第 6 章介绍了数控铣削工艺与编程基础；第 7 章介绍了 SIEMENS 802D 系统的编程方法；第 8 章介绍了数控铣床的操作方法；第 9 章介绍了一些综合编程实例。

本书由顾雪艳、缪德建、于磊磊担任主编，参加编写的人员有赵建峰、赵艺兵、李警仁、董彪、张帆。

本书在编写过程中参考了大量的文献资料，在此向文献资料的作者致以诚挚的谢意。由于编写时间及编写水平有限，书中难免有错误和不妥之处，恳请广大读者批评指正。

编　者

2020 年 7 月

目 录

1 数控编程基础 …… (1)

1.1 概述 …… (1)

1.1.1 数控编程的概念 …… (1)

1.1.2 数控编程的种类 …… (2)

1.1.3 数控编程的内容与步骤 …… (3)

1.2 数控机床的坐标系统 …… (4)

1.2.1 数控机床标准坐标系的规定 …… (4)

1.2.2 数控机床直角坐标轴、旋转运动坐标轴、附加坐标轴的确定 …… (4)

1.2.3 机床坐标轴的运动与联动 …… (6)

1.3 数控的程序结构与格式 …… (6)

1.3.1 程序结构 …… (6)

1.3.2 程序段格式 …… (7)

1.3.3 主程序与子程序 …… (7)

1.4 常用功能指令 …… (8)

1.4.1 准备功能G指令 …… (8)

1.4.2 辅助功能M指令 …… (10)

1.4.3 进给功能F指令 …… (12)

1.4.4 主轴转速功能S指令 …… (12)

1.4.5 刀具功能T指令 …… (12)

2 数控加工工艺基础 …… (13)

2.1 数控加工的切削基础 …… (13)

2.1.1 金属切削运动 …… (14)

2.1.2 工件表面的形成 …… (14)

2.1.3 切削用量三要素 …… (14)

2.1.4 切削用量选择 …… (15)

2.1.5 切屑与断屑 …… (16)

2.2 工件材料的分类 …… (18)

2.3 常见的切削刀具材料及性能 …… (20)

2.3.1 常见的切削刀具材料 …… (20)

2.3.2 刀具材料的成分组成和特性 …… (20)

2.4 数控加工工艺基础 …… (21)
2.4.1 数控加工工艺的主要内容 …… (21)
2.4.2 数控加工工艺的特点 …… (22)
2.4.3 数控加工的特点与适应性 …… (22)
2.4.4 数控机床的选用 …… (24)
2.4.5 数控加工的工艺文件 …… (25)
2.5 典型零件加工工艺制定 …… (31)
2.5.1 可乐瓶底加工工艺制定实例 …… (31)
2.5.2 叶片加工工艺制定实例 …… (32)
2.5.3 凸凹腔加工工艺制定实例 …… (35)
3 数控车削工艺与编程基础 …… (38)
3.1 数控车削工艺基础 …… (38)
3.1.1 切削原理 …… (38)
3.1.2 车刀、刀片的种类及其标记方法 …… (39)
3.1.3 车刀夹紧方式 …… (41)
3.1.4 刀具几何角度的选择原则 …… (41)
3.2 数控车削编程基础 …… (42)
3.2.1 概述 …… (42)
3.2.2 坐标系 …… (43)
3.2.3 数控车床常用指令及其特点 …… (44)
3.2.4 刀具功能 …… (48)
3.2.5 恒切削速度控制 …… (51)
3.2.6 螺纹切削的加工特点和切削用量选择 …… (51)
4 FANUC0i 数控车床系统编程 …… (56)
4.1 FANUC0i 系统常用指令功能 …… (57)
4.1.1 插补功能 …… (57)
4.1.2 倒角、倒圆编程功能 …… (58)
4.1.3 角度编程功能 …… (60)
4.1.4 坐标系功能 …… (61)
4.1.5 参考点功能 …… (61)
4.1.6 进给功能 …… (62)
4.1.7 主轴功能 …… (62)
4.1.8 刀具功能 …… (63)
4.1.9 辅助功能 …… (64)
4.2 螺纹切削功能 …… (64)
4.2.1 等螺距螺纹切削 …… (64)
4.2.2 螺纹切削循环 …… (66)

4.2.3 复合螺纹切削循环 …… (69)
4.3 固定循环功能 …… (70)
4.3.1 单一形状外径/内径切削循环功能 …… (70)
4.3.2 端面切削循环 …… (72)
4.3.3 复合型固定循环功能 …… (74)
4.4 编程实例 …… (78)
4.4.1 编程实例(一) …… (78)
4.4.2 编程实例(二) …… (80)
4.4.3 编程实例(三) …… (82)
4.5 用户宏程序编程 …… (84)
4.5.1 宏程序格式 …… (85)
4.5.2 宏程序的调用 …… (88)
4.5.3 宏程序编程实例(一) …… (90)
4.5.4 宏程序编程实例(二) …… (92)
4.6 数控车床习题 …… (96)
5 FANUC0i 数控车床操作 …… (99)
5.1 机床面板介绍 …… (99)
5.1.1 设定与显示单元 …… (99)
5.1.2 功能键与软键 …… (100)
5.1.3 机床控制面板 …… (100)
5.2 机床返回参考点 …… (102)
5.3 手动方式操作(JOG) …… (102)
5.4 手轮方式操作(HND) …… (104)
5.5 程序的输入与编辑 …… (104)
5.5.1 创建新程序 …… (104)
5.5.2 自动插入顺序号 …… (105)
5.5.3 程序清单的显示 …… (106)
5.5.4 字的插入、修改和删除 …… (106)
5.5.5 程序段的删除 …… (108)
5.5.6 程序号的检索 …… (109)
5.5.7 顺序号的检索 …… (109)
5.5.8 程序的删除 …… (110)
5.5.9 程序的复制 …… (110)
5.6 图形模拟 …… (112)
5.7 刀具参数与刀具补偿参数的设置 …… (114)
5.8 对刀操作 …… (115)
5.8.1 手动对刀 …… (115)
5.8.2 MDI 试切和磨损设置 …… (117)

5.8.3 工件原点偏移设置 …… (118)
5.9 MDI 运行方式 …… (120)
5.10 空运行方式 …… (121)
5.11 自动加工方式(MEM) …… (121)
5.12 与计算机进行数据传送方式(通信与 DNC) …… (122)
5.12.1 通信接口参数的设置 …… (123)
5.12.2 DNC 运行 …… (123)
5.12.3 程序的计算机输入 …… (124)
5.12.4 程序的计算机输出 …… (124)
5.12.5 CF 卡使用方法 …… (124)
5.13 机床的维护与保养 …… (126)
5.14 数控车床的安全操作注意事项 …… (127)
6 数控铣削工艺与编程基础 …… (129)
6.1 数控铣削工艺基础 …… (129)
6.1.1 铣刀的种类和用途 …… (129)
6.1.2 铣削方式 …… (130)
6.1.3 铣刀刀柄类型 …… (134)
6.2 数控铣削编程基础 …… (134)
6.2.1 坐标系 …… (134)
6.2.2 刀具补偿 …… (135)
6.2.3 数控铣削常用指令 …… (141)
6.2.4 编程举例 …… (147)
7 SIEMENS 828D(802D)系统数控铣床编程 …… (150)
7.1 SIEMENS 828D 系统指令代码 …… (150)
7.2 SIEMENS 828D 系统常用指令介绍 …… (152)
7.2.1 绝对量和增量的混合编程 G90、G91、AC、IC …… (152)
7.2.2 圆弧插补指令 …… (152)
7.2.3 倒角和倒圆角 …… (153)
7.2.4 螺旋插补 G3/G2、TURN …… (154)
7.3 SIEMENS 802D 系统循环指令 …… (154)
7.3.1 钻孔循环指令 …… (156)
7.3.2 攻丝循环指令 …… (161)
7.3.3 镗孔循环指令 …… (164)
7.3.4 铣槽循环指令 …… (166)
7.4 参数化编程 …… (170)
7.4.1 参数赋值 …… (171)
7.4.2 函数表达式 …… (171)

7.4.3 程序跳转 …… (172)
7.5 编程实例 …… (173)
7.6 数控铣削习题 …… (175)
8 SIEMENS 828D 系统数控铣床操作 …… (177)
8.1 机床面板介绍 …… (177)
8.2 手动方式操作(JOG) …… (179)
8.3 手轮方式操作(HND) …… (180)
8.4 程序的输入与编辑 …… (181)
8.5 刀具参数及刀具补偿参数的设置 …… (183)
8.5.1 输入刀具参数及刀具补偿参数 …… (183)
8.5.2 建立新刀具 …… (184)
8.5.3 输入/修改零点偏置值 …… (184)
8.6 对刀操作 …… (185)
8.6.1 确定刀具补偿值 …… (185)
8.6.2 确定工件补偿值 …… (186)
8.6.3 工件零点 MDA 方式检验 …… (187)
8.7 MDA 运行方式 …… (187)
8.7.1 MDA 基本设置 …… (187)
8.7.2 端面铣削 …… (188)
8.8 自动加工方式(AUTO) …… (189)
8.8.1 选择和启动零件程序加工 …… (190)
8.8.2 程序段搜索加工 …… (191)
8.8.3 停止、中断及重新返回加工 …… (192)
8.9 与计算机进行数据传送 …… (192)
8.10 数控铣床安全操作注意事项 …… (193)
9 综合编程实例 …… (194)
9.1 数控车床综合编程实例 …… (194)
9.1.1 综合实例(一)——带内瓦、调头加工 …… (194)
9.1.2 综合实例(二)——带内孔、调头加工 …… (196)
9.1.3 综合实例(三)——配合件的加工 …… (201)
9.1.4 综合实例(四)——梯形螺纹车削编程 …… (206)
9.2 数控铣床综合编程实例 …… (208)
9.2.1 铣削加工实例(一) …… (208)
9.2.2 铣削加工实例(二) …… (212)
参考文献 …… (216)

1 数控编程基础

1.1 概述

数控编程是针对数控机床编制的加工程序。数控机床是近几十年来发展起来的一种新型自动化机床。它集机械制造、计算机、微电子、现代控制及精密测量等多种技术为一体,使传统的机械加工工艺发生了质的变化,使其整个加工过程实现自动化。近年来,各种数控机床的精确性、可靠性、集成性、柔性和宜人性等各方面功能越来越完善,它在机械行业的自动化加工领域中占有越来越重要的地位。

1.1.1 数控编程的概念

数控编程即数控加工程序的编制。数控加工程序是数控机床在加工中不可缺少的一部分,数控机床之所以能加工出各种形状、不同尺寸和精度的零件,就是因为编程人员为它编制了不同的加工程序。如图 1.1 所示,数控机床与普通机床最大的区别在于:普通机床是通过人工手动操纵机床手柄,为进给机构提供所需进给动力;数控机床则是由数控加工程序控制机床进给运动,即把数控加工程序送入数控机床的“指挥中心”——数控系统,再通过一个使数控机床执行运动的操作中心——伺服系统,从而带动进给机构使机床按数控加工程序的顺序自动加工。

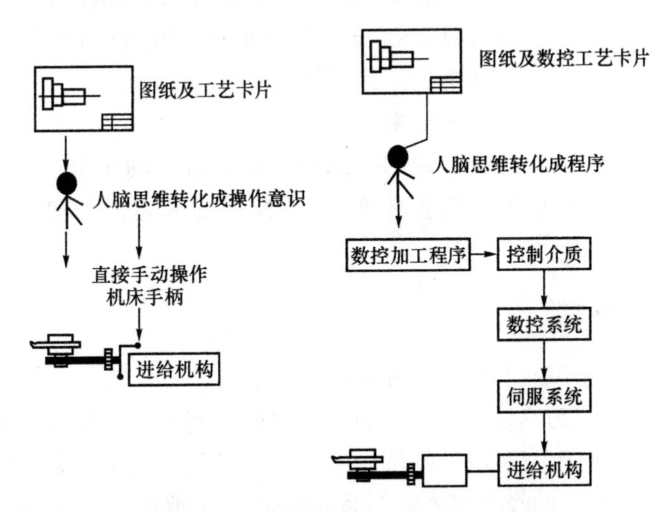

图 1.1 数控机床与普通机床的区别

数控加工程序就是把零件加工的工艺过程、工艺参数(进给速度和主轴转速等)、位移数据(几何形状和几何尺寸等)及开关命令(换刀、冷却液开/关和工件装卸等)等信息用数控系统规定的功能代码和格式按加工顺序编写成加工程序单,并记录在信息载体上,即制作成控制介质。

控制介质可以是:穿孔纸带、键盘、磁盘等各种可以记载二进制信息的媒体。目前常用的有

CF 卡、移动硬盘等，通过数控机床的输入装置，将信息载体上的数控加工程序输入机床数控系统，从而指挥数控机床按数控程序的内容加工出合格的零件。

图 1.2 所示是在数控铣床上编写程序加工台阶零件的过程，表 1.1 所示为已知信息对应功能代码。

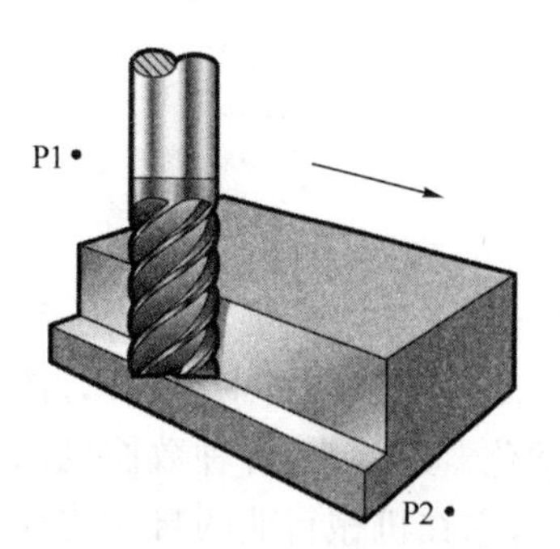

图 1.2　在数控铣床上加工台阶零件

表 1.1　已知信息对应功能代码

信　息	功能代码
主轴正转、转速指定	M03,S1200
刀具调用	T1　M6
快速运动	G00
快速运动终点坐标 P1	X10　Y10　Z20
直线运动	G01
直线运动终点坐标 P2	X50　Y50　Z30
进给速度指定	F160
打开冷却液	M08

假如，有加工任务：铣刀必须以 1 200 r/min 的速度顺时针转动，快速运动到起点 P1，铣刀垂直向下运行深至 5 mm，然后按一定的进给速度向右纵向铣削台阶面到 P2 点。

数控加工程序可写为：

```
N1 M03 S1200            (主轴正转，转速 1 200 r/min)
N2 T1 M06               (换 1 号刀具)
N3 G00 X50 Y50 Z5       (刀具中心快速移动到 P1 点)
N4 G01 Z-5 F60 M08      (刀具以 60 mm/min 的速度向下切深 5 mm，并打开冷却液)
N5 G01 X20 Y20 F80      (刀具以 80 mm/min 的速度铣削到 P2 点)
N6 G00 Z5               (快速抬刀到工件表面 5 mm 处)
N7 M30                  (程序结束)
```

数控加工程序是有标准可循，有一定的格式要求的。常用的是 ISO 标准(国际标准化组织标准)和 EIA 标准(美国工业电子协会标准)。数控程序编写得如何，直接影响零件加工质量。

1.1.2　数控编程的种类

数控编程一般分为手工编程和自动编程两种。

手工编程是由人工完成刀具轨迹计算及加工程序的编制工作。当零件形状不十分复杂或加工程序不太长时，采用手工编程方便、经济。手工编程目前仍然是被采用的编程方法。先进的自动编程方法中，许多重要的经验都来源于手工编程，手工编程是自动编程的基础，并不断推进自动编程的发展。

自动编程是计算机通过自动编程软件完成对刀具运动轨迹的自动计算，自动生成加工程序并在计算机屏幕上动态地显示出刀具的加工轨迹。当加工零件形状复杂，特别是涉及三维立体形状或刀具运动轨迹计算烦琐时，通常采用自动编程。随着 CAD/CAM 的普及企业的数控加工以自动编程为主。

自动编程分为 APT 语言式自动编程和图形交互式自动编程两种方式。APT 语言式自动编程是用语言来编写源程序，由源程序通过计算机处理后自动生成加工程序。这种方法直观性差，编程过程较复杂，不易掌握；随着计算机图形处理功能的增强，由图形到数控加工程序的计算机辅助编程技术应运而生。CAD/CAM 软件即可实现图形交互式自动编程。其速度快，精度高，直观性好，使用简便。目前常用的 CAD/CAM 软件有 “UG”“PRO-E” “MASTERCAM” “CAXA”等。

1.1.3 数控编程的内容与步骤

数控编程中手工编程的步骤一般分为以下几个过程：

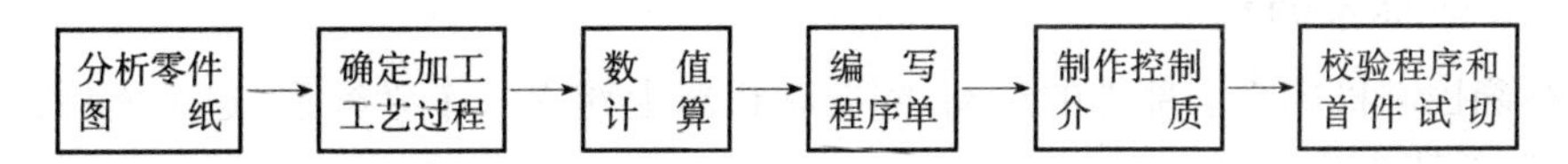

1）分析零件图纸

拿到所要加工零件的图纸，首先应分析该零件的材料、形状、尺寸、精度以及毛坯形状和热处理要求等。其目的是为编制加工工艺作准备。

2）确定加工工艺过程

在分析零件图纸的基础上，确定加工顺序、加工路线、装夹方法，选择刀具、工装以及切削用量等工艺参数。同时充分利用数控机床的指令功能特点，简化程序，缩短加工路线，充分发挥机床效能。

3）数值计算

根据已确定的加工路线和零件加工误差，计算出数控机床所需输入的数据。数值计算的复杂程度取决于零件的复杂程度和数控系统的功能。对于加工较简单的由圆弧与直线组成的平面零件，只需计算零件轮廓的相邻几何元素的交点或切点、起点、终点、圆弧的圆心坐标值或圆弧半径的坐标值。对于形状较复杂的零件并且组成该零件的几何元素与数控系统的插补功能不一致时，就需要较复杂的数值计算。例如对非圆曲线（如渐开线，阿基米德螺旋线等）需要用直线段或圆弧来逼近，在满足其精度要求的条件下计算出其节点坐标。对于这种情况，一般需采用计算机辅助计算。

4）编写程序单

加工路线、工艺参数及刀具运动轨迹的坐标值确定以后，编程人员可以根据数控系统具有的功能指令代码和程序段格式，编写加工程序单。必要时还应填写数控加工工序卡片和数控刀具卡片等有关工艺文件。

5）制作控制介质

制作控制介质就是把编写好的程序单上的内容记录在控制介质即信息载体上，通过数控机床的输入装置，将信息载体上的数控加工程序输入机床数控装置。

6）校验程序和首件试切

为了保证零件加工的正确性，数控程序必须经过校验和试切才能用于正式加工。一般通过图形显示和动态模拟功能或空走刀校验等方法以检查机床运动轨迹与动作的正确性。并通过对第一个零件的试切削，检验被加工零件的加工精度。若发现加工精度达不到要求时，应分析误差产生的原因，采取措施，加以纠正。

1.2　数控机床的坐标系统

在数控机床的编程中，为了便于描述机床运动，简化程序的编制，保证其通用性，数控机床的坐标和运动方向均已标准化，国际上采用 ISO 和 EIA 标准。我国采用 JB/T 3051—1999《数控机床坐标和运动方向的命名》标准。

1.2.1　数控机床标准坐标系的规定

1）标准坐标系的规定

为了精确控制机床移动部件的运动，需要在机床上建立一个坐标系，这个坐标系就叫标准坐标系，也叫机床坐标系。

数控机床的坐标系采用右手直角笛卡儿标准坐标系，如图 1.3 所示，坐标轴为 X、Y、Z 直角坐标，围绕 X、Y、Z 各轴的旋转运动轴为 A、B、C。用右手直角笛卡儿坐标法则可判断 X、Y、Z 三轴的关系和正方向；用右手螺旋法则可判定三个直角坐标轴与 A、B、C 三个旋转轴的关系和 A、B、C 轴的正方向。当考虑刀具移动时，用 X、Y、Z 表示运动的正方向；当考虑工件移动时，则用 X'、Y'、Z'表示运动的正方向。

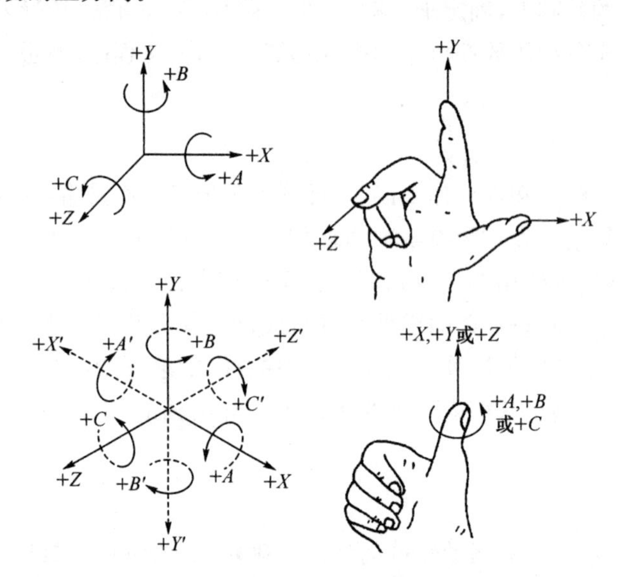

图 1.3　数控机床标准坐标系

2）坐标和运动方向命名的原则

这一原则规定，不论机床的具体结构是工件静止、刀具运动，还是工件运动、刀具静止，在编写程序时一律看成是刀具相对于静止的工件而运动。机床某一部件运动的正方向，是增大工件与刀具之间距离的方向。

1.2.2　数控机床直角坐标轴、旋转运动坐标轴、附加坐标轴的确定

1）数控机床直角坐标轴的确定

(1) Z 轴坐标　由传递切削力的主轴所决定，规定为平行于机床主轴的坐标轴。如果机床有一系列主轴，则尽可能选垂直于工件装夹面的主要轴作为 Z 轴。Z 轴的正方向是增大工件与

刀具之间距离的方向，如图 1.4 所示。

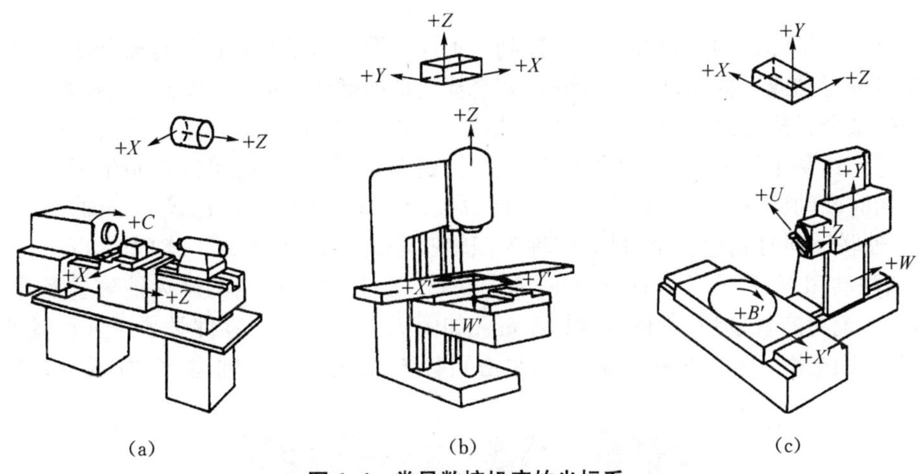

图 1.4 常见数控机床的坐标系

(2) X 轴坐标　作为水平的、平行于工件装夹平面的轴，它平行于主要的切削方向。对于工件旋转运动的机床(如车床)，X 轴方向是指直径方向。正方向是增大工件与刀具之间距离的方向，如图 1.4 所示。

(3) Y 轴坐标　垂直于 X 及 Z 坐标，当 $+X$、$+Z$ 确定后，按右手直角坐标系确定，如图 1.4 所示。

2) 旋转运动坐标轴的确定

旋转运动坐标轴 A、B 和 C 分别表示其轴线平行于 X、Y、Z 坐标的旋转运动。其正方向是按照右旋螺纹前进的方向。

3) 附加坐标轴的确定

对于直线运动：X、Y、Z 为主坐标系，或称第一坐标系。若有平行于 X、Y、Z 的第二组坐标和第三组坐标，则分别指定为 U、V、W 和 P、Q、R。靠近主轴的直线运动为第一坐标系，稍远的为第二组坐标，如图 1.5 所示。

对于旋转运动：除 A、B、C 之外，若还有第二组坐标，则分别指定为 D、E、F，如图 1.6 所示。

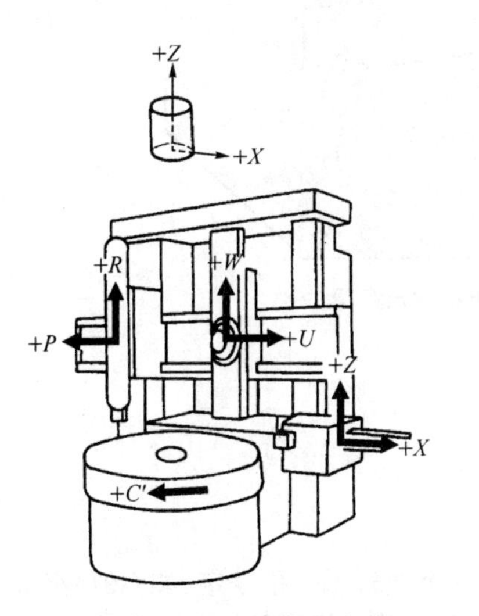

图 1.5 数控双柱式立式车

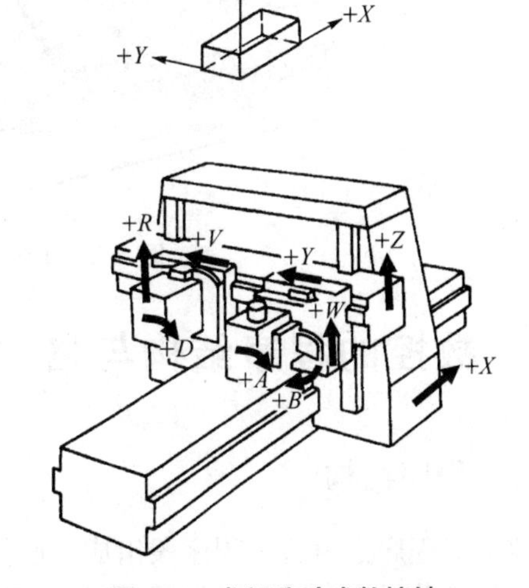

图 1.6 龙门移动式数控铣

1.2.3　机床坐标轴的运动与联动

数控机床的坐标运动由数控系统来控制。不同的数控系统控制的坐标轴数不同，数控系统可以控制坐标运动或坐标联动。坐标联动和坐标运动的概念不同，坐标联动是控制某几个坐标轴同时到达某个目标点，如数控车床是两轴联动，可控制 X、Z 坐标轴走直线或圆弧插补运动，使两轴同时到达某个目标点；坐标运动的概念是数控机床控制系统可以控制坐标运动，但不一定是坐标同时联动到达某个目标点。如一台数控加工中心控制 X、Y、Z、A 四轴运动，但只能 X、Y、Z 三轴联动同时到达某个目标，则称为四轴三联动。若 X、Y、Z 三轴坐标可以 X、Y 轴联动，Y、Z 轴联动和 X、Z 轴联动时，称为两轴半联动。数控系统控制的坐标轴数越多，同时联动的轴越多，系统功能就越强，价格也就越昂贵。如图 1.7 所示叶轮零件必须用五轴联动的数控机床才能加工出来。图 1.8 所示的车削中心可以控制八个坐标轴运动，但不一定是八个坐标轴联动。

图 1.7　叶轮加工图

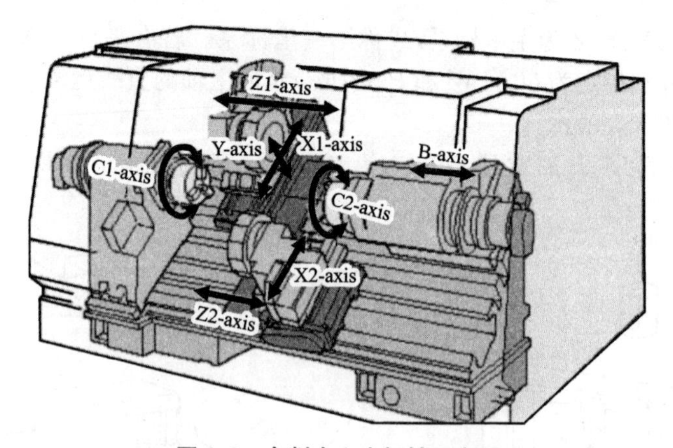

图 1.8　车削中心坐标轴示意图

1.3　数控的程序结构与格式

1.3.1　程序结构

数控加工程序是由若干程序段组成，程序段由一个或若干个指令字(如 G01)组成。指令字代表某一信息单元，由地址符(如 G)和数字(01)组成，它代表机床的一个位置或一个动作；地址符由字母组成，每一个字母、数字和符号都称为字符。一个完整的加工程序包括开始符、程序名、程序主体和程序结束指令。加工程序的结构如图 1.9 所示。

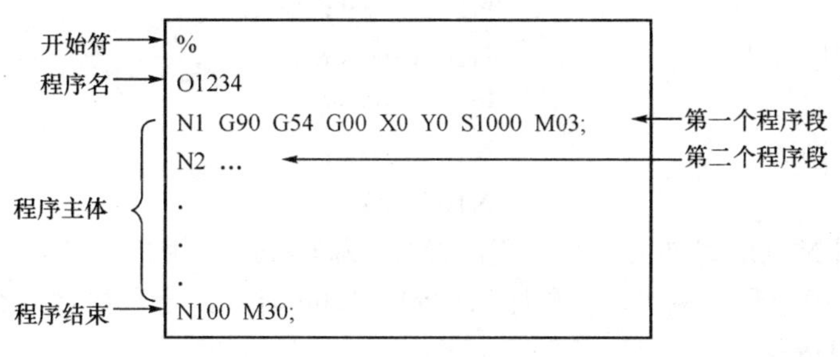

图 1.9 加工程序的结构

起始为程序段序号功能字，随后为工艺和几何方面的功能字，段末以换行符或回车符结束。其中准备功能字(G)指定数控系统应准备好某种运动和工作方式；辅助功能字(M)指定数控系统在加工过程中的辅助开关量控制功能。例如某数控加工程序段如下：

N010 M03 S800 T01 M06 G01 X60 Y40 F60；

表示本程序段为第 10 段，主轴以转速 800 r/min 顺时针方向旋转，换用 1 号刀具，机床运动部件以直线形式移动到 X=60 mm、Y=40 mm 的点，移动速度为 60 mm/min。

1.3.2 程序段格式

程序段格式是指程序段中，字、字符和数据的安排形式。分为固定程序段格式和可变程序段格式。常用的是字地址可变程序段格式。这种格式的程序段由若干个字组成，字首是一个英文字母作为地址符。在此格式程序段中，上一段程序中已写明，本程序段又不必变化的那些字仍然有效，例如对于模态(时序有效)G 指令(如 G00、G01)，若在前面程序段中已有则可不再重写。这种格式的程序段，每个字长不固定，各个程序段的长度和程序字的个数都是可变的。

如下两段程序，字数和字符的个数就相差很大：

N20 G01 X50 Y60 Z10 F60 M03 S600 T0101 M06；

N21 X100；

第一个程序(N20 段)也可写成：

N20 T0101 M06 M03 S600 G01 X50 Y60 Z10 F60；

或 N20 M03 S600 G01 X50 Y60 Z10 F60 T0101 M06；

即同一程序段中各指令字的位置可以任意排列。但为了书写、输入、检查和校验方便，习惯按一定的顺序排列，如 N、G、X、Y、Z、F、S、T、M 顺序。

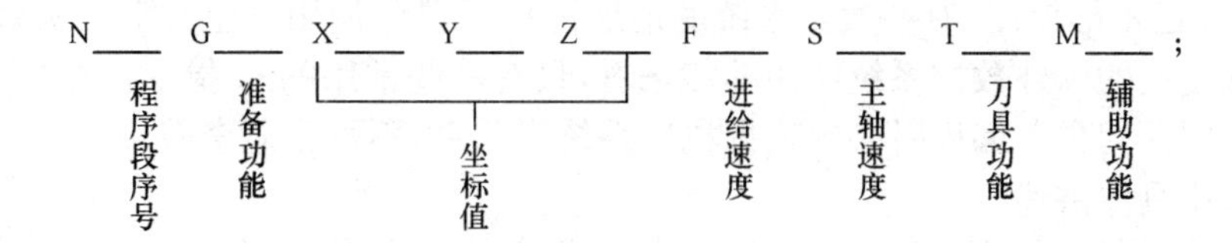

1.3.3 主程序与子程序

在程序中，若某一固定的加工操作重复出现时，可把这部分操作编写成子程序，然后根据需要调用，这样可使程序变得非常简单。调用第一层子程序的指令所在的加工程序叫做主程序。一个子程序调用语句，可以多次重复调用子程序。主程序与子程序的执行关系如下：

主程序	子程序
O0001	O1010
N0010……；	N1020……；
N0020 M98 P1010 L2；	N1030……；
N0030 ……；	N1040……；
N0040 M98 P1010；	N1050……；
N0050 ……；	N1060 M99；

主程序执行到 N0020 时转去执行子程序，M98 为子程序调用指令，P1010 指令为被调用的子程序名，L2 表示指令调用两次。子程序执行到 N1060 时跳出子程序，继续向后执行主程序，M99 为子程序返回指令。

子程序可以由主程序调用，已被调用的子程序还可以调用其他子程序，这种方式称为子程序嵌套，子程序嵌套可达 4 次，其结构如图 1.10 所示。

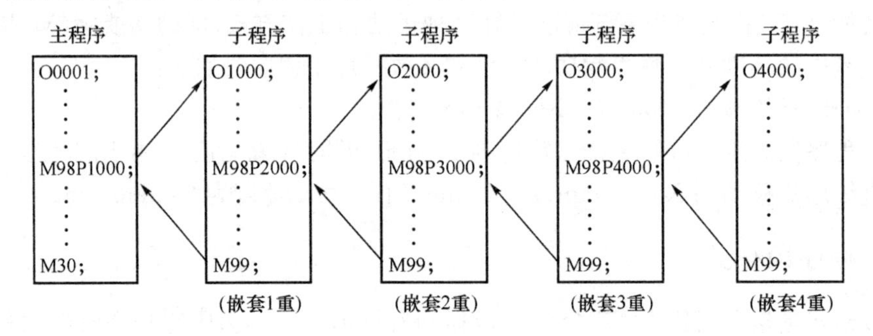

图 1.10　子程序嵌套

1.4　常用功能指令

常用的功能指令有准备功能(G 功能)和辅助功能(M 功能)，另外还有进给功能(F 功能)，主轴转速功能(S 功能)和刀具功能(T 功能)等。准备功能和辅助功能描述了程序段的各种操作和运动特征，是程序段的主要组成部分。国际上已广泛使用 ISO 制定的 G 代码和 M 代码标准。我国也已制定了与 ISO 等效的 JB/T 3208—1999 标准。

1.4.1　准备功能 G 指令

准备功能 G 指令又称 G 功能或 G 代码。该功能主要命令数控机床进行何种运动，为控制系统的插补运算作准备。

G 代码由地址符 G 后跟两位数字组成，从 G00 至 G99 共 100 种。随着数控机床功能的增加，G00 至 G99 已不够使用，有些数控系统的地址符 G 后已经使用三位数字。从目前国内生产的数控系统和使用的国外数控系统所用功能来看，只有一些常用的 G 指令按标准规定，具有一定的灵活性。因此用户在编程时必须依据机床系统说明书，不可张冠李戴。G 指令的具体用法将在以下章节中具体讲述。

表 1.2 为我国制定的 JB/T 3208—1999 标准规定的 G 代码定义，表序号(2)中的 a、c、…、k、i 各字母所对应的 G 代码称为模态代码(即时序有效代码)。它表示一旦被应用(如 a 组中的 G01)就一直有效，且可省略不写，直到出现同组(a 组)其他任一 G 代码(如 G00)时才失效。其他 c、d、f 等各组同理。序号(3)中有“ * ”号的 G 代码为非模态代码，即只在本句有效，下一程序段需要时必须重写。序号(4)中的“不指定”代码用作将来修订标准时，有可能指定新的功能定义；“永不指定”代码，表示即使将来修订标准时，也不指定新的定义。

表 1.2 准备功能 G 代码

代码 (1)	功能保持到被取消或被同样字母表示的程序指令所代替 (2)	功能仅在所出现的程序段内有作用 (3)	功能 (4)	代码 (1)	功能保持到被取消或被同样字母表示的程序指令所代替 (2)	功能仅在所出现的程序段内有作用 (3)	功能 (4)
G00	a		点定位	G50	#(d)	#	刀具偏置 0/−
G01	a		直线插补	G51	#(d)	#	刀具偏置+/0
G02	a		顺时针方向圆弧插补	G52	#(d)	#	刀具偏置−/0
G03	a		逆时针方向圆弧插补	G53	f		直线偏移,注销
G04		*	暂停	G54	f		直线偏移 *X*
G05	#	#	不指定	G55	f		直线偏移 *Y*
G06	a		抛物线插补	G56	f		直线偏移 *Z*
G07	#	#	不指定	G57	f		直线偏移 *XY*
G08		*	加速	G58	f		直线偏移 *XZ*
G09		*	减速	G59	f		直线偏移 *YZ*
G10～G16	#	#	不指定	G60	h		准确定位 1(精)
G17	c		*XY* 平面选择	G61	h		准确定位 2(中)
G18	c		*ZX* 平面选择	G62	h		快速定位(粗)
G19	c		*YZ* 平面选择	G63		*	攻螺纹
G20～G32	#	#	不指定	G64～G67	#	#	不指定
G33	a		螺纹切削、等螺距	G68	#(d)	#	刀具偏置(内角)
G34	a		螺纹切削、增螺距	G69	#(d)	#	刀具偏置(外角)
G35	a		螺纹切削、减螺距	G70～G79	#	#	不指定
G36～G39	#	#	永不指定	G80	e		固定循环注销
G40	d		刀具补偿/刀具偏置注销	G81～G89	e		固定循环
G41	d		刀具补偿一左	G90	j		绝对尺寸
G42	d		刀具补偿一右	G91	j		增量尺寸
G43	#(d)	#	刀具偏置一正	G92		*	预置寄存
G44	#(d)	#	刀具偏置一负	G93	k		时间倒数,进给率
G45	#(d)	#	刀具偏置+/+	G94	k		每分钟进给
G46	#(d)	#	刀具偏置+/−	G95	k		主轴每转进给
G47	#(d)	#	刀具偏置−/−	G96	i		恒线速度
G48	#(d)	#	刀具偏置−/+	G97	i		每分钟转数(主轴)
G49	#(d)	#	刀具偏置 0/+	G98～G99	#	#	不指定

注:(1)"#"号表示:如选作特殊用途,必须在程序格式说明中说明;
(2)"*"号表示:非模态代码;
(3)如在直线切削控制中没有刀具补偿,则 G43～G52 可指定作其他用途;
(4)表中第(2)栏括号中的字母(d)表示:可以被同栏中没有括号的字母 d 所注销或代替,亦可被有括号的字母(d)所注销或代替;
(5)G45～G52 的功能可用于机床上任意两个预定的坐标;
(6)控制机上没有 G53～G59、G63 功能时,可以指定作其他用途。

1.4.2 辅助功能 M 指令

辅助功能 M 指令又称 M 功能或 M 代码。该功能主要是为数控机床加工、操作而设定的工艺性指令。如主轴的正反转,冷却液的开关等。数控机床档次越高,M 功能就用得越多。

M 代码由地址符 M 后跟 2 位数字组成,从 M00 ~ M99 共 100 种。表 1.3 为我国制定的 JB/T 3208—1999 标准的 M 代码定义。

表 1.3 辅助功能 M 代码

代码 (1)	功能开始时间		功能保持到被注销或被适当程序指令代替 (4)	功能仅在所出现的程序段内有作用 (5)	功能 (6)
	与程序段指令运动同时开始 (2)	在程序段指令运动完成后开始 (3)			
M00		*		*	程序停止
M01		*		*	计划停止
M02		*		*	程序结束
M03	*		*		主轴顺时针方向旋转
M04	*		*		主轴逆时针方向旋转
M05		*	*		主轴停转
M06	#	#		*	换刀
M07	*		*		2 号冷却液开
M08	*		*		1 号冷却液开
M09		*	*		冷却液关
M10	#	#	*		夹紧
M11	#	#	*		松开
M12	#	#	#	*	不指定
M13	*		*		主轴顺时针方向,冷却液开
M14	*		*		主轴逆时针方向,冷却液开
M15	*			*	正运动
M16	*			*	负运动
M17～M18	#	#	#	#	不指定
M19		*	*		主轴定向停止
M20～M29	#	#	#	#	永不指定
M30		*		*	纸带结束
M31	#	#		*	互锁旁路
M32～M35	#	#	#	#	不指定
M36	*		*		进给范围 1
M37	*		*		进给范围 2
M38	*		*		主轴速度范围 1
M39	*		*		主轴速度范围 2
M40～M45	#	#	#	#	如有需要作为齿轮换挡,此外不指定

续表 1.3

代　码 (1)	功能开始时间		功能保持到被注销或被适当程序指令代替 (4)	功能仅在所出现的程序段内有作用 (5)	功　能 (6)
	与程序段指令运动同时开始 (2)	在程序段指令运动完成后开始 (3)			
M46～M47	#	#	#	#	不指定
M48		*	*		注销 M49
M49	*		*		进给率修正旁路
M50	*		*		3 号冷却液开
M51	*		*		4 号冷却液开
M52～M54	#	#	#	#	不指定
M55	*		*		刀具直线位移,位置 1
M56	*		*		刀具直线位移,位置 2
M57～M59	#	#	#	#	不指定
M60		*		*	更换工件
M61	*		*		工件直线位移,位置 1
M62	*		*		工件直线位移,位置 2
M63～M70	#	#	#	#	不指定
M71	*		*		工件角度位移,位置 1
M72	*		*		工件角度位移,位置 2
M73～M89	#	#	#	#	不指定
M90～M99	#	#	#	#	永不指定

注:(1)“#”号表示:如选作特殊用途,必须在程序中说明。
(2) M90～M99 可指定为特殊用途。

1) 程序停止指令 M00,M01,M02,M30

M00:为程序停止。在完成该程序段其他指令后,用以停止主轴转动、进给和冷却液,以便执行某一固定的手动操作,如手动变速、手动换刀等。此后需重新启动才能继续执行以下程序。

M01:为计划(任选)停止。与 M00 相似,但必须经操作员预先按下操作面板上的任选停止按钮确认,这个指令才能生效,否则此指令不起作用,继续执行以下程序。

M02:为程序结束。放在最后一条程序段中,用以表示加工结束。它使主轴、进给、冷却都停止,并使数控系统处于复位状态。

M30:为纸带结束。M30 除与 M02 的作用相同外,还可使程序返回至开始位置。

2) 主轴控制指令 M03,M04,M05

M03、M04、M05:分别命令主轴正转、反转和停转。所谓主轴正转是从主轴往正 Z 方向看去,主轴顺时针方向旋转。逆时针方向为反转。主轴停止旋转是在该程序段及其他指令执行完成后才停止。一般在主轴停止的同时,进行制动和关闭冷却液。

3) 换刀指令 M06

M06:为换刀指令。常用于加工中心机床刀库换刀前的准备动作。

4) 冷却液控制指令 M07,M08,M09

M07、M08:分别命令 2 级冷却液(雾状)及 1 级冷却液(液状)开(冷却泵启动)。

M09:为冷却液关闭。

5) 运动部件夹紧和松开指令 M10,M11

M10、M11:为运动部件的夹紧及松开。

1.4.3 进给功能F指令

进给功能F指令又称F功能或F代码。它的功能是指令切削的进给速度。对于车床,可分为每分钟进给和主轴每转进给两种;对于车削以外的控制,一般用每分钟进给;在螺纹切削程序段中还用来指令螺纹导程。

1.4.4 主轴转速功能S指令

主轴转速功能S指令又称S功能或S代码。它用来指定主轴的转速。如M03 S1200则表示主轴正转,转速为1 200 r/min。对于中档以上的数控车床,还有一种恒线速度切削功能,即在切削过程中,当工件直径变化时主轴每分钟的转速也随之变化,这样就保证了切削速度不变,从而提高了切削质量。这时程序中的S指令是指车削加工的线速度。

1.4.5 刀具功能T指令

刀具功能T指令又称T功能或T代码。它的功能是用来指定加工时用的刀具号和刀具偏置号。当一个零件在进行加工时,需选择使用各种刀具,每把刀具都指定了特定的刀具号。若程序中指定了刀具号和刀具偏置号,便可进行自动换刀,选择相应的刀具和刀具偏置值。如T0101表示为1号刀,1号刀具偏置号。若T0100则表示取消刀具偏置补偿。

2 数控加工工艺基础

数控加工工艺就是在数控机床上加工工件的工艺方法，它以机械制造中的工艺基本理论为基础，结合数控机床的特点，综合运用多方面的知识，解决数控加工中面临的工艺问题。数控机床加工工艺的内容包括金属切削和加工工艺的基本知识和基本理论、金属切削刀具、夹具、典型零件加工及工艺分析等。数控机床加工工艺研究的宗旨是，科学地、最优地设计加工工艺，充分发挥数控机床的特点，实现数控加工的高质量、高效率、低成本。

2.1 数控加工的切削基础

在复杂的金属切削世界里，工件的材料、形状、硬度、应用场合及切削条件、夹紧条件、切削环境等都会对金属切削产生影响。即使是同一类材料，材质成分的不同，对切削过程也有不同的影响，如图 2.1 及图 2.2 所示。

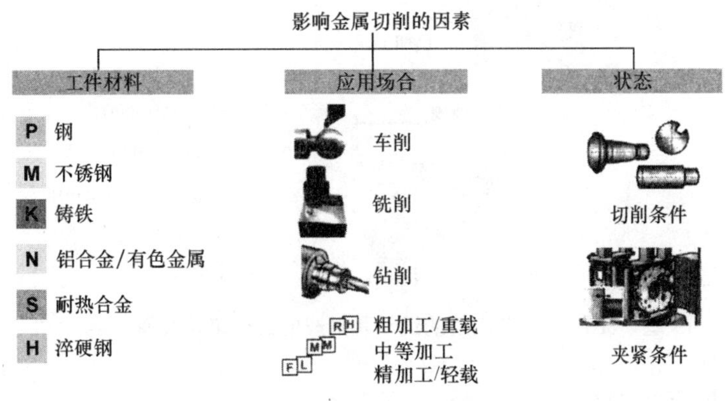

图 2.1 影响金属切削的因素 1

数控机床和普通机床在进行金属切削加工时，有着共同的规律与现象，如切削时的运动、切削加工的机理及切削工具的选择等。

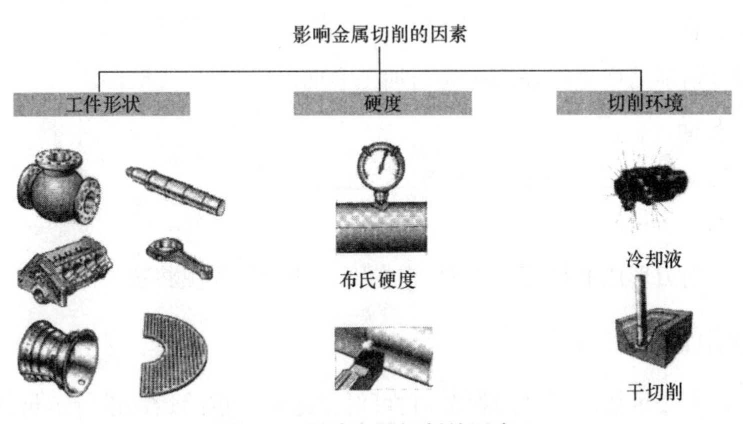

图 2.2 影响金属切削的因素 2

2.1.1 金属切削运动

金属切削加工是用金属切削刀具把工件毛坯余量切除，获得图纸所要求的零件。在切削过程中，刀具与工件之间的相对运动称为切削运动。切削运动分为主运动和进给运动。

1）主运动

主运动是由机床提供的主要运动，它使刀具与工件之间产生相对运动，使刀具前刀面接近工件并切除切削层。如车削中的工件旋转运动，铣削中的刀具旋转运动以及刨削时的刀具或工件的往复直线运动。其特点是切削速度最高，消耗的机床功率最大。图 2.3 所示车削中的旋转运动是主运动。

2）进给运动

进给运动是由机床提供的使刀具与工件之间产生附加的相对运动，加上主运动即可不断地或连续地切除切削层，并得到所需要的工件新表面。如图 2.3 所示，车削外圆时车刀平行于工件轴线的移动是进给运动，其特点是消耗的功率比主运动小得多。

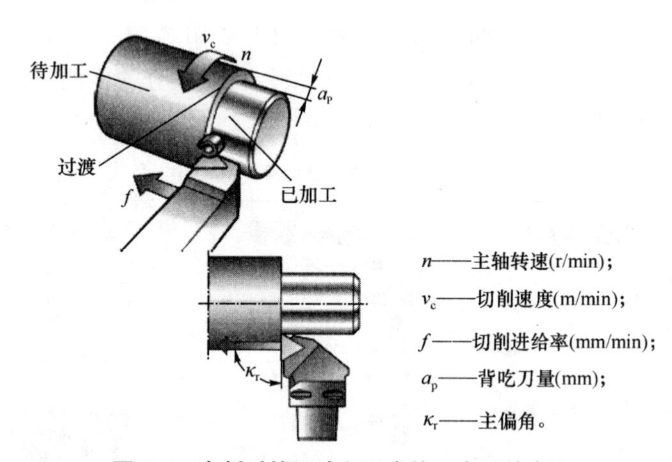

图 2.3 车削时的运动和形成的三个工件表面

2.1.2 工件表面的形成

切削过程中，工件上多余的材料不断地被刀具切除变为切屑，在工件切削过程中形成了三个不断变化着的表面，如图 2.3 所示。

1）已加工表面

工件上被刀具切削后产生的表面称为已加工表面。

2）待加工表面

工件上有待切除切削层的表面称为待加工表面。

3）过渡表面

是工件上由切削刃形成的那部分表面，它在下一切削行程里将被切除。

2.1.3 切削用量三要素

切削用量是用来表示切削运动的参量，它可对主运动和进给运动进行定量的表述。它包括以下三个要素：

1) 切削速度

切削刃选定点相对于工件主运动的瞬时速度称为切削速度(v_c)。大多数的主运动为回转运动,其相互关系如图 2.4 所示。

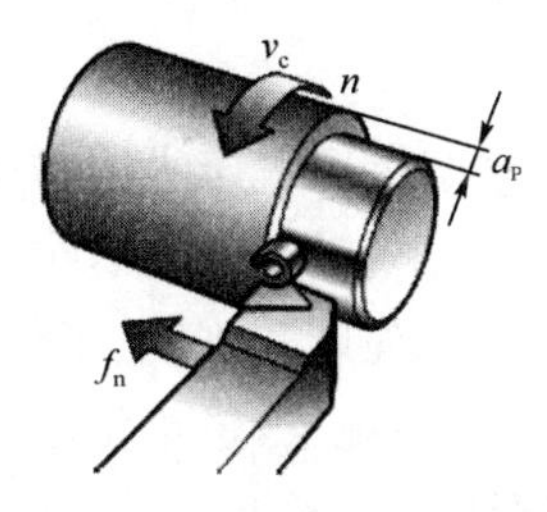

根据切削速度计算出的每分钟转数 n(r/min)

假定:$v_c=400$ m/min;

$D_c=100$ mm;

$$n=\frac{v_c\times 1\,000}{\pi\times D_c}=\frac{400\times 1\,000}{3.14\times 100}=1\,274 \text{ r/min}。$$

图 2.4　切削用量中的三要素

式中:D_c——切削刃选定点所对应的工件或刀具的回转直径(mm);

n——工件或刀具的转速(r/min)。

2) 进给量

刀具在进给方向上相对于工件的位移量称为进给量(f_0),其单位用 mm/r 表示。车削时的进给速度 f(单位为 mm/min)是切削刃上选定点相对于工件进给运动的瞬时速度,它与进给量之间的关系为 $f=nf_0$(mm/min)。对铣刀等多齿刀具,规定每齿进给量用 f_z。

3) 背吃刀量

背吃刀量(a_p)是已加工表面和待加工表面之间的垂直距离(mm)。

背吃刀量(a_p)与切削力成近似的线性关系,切削力是产生切削变形的主要因素。

2.1.4　切削用量选择

在金属切削过程中,针对不同的工件材料、刀具材料和其他技术、经济要求,选择合适的切削用量三要素(切削速度 v_c、进给量 f、切削深度(背吃刀量)a_p)对保证产品质量、充分利用刀具、提高机床生产效率是非常重要的环节。

切削用量的选择原则为:

(1) 粗加工时切削用量的选择原则

粗加工是为了提高生产效率,并考虑经济性和加工成本。应根据机床动力和刚性的限制条件,选取尽可能大的背吃刀量,大的进给量,最后根据刀具寿命确定合适的切削速度。

(2) 精加工时切削用量的选择原则

精加工是为了提高加工精度,保证加工质量并兼顾加工效率、经济性和加工成本。应根据粗加工后的余量确定背吃刀量;其次根据已加工表面粗糙度要求,选择较小的进给量;最后在保证刀具寿命的前提下尽可能选择较高的切削速度。

通常的切削用量选择方法:

(1) 切削深度(背吃刀量)的选择

在粗加工时,在机床、刀具等工艺系统刚度允许的情况下,尽可能一次切去全部粗加工余量。在中等功率机床上,粗加工($R_a=10\sim80$ μm)时,背吃刀量可达 8~10 mm;半精加工($R_a=1.25\sim10$ μm)时,背吃刀量取 0.5~2 mm;精加工($R_a=0.32\sim1.25$ μm)时,背吃刀量取 0.1~0.4 mm。

当机床工艺刚性不足或毛坯余量很大或不均匀时,粗加工要分几次进行。

在切削表面有硬皮的铸锻件或切削不锈钢等冷硬较严重的材料时，应尽量使切削深度超过硬皮或冷硬层厚度，以预防刀尖过早磨损或损坏。

在粗加工时，切削深度也不能选得太大，否则会引起振动，如果超过机床和刀具的能力就会损坏机床和刀具。

(2) 进给量的选择

在粗加工时，由于对工件表面质量没有太高要求，这时主要考虑机床进给机构的强度和刚性以及刀具的强度和刚性。当切削深度选定后，进给量直接决定了切削面积，决定了切削力的大小。进给量的值受到机床的有效功率和扭矩、机床刚度、刀具强度和刚度、工件刚度、工件表面粗糙度和精度、断屑条件等的限制。一般在上述条件允许的情况下，进给量也应尽可能选大些，但选得太大，会引起机床最薄弱的地方振动，造成刀具损坏、工件弯曲、工件表面粗糙度变大等。进给量的选择可按工艺手册或刀具厂家的刀具选择手册来选定，一般粗车时取 0.3～0.8 mm/r，精车时取 0.08～0.3 mm/r，数控仿形加工，切削深度不均匀，切削速度可相对小一些。

(3) 切削速度的选择

切削速度应在考虑提高生产率、延长刀具寿命、降低制造成本的前提下，根据已选定的背吃刀量、进给量及刀具寿命来选择切削速度。也可根据经验公式计算，或根据生产实践经验在机床说明书允许的切削速度范围内查表选取。

选择原则：

①刀具材料：陶瓷刀具、硬质合金刀具比高速钢刀具的切削速度高许多。

②工件材料：在切削强度和硬度较高的工件时，因刀具易磨损，所以切削速度应选得低些。脆性材料如铸铁，虽强度不高，但切削时易形成崩碎切屑，热量集中在刀刃附近不易传散，因此，切削速度应选低些。切削有色金属和非金属材料时，切削速度可选高一些。

③表面粗糙度：表面粗糙度要求较高的工件，切削速度应选高一些。

④切削深度和进给量：当切削深度和进给量增大时，切削热和切削力都较大，所以应适当降低切削速度；反之，可适当提高切削速度。

在实际生产中，情况比较复杂，切削用量一般根据工艺手册或刀具厂家的刀具选择手册的推荐值进行调整。

高速模具加工方式切削用量选择方法：

高转速、小切深、快走刀。高转速即主轴转速高达万 r/min 左右，小切深即切削深度很小(零点几毫米)，快走刀即进给速度很大，可高达几千 mm/min 到万 mm/min。

2.1.5　切屑与断屑

1) 切屑的类型

切屑的形成过程就是切削层变形的过程。由于工件材料不同，切削过程中的变形程度也不同，对于不同的被切削材料其切屑的形状是不同的，图 2.5 所示的是切削不同的零件材料[P(钢)、M(不锈钢)、K(铸铁)、N(有色金属)、S(耐热合金)、H(淬硬钢)]得到的切屑的典型形状。但加工现场获得的切屑，形状是多种多样的。不利的切屑将严重影响操作安全、加工质量、刀具寿命、机床精度和生产率。因此在切削加工中采取适当的措施来控制切屑的卷曲、流出与折断，具有非常重要的意义。在实际生产中，应用最广的切屑控制方法就是在前刀面上磨制断屑槽或使用压块式断屑器。

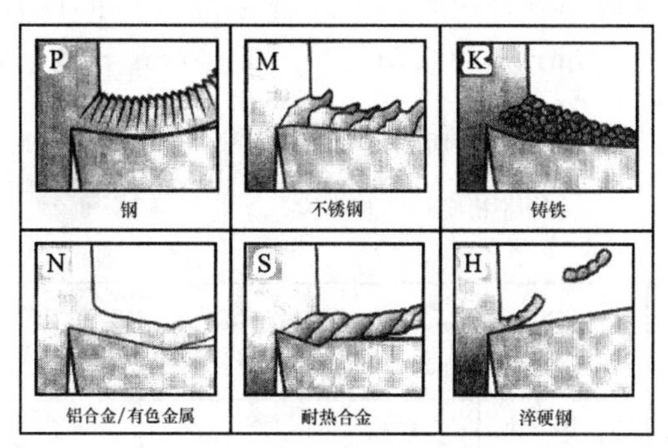

图 2.5 不同种类材料的切屑形态

2) 断屑的方法

在塑性金属切削中，切屑在 50 mm 以内称为断屑，长于 50 mm 以上称为不断屑，不断屑中的带状切屑和缠绕切屑，将导致切削过程中出现干扰以及较差的表面质量。通常有三种断屑方法。

(1) 自断屑：金属材料从刀具前刀面流出后自然弯曲折断并剥离。

(2) 切屑碰到刀具而断裂：切屑与刀片或刀杆后刀面接触扭弯而折断。

(3) 切屑碰到工件而断裂：该方式可导致工件的表面质量被破坏，是一种不可取的断屑方式。

改变切削用量或刀具几何参数都能控制切屑形状，常用的断屑槽型如图 2.6 所示。

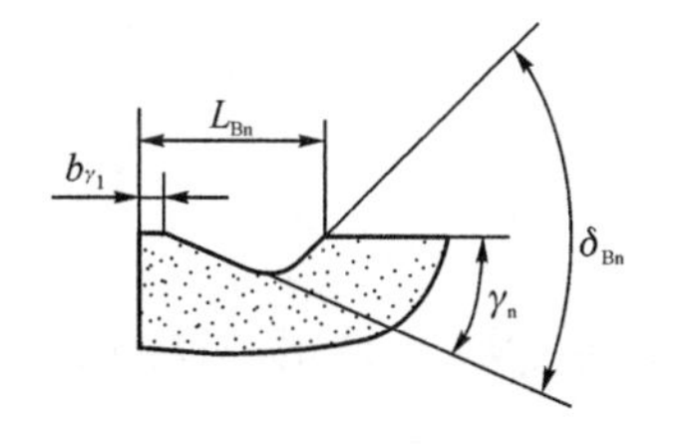

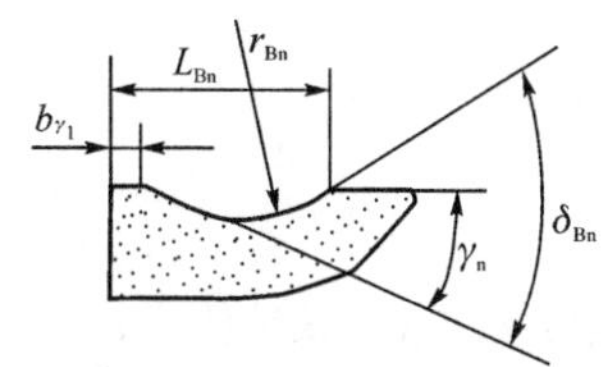

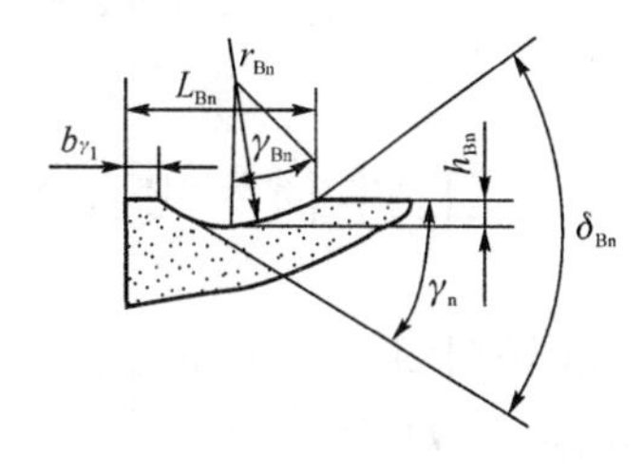

图 2.6 常用的断屑槽型

切削深度与进给率必须适合于刀片槽形的断屑范围。断屑过度可能会导致刀片破裂，断屑过长会导致切削过程中出现干扰以及较差的表面质量。如图 2.7、图 2.8 所示为切削深度与进给率之间的关系。每种刀片都有推荐的应用范围，其中，PR 表示粗加工钢材；PM 表示半精加工钢材；PF 表示精加工钢材。

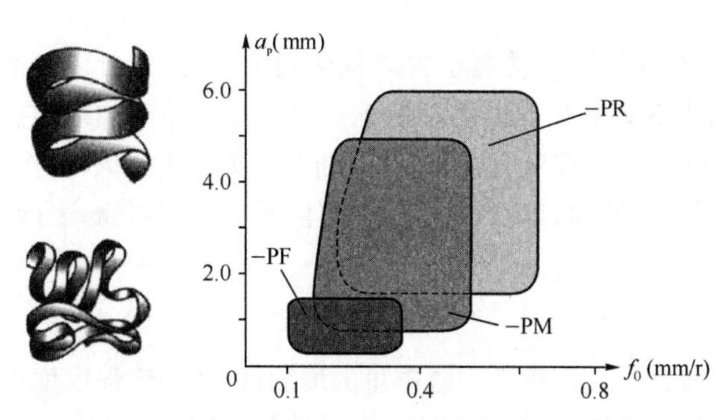

图 2.7 不同的进给量和切削深度对应的断屑范围

- 切削深度 a_p 与进给率 f_n 必须适合于槽形的断屑范围，以获得可接受的切屑控制
- 断屑过度可能会导致刀片破裂
- 切屑过长会导致切削过程中出现干扰以及较差的表面质量

图 2.8 刀片槽形的加工范围

图 2.9 所示为山特维克可乐满公司刀具使用牌号为 CNMG120408—PM 的刀具半精加工钢[切削用量 $a_p=3(0.5\sim5.5)$mm、$f_0=0.3(0.15\sim0.5)$mm/r]的切削实验结果。

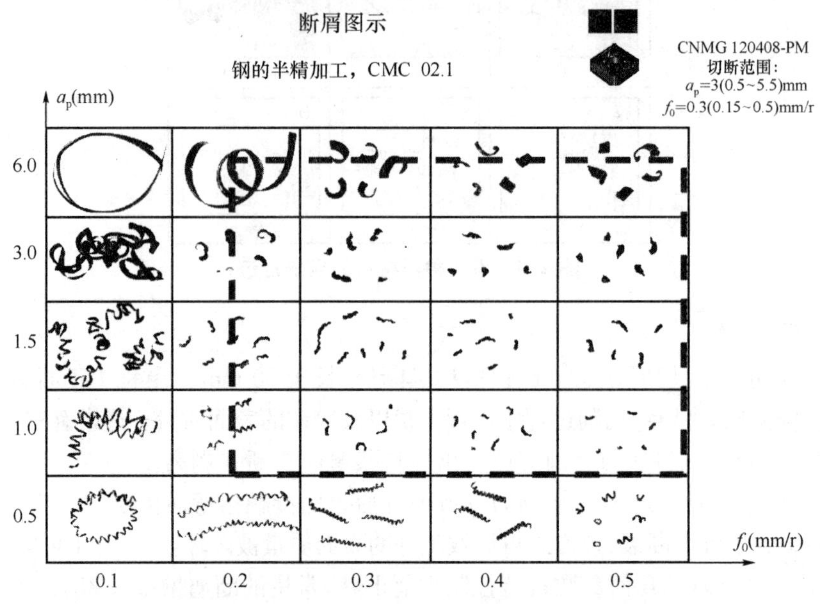

图 2.9　山特维克可乐满公司刀具的切削实验结果

2.2　工件材料的分类

在国际上工件材料的分类为:钢(P)、铸铁(K)、铝合金有色金属(N)、不锈钢(M)、耐热合金(S)、淬硬钢(H)。

1）钢

是机械加工中使用的主要材料,其中有碳钢和合金钢。碳钢又分为低碳钢、中碳钢、高碳钢。合金钢根据合金成分的多少分为低合金钢和高合金钢,根据合金成分的不同又可分为不同种类的合金钢。

钢材的一般切削性能:低碳钢易产生粘刀现象;中碳钢的切削性能最佳;高碳钢的硬度高,不易加工,而且刀具易磨损。

2）不锈钢的切削性能

碳钢中含 Cr 量超过 12%时,可以防锈。同样,不锈钢中含碳量达到一定时,也可以淬硬。不锈钢按大区可分为铁素体不锈钢,马氏体不锈钢和奥氏体不锈钢。镍也是一种添加剂,它可以提高钢的淬硬性和稳定性,当镍的含量达到一定程度时,不锈钢就拥有了奥氏体结构,不再具有磁性,加工时硬化倾向严重,易产生毛面和积屑瘤,车削螺纹效果不佳,易产生积屑瘤,表面粗糙,切屑缠绕。

3）铸铁的切削性能

当加工铸铁时,一定要分析它的结构与材质。灰铸铁中含硅量的增加,促使铸铁强度增加,延展性降低,积屑瘤倾向减小。白口铁的加工比较特别,它要求刀片的刃口为倒角形式,一般用 CBN 与陶瓷刀片来代替磨削。加工铸铁的刀片要求具有高的热硬性、化学稳定性,一般将陶瓷与硬质合金一起应用。大多数铸铁的加工是比较容易的，灰铸铁是短屑的，而球墨铸铁与可锻铸铁都是长屑的。

4) 铝合金的切削性能

现代制造业广泛使用铝合金(而非纯铝)，工件一般可分为锻造件和铸造件。

铝合金中的添加元素主要是铜(增加应力改善切削性能)，锰、硅(提高抗锈性和可铸性)，锌(提高硬度)。铝合金中的硅，是改善其铸造性能、内部结构和应力。这种铝合金铸件是不可热处理的；但铜的加入却使其相反。铝合金的加工性能应该是好的，很低的切削温度允许很高的切削速度，但切屑不易控制。

切削铝合金刀具要求有大的前角，甚至有些刀片都是为铝合金加工而专门设计的。

积屑瘤最常见也最难解决，这种情况多见于通用型刀具加工铝合金，甚至在很高的切削速度下也不能消除。

后刀面磨损过快源自铝铸件中硅的存在，而金刚石刀具就是专门为解决这一问题的。

铝的高速铣削往往带有过快的刀具磨损，这时应该计算一下平均铣削厚度值(h_m)，该值不能太小，如太小时高速下相对的低进给使刀片的切削变成磨削，从而使刀片过早失效。

5) 耐热合金的切削性能

此类金属包括：高应力钢、模具钢、某些不锈钢、钛合金等，这些材料的特点是：具有低的热传导率，这使切削区的温度过高，易与刀具材料热焊导致积屑瘤，加工硬化趋向大，磨损加剧，切削力加大，而且波动大。

车削刀片要求刃口槽型的设计能够很好地分散压力，使切削热尽量分布在切屑上，保持热态下刃口锋利。当切削铸造或锻造硬皮时，应降低切削速度。使用正确的、特殊生产的细晶非涂层硬质合金刀片，或者加晶须的合成型陶瓷刀片。供给充足的冷却水，确保排屑流畅。确保工艺系统稳定，无振动倾向。尽量避免断续车削。采用顺铣方法，使切出时切屑最薄。铣刀选择容屑槽要大。

6) 淬火钢的切削性能

硬材料是指 HRC42～65 的工件，以往这些工件的成形往往靠磨削慢慢地加工，效率很低。当今新的刀具材质已经将它推到车削与铣削的范畴了。

常见的硬金属包括：白口铁、冷硬铸铁、高速钢、工具钢、轴承钢、淬硬钢。

金属切削的难点在于：切削区内高温度；单位切削力大；后刀面磨损过快和断裂。

要求刀具：抗磨性强；化学稳定性高；耐压和抗弯；刃口强度高。

尽管硬质合金可以加工一些这样的零件，但主要的刀具材质是陶瓷与 CBN。

7) 钛、钛合金的切削性能

按照钛成分的结构，钛合金可分为 α、α-β 和 β 三类。

钛合金的热传导性差，所以切屑极易粘在刀刃上。一定要使用切削液。

α 钛合金机械加工性能最好，纯钛合金也很好。

从 α 到 α-β 再到 β，加工难度愈来愈大，要求刀具材质抗磨性增加，抗塑变，抗氧化，高强度，刃口锋利。晶粒细化的非涂层硬质合金，加正确的切削参数以及足够的冷却水，是最好的选择。

钛合金的加工硬化倾向比奥氏体不锈钢弱，但切屑很热，热到可以燃烧。铣削时，同样推荐顺铣和正确的刀具位置。

2.3 常见的切削刀具材料及性能

2.3.1 常见的切削刀具材料

切削刀具材料有:高速钢、硬质合金、涂层刀具材料(其中包括多种涂层材料)、陶瓷材料、CBN、金刚石。

进口的刀片材质,如瑞典的山特维克公司的刀片材质有:焊接用硬质合金和整体高速钢刀头,机夹硬质合金和涂层硬质合金刀片,机夹金属陶瓷刀片,机夹陶瓷刀片和CBN刀片,机夹人造金刚石刀片。

各类刀具材料的硬度和韧性的关系如图2.10所示。

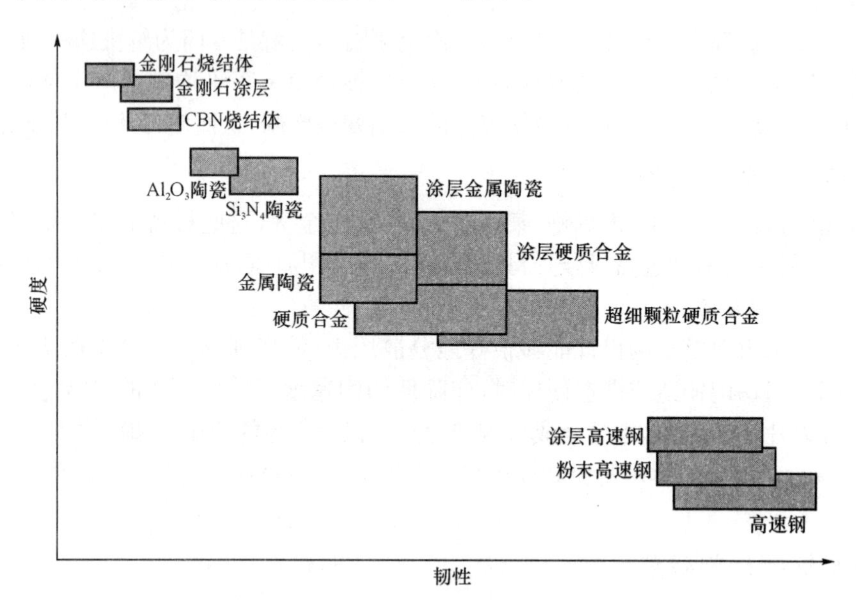

图2.10 各类刀具材料的硬度和韧性

常用刀片材料及其典型切削条件下的线速度范围:

高速钢车刀:20～30 m/min,车削HB260普通钢材;

硬质合金:70～90 m/min,车削HB260普通钢材;

TiN涂层硬质合金:100～120 m/min,车削HB260普通钢材;

氧化铝涂层硬质合金:200～400 m/min,车削HB260普通钢材;

金属陶瓷:200～350 m/min,车削HB260奥氏体不锈钢;

陶瓷刀片:200～400 m/min,车削HB300灰口铸铁;

CBN刀片:400～800 m/min,车削灰口铸铁和淬硬钢及耐热合金;

金刚石刀片:1 000～3 000 m/min,车削铝合金。

2.3.2 刀具材料的成分组成和特性

1) 刀具材料的成分组成

高速钢:典型高速钢成分是$W_{18}Cr_4V$,在刀具材料中硬度较低,可用于硬度较低的工件材料,如:钢、铝等的切削;

硬质合金：WC是硬点，Co是粘结剂，是传统的、用得较多的加工钢材的刀具材料。但随着刀具材料技术的发展，各种涂层刀具的性能更加优秀。

硬质合金涂层刀具：在硬质合金的基体上涂上一层或多层TiCN、Al_2O_3、陶瓷等材料，使刀具材料的硬度和耐磨性更好，是当前用得最多的刀具材料。

金属陶瓷既不是金属也不是陶瓷，它是一种钛基硬质合金，TiC是硬点，Ni是粘结剂。因为TiC和Ni的溶解度与普通的硬质合金不同，所以金属陶瓷的比重是钨基硬质合金的一半，而硬度是它的两倍，相对韧性较差，所以金属陶瓷适用于高速精加工软钢类材质或不锈钢，可以获得高一倍的切削速度，好一倍的表面光洁度，或长一倍的刀具寿命。

CBN：立方氮化硼，硬度仅次于金刚石，比其他任何材料的硬度至少高出2倍，在许多困难的金属材料切削工序中，能够将生产效率提高10倍，在刀具寿命和金属去除率方面都优于硬质合金和陶瓷。

金刚石：是最硬的材料，能以比硬质合金更快的速度加工非铁合金以及非金属材料，而且成本较低。锋利的切削刃能将切屑从工件上干净利索地切下来，也减小了积屑瘤的形成。在切削条件合适的半精加工和精加工中，采用金刚石刀片可取得极好的加工效果。

2）刀具的分类

刀具从结构上分类可分为：整体式、焊接式和机夹可转位式。

整体式刀具常用的有高速钢车刀、立铣刀等。

焊接车刀的优点在于单刀价格便宜，多次重磨，容易获得锋利刃口，缺点在于速度低（70米以下），寿命短，刃口安全性差。

机夹刀片车刀的优点在于操作简单，换刀对刀容易，刀片涂层，切削速度高，寿命长，刀片生产效率高，刃口安全，刀片磨损一致性强，适合数控机床和生产线的自动化生产，虽然单刀的价格贵，但是在大批量零件或者难加工材料零件的加工中，加工成本最低。

2.4 数控加工工艺基础

2.4.1 数控加工工艺的主要内容

在数控机床上加工零件，首先遇到的问题就是工艺问题。怎样选择数控机床更为经济、合理；怎样选择夹具便于在机床上安装、便于协调零件和机床坐标系的尺寸；怎样选择对刀点才能使编程简单、加工方便；怎样选择进给路线才能提高生产效率；怎样合理安排工序、刀具和确定切削用量，怎样才能保证零件的加工精度和表面粗糙度等等，这些都是数控加工工艺中必须考虑的问题，都是必须在编写程序之前要确定好的。具体包括以下几方面内容：

（1）选择并确定需要进行数控加工的零件及内容；

（2）进行数控加工工艺设计；

（3）对零件图形进行必要的数学处理；

（4）编写加工程序（自动编程时为源程序，由计算机自动生成目标程序——加工程序）；

（5）按程序单制作控制介质；

（6）对程序进行校验与修改；

（7）首件试加工与现场问题处理；

（8）数控加工工艺技术文件的编写与归档。

2.4.2　数控加工工艺的特点

数控加工与通用机床加工相比，在许多方面遵循基本一致的原则，在使用方法上也有很多相似之处。但由于数控机床本身自动化程度较高，设备费用较高，设备功能较强，使数控加工相应形成了如下几个特点：

1）数控加工的工艺内容十分明确而且具体

进行数控加工时，数控机床接受数控系统的指令，完成各种运动，实现对工件的加工。因此，在编制加工程序之前，需要对影响加工过程的各种工艺因素，如切削用量、进给路线、刀具的几何形状，甚至工步的划分与安排等一一作出定量描述，对每一个问题都要给出确切的答案和选择，而不能像用通用机床加工时那样，在大多数情况下对许多具体的工艺问题，由操作工人依据自己的实践经验和习惯自行考虑和决定。也就是说，本来由操作工人在加工中灵活掌握并可通过随时调整来处理的许多工艺问题，在数控加工时就转变为编程人员必须事先具体设计和明确安排的内容。

2）数控加工的工艺工作相当准确而且严密

数控加工不能像通用机床加工时那样，可以根据加工过程中出现的问题由操作者自行调整。比如加工内螺纹时，在普通机床上操作者可以随时根据孔中是否挤满了切屑而决定是否需要退一下刀或先清理一下切屑再加工，而由于数控机床是自动加工，加工过程就不得而知了。所以在数控加工的工艺设计中必须注意加工过程中的每一个细节，做到万无一失。尤其是在对图形进行数学处理、计算和编程时，一定要准确无误。实际工作中，由于一个字符、一个小数点或一个逗号的差错都有可能酿成重大机床事故和质量事故。因为数控机床比同类的普通机床价格高得多，其加工的也往往是一些形状比较复杂、价格也较高的工件，万一损坏机床或工件报废都会造成较大损失。

根据大量加工实例分析，数控工艺考虑不周和计算与编程时粗心大意是造成数控加工失误的主要原因。因此，要求编程人员除必须具备较扎实的工艺基本知识和较丰富的实际工作经验外，还必须具有耐心和严谨的工作作风。

3）数控加工的工序相对集中

一般来说，在普通机床上加工是根据机床的种类进行单工序加工。而在数控机床上加工往往是在工件的一次装夹中完成钻、扩、铰、铣、镗、攻螺纹等多工序的加工。这种“多序合一”现象也属于“工序集中”的范畴，有时在一台加工中心上可以完成工件的全部加工内容。

2.4.3　数控加工的特点与适应性

1）柔性加工程度高

在数控机床上加工工件，主要取决于加工程序。它与普通机床不同，不必制造、更换许多工具、夹具等，一般不需要很复杂的工艺装备，也不需要经常重新调整机床，就可以通过编程把形状复杂和精度要求较高的工件加工出来。因此能大大缩短产品研制周期，给产品的改型、改进和新产品研制开发提供了捷径。

2）自动化程度高，改善了劳动条件

数控加工过程是按输入程序自动完成的，一般情况下，操作者主要是进行程序的输入和编辑、工件的装卸、刀具的准备、加工状态的监测等工作，而不需要进行繁重的重复性的手工操作机床，体力劳动强度和紧张程度可大为减轻，相应的改善了劳动条件。

3）加工精度较高

数控机床是高度综合的机电一体化产品，是由精密机械和自动化控制系统组成的。数控机床本身具有很高的定位精度，机床的传动系统与机床的结构具有很高的刚度和热稳定性。在设计传动结构时采取了减少误差的措施，并由数控系统进行补偿，所以数控机床有较高的加工精度。

4）加工质量稳定可靠

由于数控机床本身具有很高的重复定位精度，又是按所编程序自动完成加工的，消除了操作者的各种人为误差，所以提高了同批工件加工尺寸的一致性，使加工质量稳定，产品合格率高。

5）生产效率较高

由于数控机床具有良好的刚性，允许进行强力切削，主轴转速和进给量范围都较大，可以更合理地选择切削用量，而且空行程采用快速进给，从而节省了机动和空行程时间。数控机床能在一次装夹中加工出很多待加工部件，既省去了通用机床加工时原有的不少辅助工序（如划线、检验等），也大大缩短了生产准备工时。由于数控加工一致性好，整批工件一般只进行首件检验即可，节省了测量和检测时间。因此其综合效率比通用机床加工会有明显提高。

6）良好的经济效益

数控机床加工的工件改变时，只需重新编写加工程序，不需要制造、更换许多工具、夹具和模具，更不需要更新机床。节省了大量工艺装备费用，又因为加工精度高，质量稳定，减少了废品率，使生产成本下降，生产率提高。

7）有利于生产管理的现代化

数控机床加工时，可预先准确计算加工工，所使用的工具、夹具、刀具可进行规范化、现代化管理。数控机床将数字信号和标准代码作为控制信息，易于实现加工信息的标准化管理。数控机床易于构成柔性制造系统（FMS），目前已与计算机辅助设计与制造（CAD/CAM）有机地相结合。数控机床及其加工技术是现代集成制造技术的基础。

虽然数控加工具有上述许多优点，还存在一些不足之处：数控机床设备价格高，初期投资大，此外零配件价格也高，维修费用高，数控机床及数控加工技术对操作人员和管理人员的素质要求也较高。因此，应该合理地选择和使用数控机床，才能提高企业的经济效益和竞争力。

数控加工的适应性：数控机床是一种高度自动化的机床，有一般机床所不具备的许多优点，所以数控机床加工技术的应用范围在不断扩大，但像数控机床这种高度机电一体化产品，技术含量高，成本高，使用与维修都有较高的要求。

根据数控加工的优缺点及国内外大量的应用实践，一般可按适应程度将零件分为下列三类：

1）最适应数控加工零件类

（1）形状复杂，加工精度要求高，用普通机床很难加工或虽然能加工但很难保证加工质量的零件。

（2）用数学模型描述的，具有复杂曲线或曲面轮廓的零件。

（3）具有难测量、难控制进给、难控制尺寸的不开敞内腔的壳体或盒形零件。

（4）必须在一次装夹中合并完成铣、镗、铰或攻螺纹等多工序的零件。

2）较适应数控加工零件类

(1) 在通用机床上加工时极易受人为因素干扰，零件价值又高，一旦失控便造成重大经济损失的零件。

(2) 在通用机床上加工时必须制造复杂的专用工装的零件。

(3) 需要多次更改设计后才能定型的零件。

(4) 在通用机床上加工需要做长时间调整的零件。

(5) 用通用机床加工时，生产率很低或体力劳动强度很大的零件。

3）不适应数控加工零件类

(1) 生产批量大的零件(当然不排除其中个别工序用数控机床加工)。

(2) 装夹困难或完全靠找正定位来保证加工精度的零件。

(3) 加工余量很不稳定的零件，且在数控机床上无在线检测系统用于自动调整零件坐标位置。

(4) 必须用特定的工艺装备协调加工的零件。

综上所述，建议对于多品种小批量零件；结构较复杂，精度要求较高的零件；需要频繁改型的零件；价格昂贵，不允许报废的关键零件和需要最小生产周期的急需零件采用数控加工。

图 2.11 表示普通机床与数控机床、专用机床的零件加工批量与综合费用的关系。

图 2.12 表示零件复杂程度及批量大小与机床的选用关系。

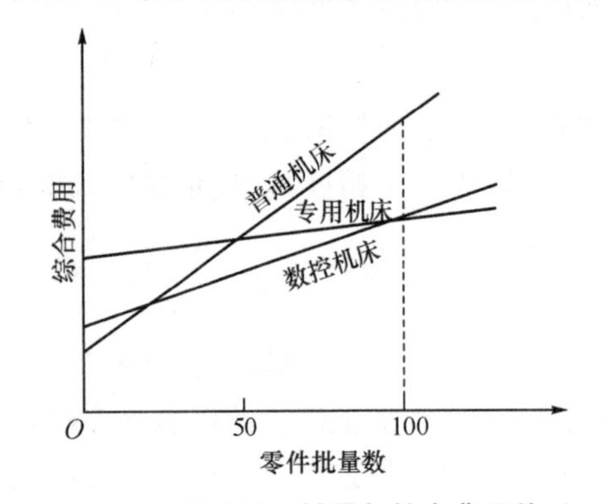

图 2.11　零件加工批量与综合费用关系

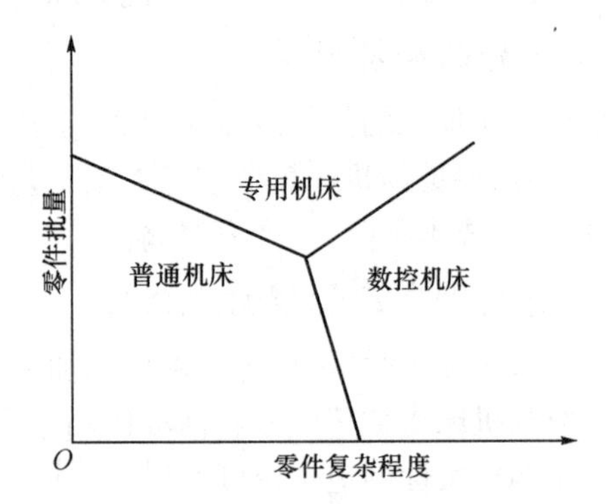

图 2.12　数控机床适用范围示意图

2.4.4　数控机床的选用

数控机床的种类很多，常用的有：加工中心、车削中心、数控铣床、数控车床、高速铣、数控磨床、线切割、电火花等。见图 2.13～图 2.16 所示。根据加工内容的不同要选择不同的数控机床进行加工。

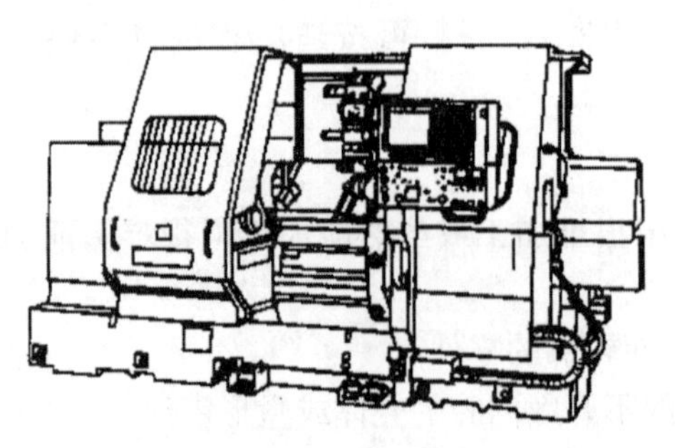

图 2.13　车削中心

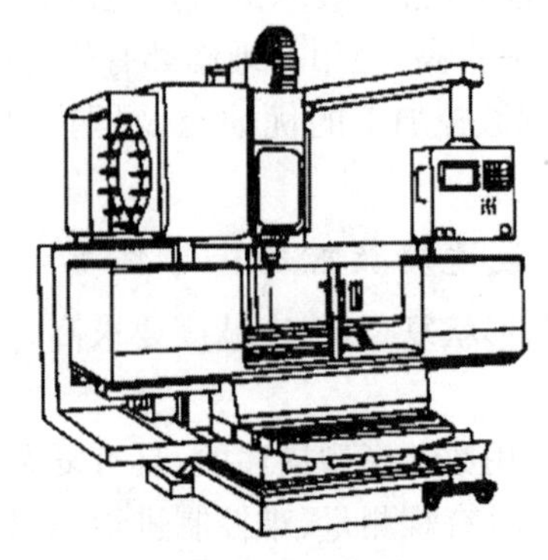

图 2.14　加工中心

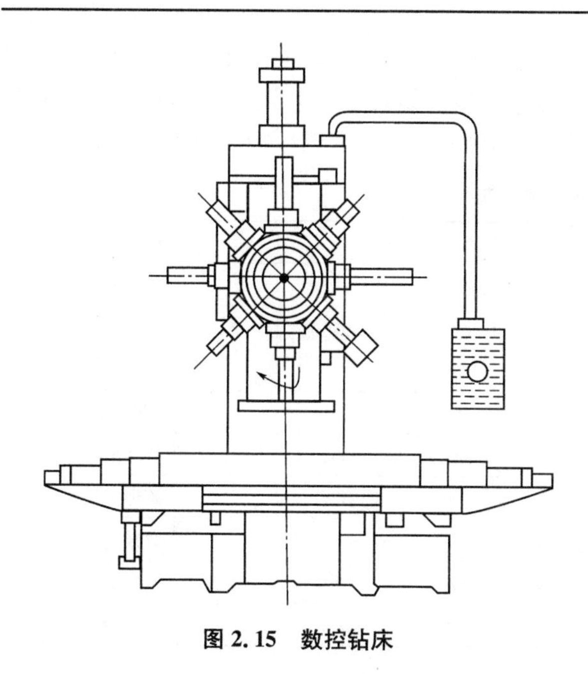
图 2.15 数控钻床

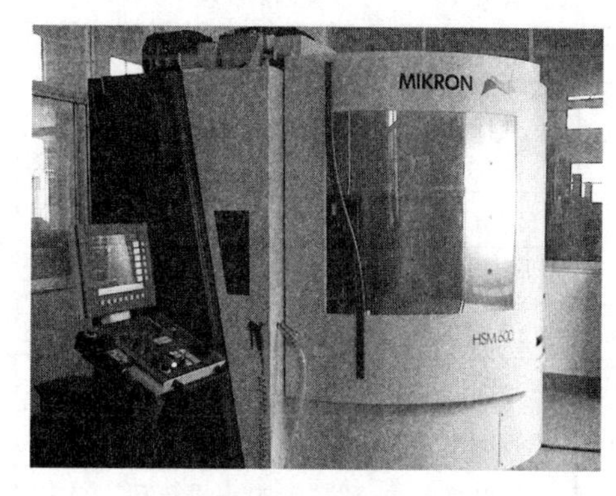

图 2.16 高速铣

选择数控机床主要取决于零件加工的内容、零件的尺寸大小、精度的高低。具体要求为：

(1) 数控机床的主要规格尺寸应与加工零件的外廓尺寸相适应，即小零件应选小机床，大零件应选大机床，做到设备合理选用。

(2) 数控机床的精度要与工序要求的加工精度相适应。

(3) 数控机床的生产率应与加工零件的生产类型相适应。单件小批生产选择通用设备，大批量生产选择高效的专用设备。

(4) 数控机床的选择还应结合现场的实际情况。例如设备的类型、规格及精度状况、设备负荷的平衡状况及设备的分布排列情况等。

(5) 根据零件的形状和精度要求，选择数控机床。

选择原则是：

①一般精度的回转体选择普通数控车床；

②精度要求高的或回转体端面需铣槽（或钻孔、局部非圆形状）的回转体零件可选择中、高档的数控车床或车削中心；

③箱体类零件通常选择卧式加工中心；

④一般零件的铣削加工选择数控铣床；

⑤模具类零件或带有曲面轮廓的零件通常选择加工中心（使用 CAD/CAM 软件产生加工程序）；

⑥淬火模具或要求加工时间很短的零件可选择高速铣；

⑦零件上孔特别多的可选择数控钻床进行加工。

2.4.5 数控加工的工艺文件

数控加工的工艺文件就是填写工艺规程的各种卡片。常见的工艺文件有：数控加工工序卡、刀具调整卡、程序清单等。数控加工工序卡是数控机床操作人员进行数控加工的主要指导性工艺文件。它主要包括的内容有：①所用的数控设备；②程序号；③零件图号、材料；④本工序的定位、夹紧简图；⑤工序具体加工内容：工步顺序、工步内容；⑥各工步所用刀具；⑦切削用量；⑧各工步所用检验量具等。在铣削、车削加工中心上加工，采用工序集中的方式，一个工序内有许多加工工步，常见的数控加工工序卡如表 2.1 所示，刀具调整卡的内容有：刀具号、刀具名称、刀柄型号、刀具的直径和长度。常见的刀具调整卡如表 2.2 所示，程序清单为具体的程序，它存放在计算机中或打孔纸带上，通过计算机的串行口（或读带机）送入数控系统。

表 2.1　数控加工工序卡

零件名称		控制器面板		程序号		O123		全 1 页		
零件图号		NCS−01		材料		铝		第 1 页		
序 号	工序内容	刀 具			切削用量		零点偏置代 码	加工时间	检验量具	备 注
		T 码	规格、名称	补偿	S	F				
1	打中心孔	11	ϕ2 中心钻	D11	1 500	60	G54		游标卡尺	
2	钻孔	10	ϕ6.3 钻头	D10	1 000	80	G55		游标卡尺	
3	扩孔	9	ϕ9 扩孔钻	D9	800	80	G56		游标卡尺	
4	粗铣内腔	8	ϕ8 立铣刀	D8	1 600	180	G57		游标卡尺	
5	精铣内腔	7	ϕ6 立铣刀	D7	2 000	120	G58		游标卡尺	
6	铣斜面	12	90°专用铣刀	D12	1 000	100	G59		游标卡尺	

表 2.2　刀具调整卡

机床型号	MCV−50A		零件号　NJ01	程序号 O123		备 注
刀具号	工序内容	刀柄型号	刀具名称	刀 具		
				直径(mm)	长度(mm)	
T11	打中心孔	40BT - Z10 - 45	中心钻	ϕ2	0	
T10	钻孔	40BT - Z10 - 45	钻头	ϕ6.3	0	
T9	扩孔	40BT - Z10 - 45	扩孔钻	ϕ9	0	长度 0
T8	粗铣内腔	40BT - Q1 - 75	立铣刀	ϕ8	0	长度相当于 H 补偿
T7	精铣内腔	40BT - Q1 - 75	立铣刀	ϕ6	0	
T12	铣斜面	40BT - M2 - 60	90°专用铣刀		0	

1）进给路线的确定

数控加工中进给路线对加工时间、加工精度和表面质量有直接的影响，确定进给路线应考虑确保加工质量、尽可能地缩短走刀路线、编程计算要简单、程序段数和换刀次数要少等多方面因素。主要考虑下列几点：

（1）确定最佳进给方式，寻求最短加工路线，减少或缩短空行程以提高加工效率。

（2）铣削内外轮廓时，进给方向的确定

铣削有顺铣和逆铣两种方式，如图 2.17 所示。当工件表面无硬皮，机床进给机构无间隙时，应选用顺铣方式安排进给路线。因为采用顺铣，切屑不会打在已加工表面上，加工表面质量好，而且刀齿磨损小。精铣时，尤其是零件材料为铝镁合金、钛合金或耐热合金时，应尽量采用顺铣。当工件表面有硬皮，机床的进给机构有间隙时，应选用逆铣，按照逆铣安排进给路线。因为逆铣时，刀齿是从已加工表面切入，不会崩刃；机床进给机构的间隙不会引起振动和爬行。

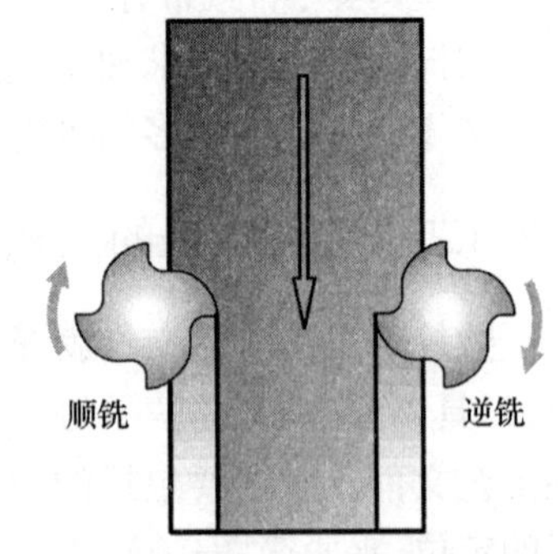

图 2.17　顺铣和逆铣

(3) 铣削内腔走刀路线的确定

图 2.18 所示为铣内槽的走刀路线，行切法路线短，但工件轮廓周边有较大的残余量；环切法计算较复杂且路线较长。因此较佳方案是用行切法粗铣，最后精铣内轮一周，既保证了加工质量，又使计算简单，路线也较短。

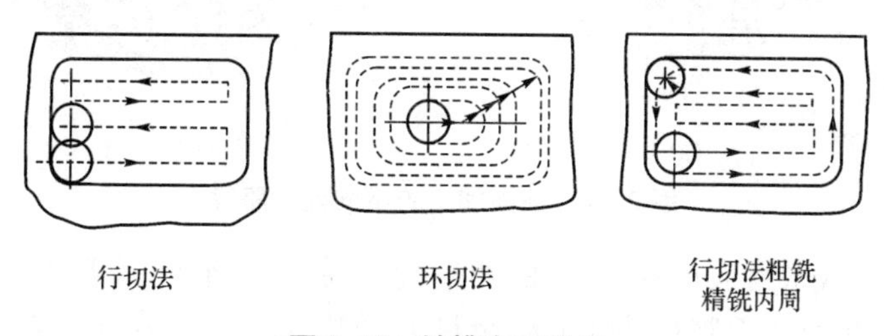

图 2.18　铣槽走刀路线

(4) 铣削外轮廓时的进、退刀路线的确定

铣削平面零件外轮廓时，一般是采用立铣刀侧刃切削。刀具切入零件时，应避免沿零件外轮廓的法向或 Z 向切入，以避免在切入处由于弹性变形而引起的接刀痕，而应沿切削起始点延伸线或切线方向逐渐切入工件，保证零件曲线的平滑过渡。同样，在切离工件时，也应避免在切削终点处直接抬刀，要沿着切削终点延伸线或切线方向逐渐切离工件(见图 2.19)。

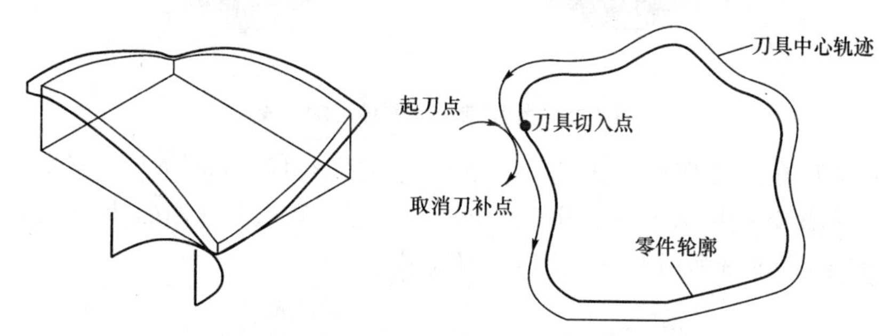

图 2.19　铣削外轮廓的进、退刀路线

(5) 铣削内轮廓的进给路线

铣削封闭的内轮廓表面时，同铣削外轮廓一样，刀具同样不能沿轮廓曲线的法向切入和切出，此时刀具可以沿一过渡圆弧切入和切出工件轮廓，图 2.20 所示为铣切内腔的进给路线。

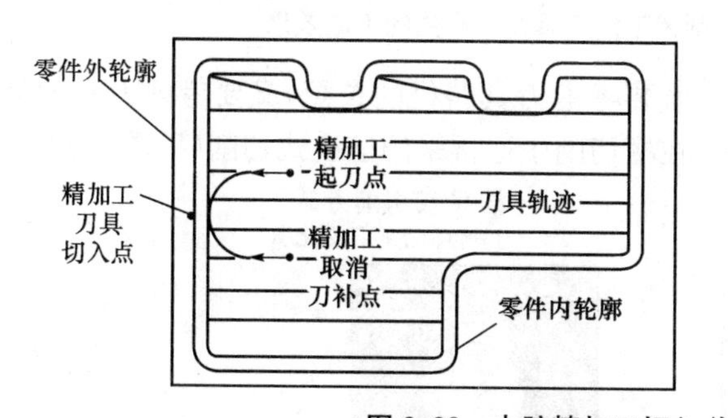

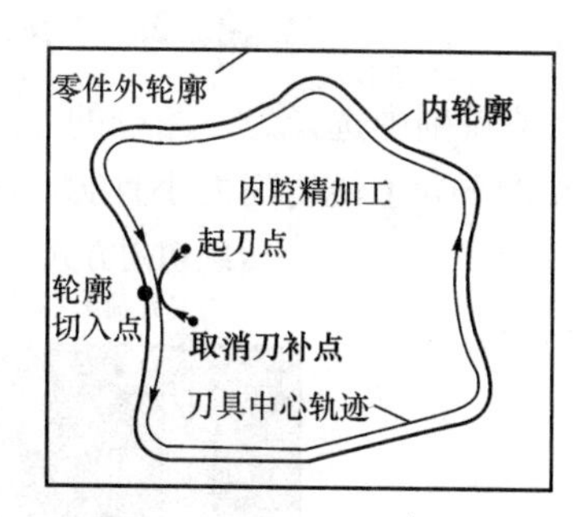

图 2.20　内腔精加工切入/切出路径

(6) 铣削曲面的进给路线与加工效果

对于曲面加工不论是精加工还是粗加工都有多种切削方式，针对不同的加工零件形状，选择一种进给路径较短的方式。当加工饭盒侧面时如图 2.21(b)所示的路径比图(a)的路径短。

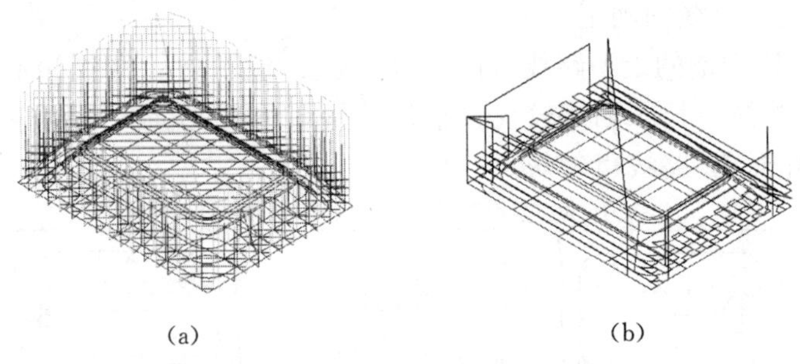

(a)　　(b)

图 2.21　曲面加工的不同走刀路径

此外还必须考虑残余量大小的一致性，如平行铣削方式，平行 X 轴方向走刀，垂直走刀路径的曲面残余量小，平行走刀路径的曲面残余量大，如图 2.22(a)所示。这种粗加工结果不符合精加工的要求。如改用 45°方向走刀，效果如图(b)所示，虽然还有局部小地方残余量还比较大，但残余量大小的一致性就好得多。

(a)　　(b)

图 2.22　铣削曲面的两种进给路线

曲面精铣时如图 2.23 所示，使用平头刀和球头刀进给路径相同，但使用平头刀和球头刀效果是不同的。图(b)是使用球头刀铣削的，圆圈中所示的切削效果比图(a)用平头刀铣削的效果要好。但底面(平面)的铣削用平头刀比球头刀效果好。

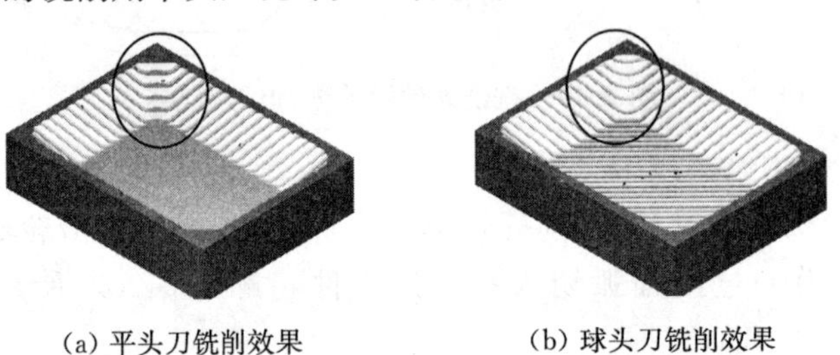

(a) 平头刀铣削效果　　(b) 球头刀铣削效果

图 2.23　曲面铣削用不同刀具类型产生的不同效果

在高速铣削中选择走刀路径的方式，既要考虑刀具路径的长短，又要考虑刀具的受力。高速铣削方式下为了使切削力小且脉动小，在槽切削中通常采用摆线式切削(见图 2.24)。摆线式

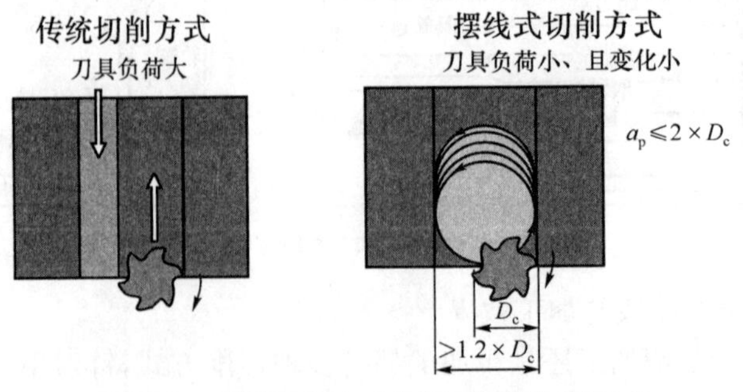

图 2.24　传统切削方式与高速摆线切削方式

切削时，槽的宽度要大于 1.2 倍的刀具直径，轴向切深小于等于 2 倍的刀具直径。径向齿距等于 0.1 倍的刀具直径。

（7）Z 向进给方式选择

通常采用二刃键槽铣刀直接进刀，进刀路线短，但刀具中心部位刀刃的切削速度为零，刀刃容易损坏。当采用直径较大的镶片立铣刀或高速铣削方式时，采用坡走铣或螺旋下刀方式，刀刃的切削速度不为零，在刀具中心部位没有刀刃的情况下，也能连续地向负 Z 方向进刀，改善了端面刃的切削性能。图 2.25(a)所示为坡走铣、图(b)所示为螺旋式负 Z 向进刀方式。

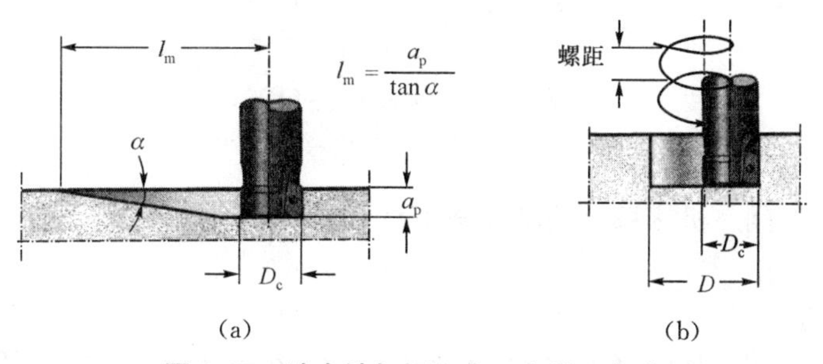

图 2.25　坡走铣与螺旋式 Z 向进刀方式

（8）避免在进给中途停顿，导致由于切削力逐渐减少，刀具弹性恢复而形成的刀痕。

（9）避免反向间隙对尺寸精度的影响。如孔距精度要求高时，刀具应同向进行点定位。

2）夹具的选择

（1）夹具的作用

保证加工质量、提高机床加工精度等级。如相对位置精度的保证，精度一致性的保证。

提高生产率：用夹具来定位、夹紧工件，避免了手工找正等操作，缩短了安装工件的时间；减轻劳动强度：如可用气动、电动夹紧；扩大机床的工艺范围：在机床上安装一些夹具就可以扩大其工艺范围，如在数控铣床上加一个数控分度盘，就可以在圆柱面上加工螺旋槽。

（2）夹具的分类

夹具有多种分类方法：从专业化程度分，从使用机床的类型分，从动力来源分。以下从专业化程度来分，可分为：

通用夹具：如常见的三爪卡盘、台虎钳、V 形块、分度头和转台等。通常作为数控机床、通用机床的附件。

专用夹具：根据零件工艺过程中某工序的要求专门设计的夹具，此夹具仅用于该工序的零件加工，都是用于成批和大量生产中。

组合夹具：由很多标准件组合而成，可根据零件加工工序的需要拼装，用完后再拆卸，可用于单件、小批生产。数控铣床、加工中心用得较多。

单件小批量生产时，应优先选用组合夹具、通用夹具或可调夹具，以节省费用和缩短生产准备时间。成批生产时，可考虑采用专用夹具，但要力求结构简单。装卸工件要方便可靠，以缩短辅助时间，有条件且生产批量较大时，可采用液动、气动或多工位夹具，以提高加工效率。除上述几点外，还要求夹具在数控机床上安装准确，能协调工件和机床坐标系的尺寸关系。

3）切削用量的选择

切削用量主要根据刀具的耐用度、工件材料以及机床-工件-刀具系统的刚性来选择。它包括主轴转速、切削深度、切削宽度、进给速度等。

所以在选择粗加工切削用量时，应优先采用大的切削深度，其次考虑采用大的进给量，最后选择合理的切削速度。

工厂中实际切削用量制定的通常方法是：

(1) 经验估算法　凭工艺人员的实践经验估计切削用量。

(2) 查表修正法　将工厂生产实践和试验研究积累的有关切削用量的资料制成表格，并汇编成册。确定切削用量时根据零件材料、刀具材料从手册中查出切削速度 v 和每转进给量 f_0，以此计算出主轴转速和进给速度，再结合工厂的实际情况进行适当修正。计算公式如下：

$$n=1\,000v/(\pi D)\quad (\mathrm{r/min})$$

$$f=f_0 n\quad (\mathrm{mm/min})$$

$$n=(1\,000vK)/(\pi D) \tag{2.1}$$

$$f_{XY}=n f_0 ZK,\quad f_Z=f_{XY}/2 \tag{2.2}$$

式中：K——工件—刀具—机床系统的刚性修正系数；

D——铣刀直径；

Z——铣刀齿数。

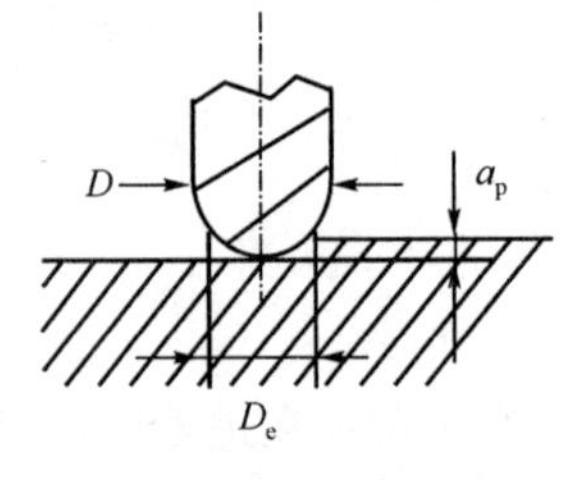

图 2.26　球头刀切削截面

针对球头刀(球头部切削，还与切削深度有关，如图 2.26 所示)，用以下公式计算主轴转速 n、XY 平面进给速度 f_{XY}、Z 向进给速度 f_Z。

$$n=(1\,000vK)/(\pi D_e) \tag{2.3}$$

$$f_{XY}=n f_0 ZK, f_Z=f_{XY}/2 \tag{2.4}$$

$$D_e=2\sqrt{a_p(D-a_p)} \tag{2.5}$$

式中：a_p——实际切削深度；

D_e——实际最大切削直径。

切削深度应根据工件的加工余量和机床—夹具—刀具—工件系统的刚性来确定。在保留半精加工、精加工必要余量的前提下，应当尽量将粗加工余量一次切掉。只有当总加工余量太大，一次切不完时，才考虑分几次走刀。进给量主要根据机床—夹具—刀具—工件系统的刚性和强度来确定。粗加工时限制进给量提高的因素是切削力。所以在工艺系统的刚性和强度好的情况下，可选用大一些的进给量；在切削细长轴类、铣削大平面薄板件等刚性差的零件时，首先要考虑怎样提高加工系统的刚性，切削用量的选择要使加工系统的变形、震动控制在不影响加工精度的范围内。断续切削时为减少冲击，应降低一些切削速度和进给量。车内孔时刀杆刚性差，应适当采用小一些的切削深度和进给量。车端面时可适当提高一些切削速度，使平均速度接近车外圆时的数值。

加工大型工件时，机床和工件的刚性较好，可采用较大的切削深度和进给量，但切削速度则应降低，以保证必要的刀具耐用度，同时也使工件旋转时的离心力不致太大。

加工精度、表面质量与切削用量的选择

半精加工、精加工时首先要保证加工精度和表面质量，同时应兼顾必要的刀具耐用度和生产效率。

半精加工、精加工时切削深度根据粗加工留下的余量确定。限制进给量提高的主要因素是表面光洁度。为了减小工艺系统的弹性变形，减小已加工表面的残留面积高度，半精加工尤其是精加工时一般多采用较小的切削深度和进给量。在切削深度和进给量确定之后，一般也是在保证合理刀具耐用度的前提下确定合理的切削速度。

为了抑制积屑瘤和鳞刺的产生，以提高表面质量，用硬质合金刀具或涂层刀具进行精加工时一般多采用较高的切削速度；高速钢刀具则一般多采用较低的切削速度。例如，硬质合金精车刀的切削速度一般在1.33～1.67 m/s(80～100 m/min)以上。

精加工时刀尖磨损往往是影响加工精度的重要因素，因此应选用耐磨性好的刀具材料，并尽可能使之在最佳切削速度范围内工作。

2.5　典型零件加工工艺制定

2.5.1　可乐瓶底加工工艺制定实例

可乐瓶底模腔的铣削加工，零件材料：8407 HRC52，尺寸：120×120×100。

机床型号：MCV810。是山特维克可乐满刀片性能展示切削实例。

加工工序：①预钻孔(预钻直径为14 mm的下刀孔)；②摆线粗加工(去除腔体中的大部分材料)；③等高粗加工(瓶底部的二次粗加工)和半精加工(瓶腔体侧面的半精加工)；④等高精加工(瓶腔体的最终的精加工)。

(1) 工序1：螺旋铣预孔(见图2.27)

切削速度v_c：188 m/min；

转速n：5 730 r/min；

Step 1

孔径：18 mm；

切削宽度a_e：9 mm；

切削深度a_p：1.5 mm；

进给率f：802 mm/min。

Step 2

孔径：14 mm；

切削宽度a_e：7 mm；

切削深度a_p：1.5 mm；

进给率f：802 mm/min。

图2.27　螺旋铣预孔

刀具规格	可乐满产品编号	工　序
D10R5	R216.42—10030—AK19G 1610	铣预孔

(2) 工序2：摆线粗加工(见图2.28)

切削速度v_c：220 m/min；

转速n：4 000 r/min；

进给率f：1 200 mm/min；

刀具伸长：42 mm；

切削宽度a_e：0.5 mm；

切削深度a_p：5～18 mm；

刀具寿命：13个槽>400 m。

图2.28　摆线粗加工

刀具规格	可乐满产品编号	工　序
D10	R215.3A—10030—BC22H 1610	粗加工

(3) 工序 3:粗加工和半精加工(等高二次)(见图 2.29)

①二次粗加工上层侧壁

切削速度 v_c:250 m/min;

转速 n:7 960 r/min;

进给率 f:1 857 mm/min;

切削宽度 a_e:1.2 mm;

切削深度 a_p:1.2 mm;

刀具伸长:42 mm。

②二次粗加工下层小凹窝

切削速度 v_c:250 m/min;

转速 n:7 960 r/min;

进给率 f:1 273 mm/min。

……

图 2.29　半精加工

半精加工

v_c:280 m/min;

n:9 000;

f:1 890 mm/min。

刀具规格	可乐满产品编号	工　序
D10R1.5	R216.24－10030DAI10G 1610	二次粗加工
D10R5	R216.42－10030－AK19G 1610	半精加工

(4) 工序 4:等高精加工(见图 2.30)

切削速度 v_c:251 m/min;

转速 n:10 030 r/min;

进给率 f:1 650 mm/min;

切削宽度 a_e:0.25 mm;

切削深度 a_p:0.25 mm;

刀具伸长:42 mm。

使用 Coro－Grip 液压刀柄

图 2.30　等高精加工

刀具规格	可乐满产品编号	工　序
D8R4	R216.42－08030－AK16G 1610	精加工

2.5.2　叶片加工工艺制定实例

山特维克的可满乐刀片性能展示切削实例。

(1) 工序 1:粗加工菱形钢块

五轴坡走铣—CM300,如图 2.31 所示。

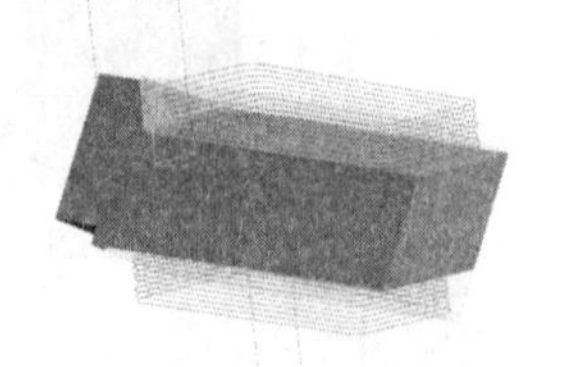

图 2.31　五轴坡走铣粗加工

刀 体	刀 片	直 径 (mm)	齿 数	v_c (m/min)	n (r/min)	f_z (mm/z)	a_p (mm)	a_e (mm)
R300－080C6－12M	R300－1240E－PM 1030	80	6	240	955	0.35	3	40

(2) 工序 2:粗加工叶形

变切深等高铣—CM300,如图 2.32 所示。

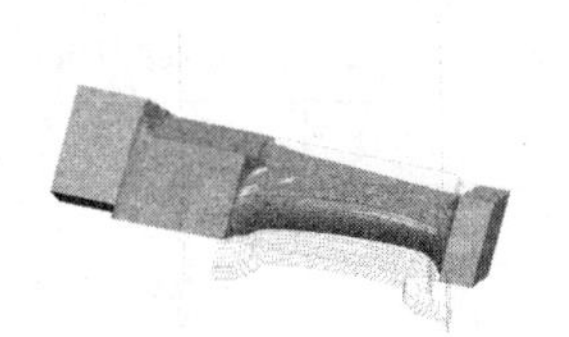

图 2.32 变切深等高铣

刀 体	刀 片	直 径 (mm)	齿 数	v_c (m/min)	n (r/min)	f_z (mm/z)	f (mm)	a_p (mm)	a_e (mm)
R300－052C5－12H	R300－1240E－PM 1030	52	5	240	1 469	0.35	2 571	2.5	30

(3) 工序 3:粗加工叶根/叶冠

点铣—R216,如图 2.33 所示。

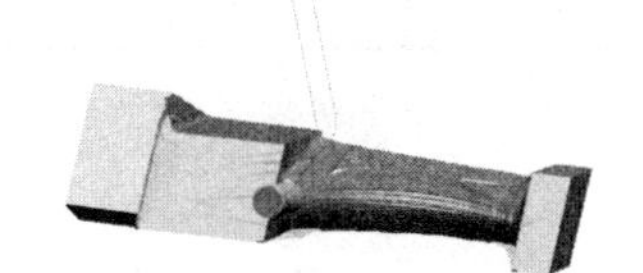

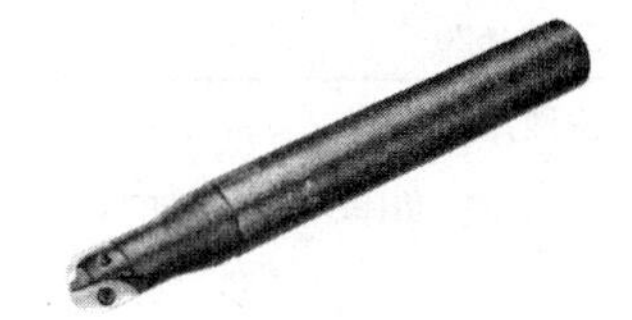

图 2.33 点铣粗加工叶根

刀 体	刀 片	直 径 (mm)	齿 数	v_c (m/min)	n (r/min)	f_z (mm/z)	f (mm/min)	a_p (mm)	a_e (mm)
R216－20A25－055	R216－20 T3 M－M1025	20	2	100	1 591	0.08	255	10	4

(4) 工序 4:半精加工叶形

五轴螺旋滚铣—CM300,如图 2.34 所示。

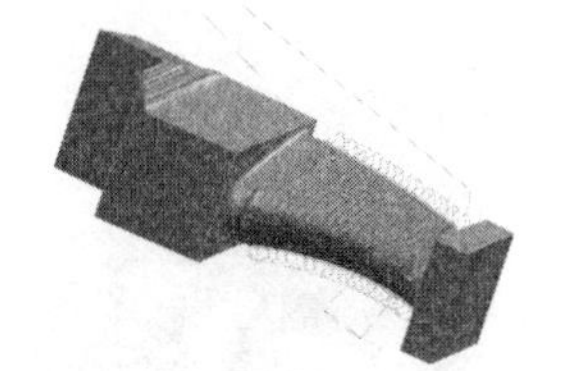

图 2.34 五轴螺旋滚铣叶面

刀 体	刀 片	直 径 (mm)	齿 数	v_c (m/min)	n (r/min)	f_z (mm/z)	f (mm/min)	a_p (mm)	a_e (mm)
R300－035C3－12H	R3001240E－PL1030	35	4	300	2 728	0.35	3 819	3	7

(5) 工序 5:精加工叶根/叶冠

点铣—锥形球头立铣刀,如图 2.35 所示。

图 2.35　锥形球头刀铣叶根/叶冠

刀　体	直　径 (mm)	齿　数	v_c (m/min)	n (r/min)	f_z (mm/z)	f (mm/min)	a_p (mm)	a_e (mm)
R216.54−08040RAL40G 1620	12	4	60	1 591	0.06	382	25.0	0.6

(6) 工序 6:精加工叶形

五轴螺旋滚铣—整体硬质合金铣刀,如图 2.36 所示。

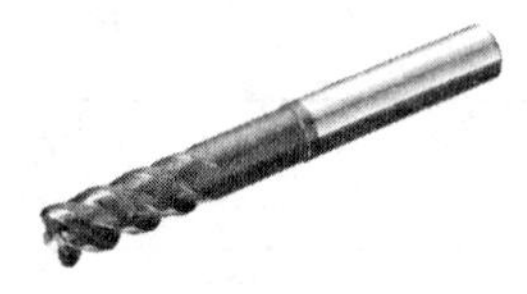

图 2.36　五轴螺旋精铣叶面

刀　体	直　径 (mm)	齿　数	v_c (m/min)	n (r/min)	f_z (mm/z)	f (mm/min)	a_p (mm)	a_e (mm)
R216.24−12050DCK26P 1620	12	4	320	8 487	0.08	2 716	0.5	1.3

(7) 工序 7:铣装配槽

槽铣—整体硬质合金,如图 2.37 所示。

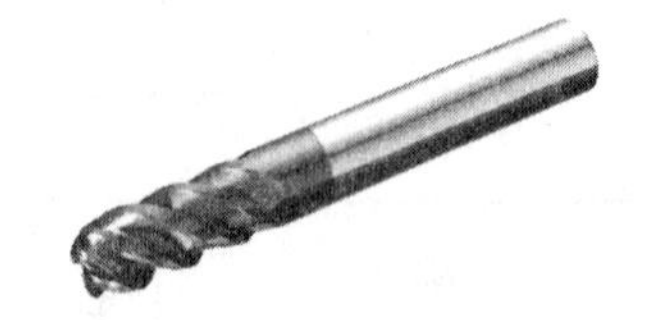

图 2.37　铣槽

刀　体	直　径 (mm)	齿　数	v_c (m/min)	n (r/min)	f_z (mm/z)	f (mm/min)	a_p (mm)	a_e (mm)
R216.24−16050IAK32P 1620	16	4	180	3 581	0.12	1 719	2	16

(8) 工序 8:精加工安装面

面铣 CM390,如图 2.38 所示。

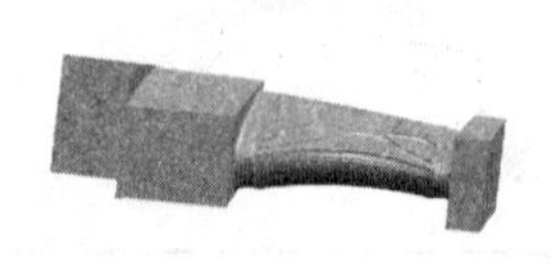

图 2.38　精加工安装面

刀　体	刀　片	直径 (mm)	齿数	v_c (m/min)	n (r/min)	f_z (mm/z)	f (mm/min)	a_p (mm)	a_e (mm)
R390−066C6−11M080	R390−11 T3 08M−PL 1030	66	6	300	1 447	0.12	1 042	0.5	50

2.5.3 凸凹腔加工工艺制定实例

山特维克的可乐满刀片性能展示切削实例——T1:CoroMill®345

(1) 工序1:面铣——圆弧切入(见图2.39)

刀具型号

345—063Q22—13H

345R—1305M—PL GC4230

切削参数

a_p:1.5 mm;

v_c:320 m/min;

f_z:0.375 mm/z;

f:3 638 mm/min;

a_e:39 mm。

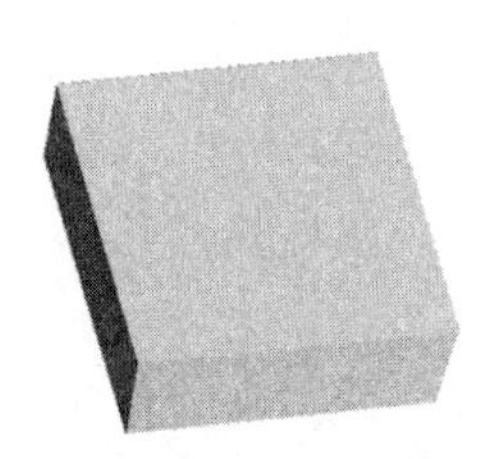

图2.39 铣削零件毛坯面和加工用刀具

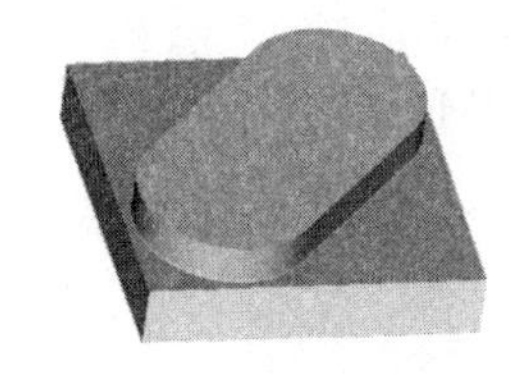

图2.40 铣削凸台和加工用刀具

T2:CoroMill®490 如图2.40所示。

(2) 工序2:方肩铣——圆弧切入

刀具型号

490—050Q22—08M

490R—08T316M—PM GC1030

切削参数

v_c:320 m/min;

f_z:0.20 mm/z;

f:2 038 mm/min;

a_p:3 mm;

a_e:13.5 mm;

T3:CoroMill®300。

(3) 工序3:螺旋插补铣孔(见图2.41)

刀具型号

R300—032A25—12H

R300—1240E—PM GC1030

切削参数

a_e:1.5 mm;

v_c:220 m/min;

f_z:0.23 mm/z;

a_p:26 mm;

T4:CoroMill® 210。

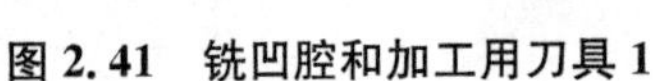

图 2.41 铣凹腔和加工用刀具 1

图 2.42 铣凹腔和加工用刀具 2

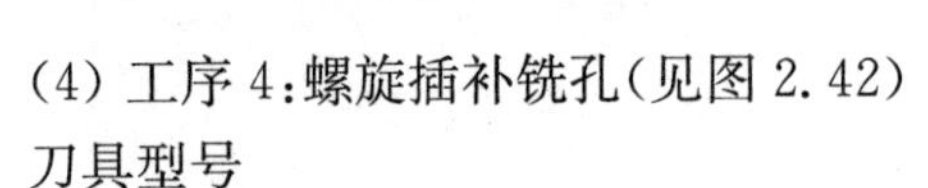

(4) 工序 4:螺旋插补铣孔(见图 2.42)

刀具型号

R210－032A25－09H

R210－090414E－PM GC1030

切削参数

a_p:26 mm;

a_e:1.5 mm;

v_c:220 m/min;

f_z:0.32 mm/z;

T5:CoroMill®490。

(5) 工序 5:螺旋插补精镗孔(见图 2.43)

刀具型号

490－025A25－08M

490R－08T308M－PM GC1030

切削参数

a_p:2 mm;

a_e:0.2 mm;

v_c:220 m/min;

f_z:0.12 mm/z;

T6:CoroMill® 316。

图 2.43 螺旋插补精镗孔和加工用刀具 1

图 2.44 螺旋插补精镗孔和加工用刀具 2

(6) 工序 6:螺旋插补精镗孔(见图 2.44)

刀具型号

E12－A16－SS－065

316－12FM650－12000L GC1030

切削参数

a_p:2. 0 mm;

a_e:0. 2 mm;

v_c:150 m/min;

f_z:0. 055 mm/z;

T7:CoroMill® 316。

图 2.45 插铣边槽和加工用刀具

图 2.46 凹凸腔零件

(7) 工序 7:插铣(见图 2.45)

刀具型号

E16－A20－SS－110

316－16SM450－16010P GC1030

切削参数

a_p:5. 0 mm;

a_e:3. 0 mm;

v_c:150 m/min;

f_z:0. 04 mm/z。

所有工序加工完成的零件成品如图 2.46 所示。

3 数控车削工艺与编程基础

3.1 数控车削工艺基础

3.1.1 切削原理

在金属切削变形和切屑形成过程中，金属的变形和刀具的受力如图 3.1、图 3.2 所示。

第Ⅰ变形区域：在切削层中 OA 与 OE 面之间的区域，是产生塑性变形和剪切滑移的区域。

第Ⅱ变形区域：切屑流出时与刀具前面接触产生变形的区域。

第Ⅲ变形区域：近切削刃处已加工表面层内产生变形的区域。

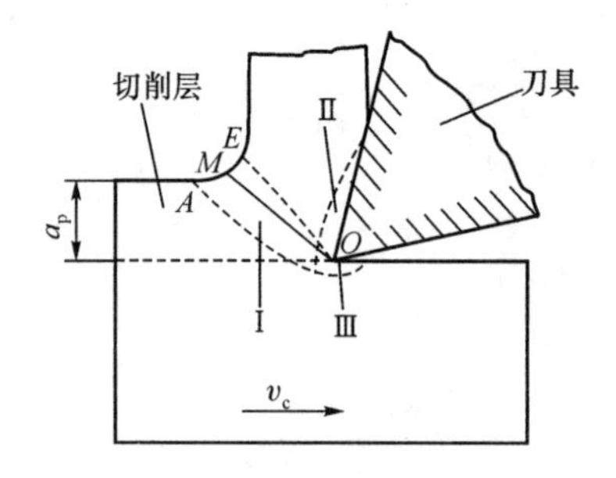

图 3.1 金属切削变形区域

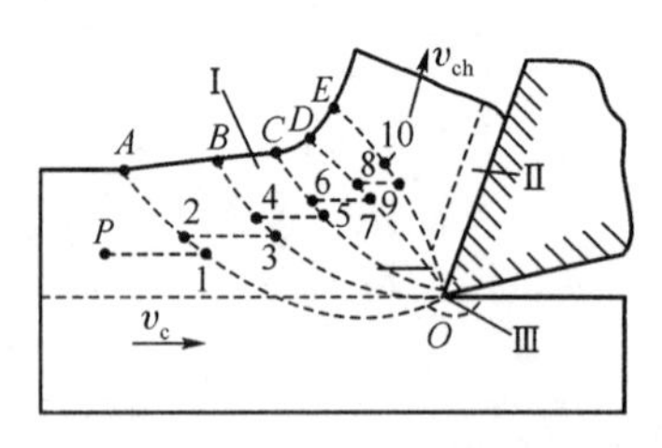

(a) 切削层的剪切滑移过程

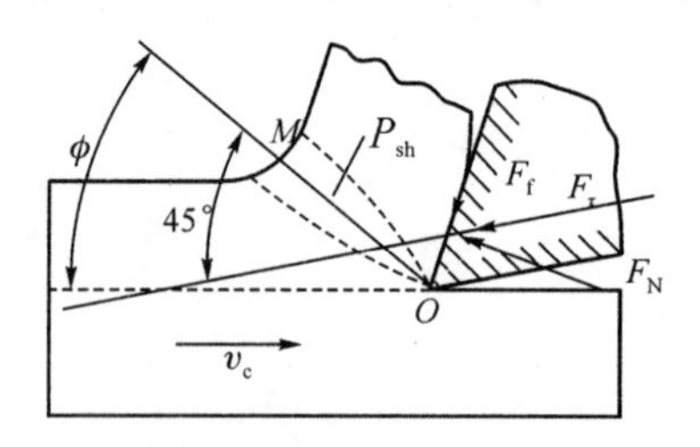

(b) 切屑形成时的各作用角

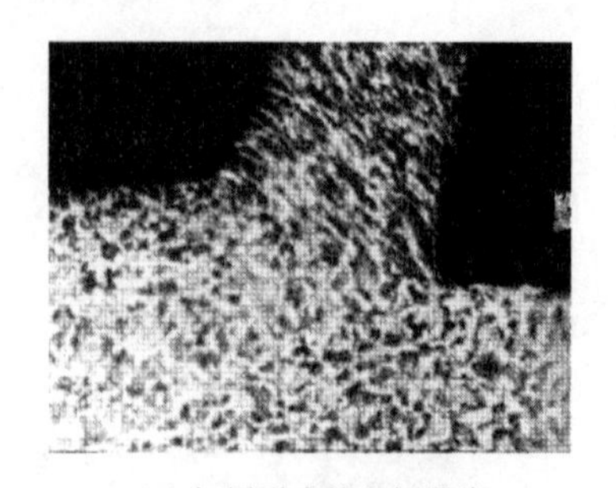

(c) 切屑形成的金相照片

图 3.2 切屑形成过程

切屑形成是在第Ⅰ变形区内完成的。以切削塑性材料为例，如图 3.2(a)、(b)所示，切削层在正压力 F_N 与摩擦力 F_f 的合力 F_τ 的作用下，在切削层材料移近 OA 面，使材料产生变形。进入 OA 面产生塑性变形，亦即 OA 面上切应力 τ 达到材料的屈服强度 $\tau_{0.2}$ 而发生剪切滑移，以点 1 为例，滑移方向由点 1 移至点 2，在点 2 继续移动至点 3 的过程中，同时滑移至点 4。随着继续移动，剪切滑移量和切应力逐渐增大。到达 OE 面时，滑移至点 10，此时，剪切应力最大，剪切滑移结束，切屑层被刀具切离，形成切屑。

通常 OA 面称始滑移面、OE 面称终滑移面，两个滑移面间是很窄的第Ⅰ变形区域，宽约 0.02～0.2 mm，故剪切滑移时间很短、形成切屑时间极短，如图 3.2(a)、(b)所示，该区域可用一个剪切平面 P_{sh}(OM)表示。剪切平面 P_{sh} 与作用力 F_τ 间夹角为 45°，剪切平面 P_{sh} 与切削速度 v_c 方向夹角为剪切角 ϕ。在图 3.2(c)切屑形成的金相照片中，可观察到切削变形使切屑中晶格被拉长呈纤维化状态。

3.1.2 车刀、刀片的种类及其标记方法

车刀是生产中广泛使用的一类刀具，它也是学习各类刀具的基础。车刀的主要种类有：焊接车刀、机夹车刀和可转位车刀。对焊接车刀，一般应了解刀杆、刀片及刀槽的形状和结构尺寸；对机夹车刀，应了解夹持方法及适用场合。

机夹可转位刀片式刀具(机夹不重磨式刀具，以机夹可转位刀片式车刀为例)，如图 3.3(a)和(b)所示，这种刀具具有一定几何角度的多边形刀片，以机械紧固的方法装夹在标准刀杆上。当刀片磨钝后，将夹紧机构松开，使刀片转位后即可继续切削。使用机夹不重磨刀具可提高硬质合金刀具的耐用度和刀片利用率，节约了刀杆和刀刃磨砂轮的消耗，简化了刀具的制造过程，有利于刀具标准化和生产组织管理。

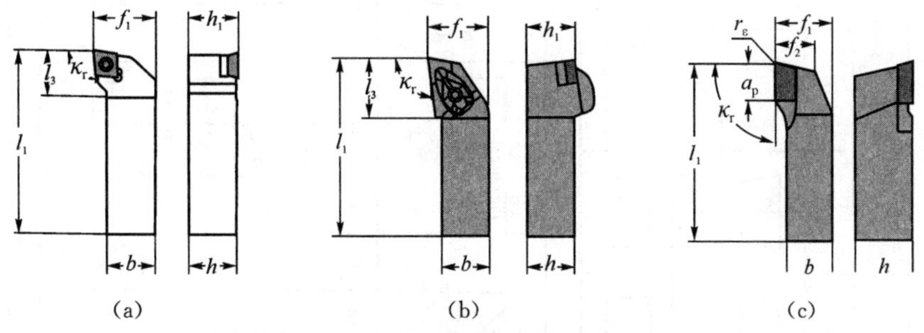

图 3.3 常见的焊接式和夹固式车刀

刀片种类及其标记方法，国标的标记方法如图 3.4 所示。

标记举例：

如：CNMG 120412－PR

C：80°菱形刀片；	N：刀片后角 0°；
M：刀片公差等级 M 级，公差±0.08；	G：有断屑槽的双面刀片；
12：切削刃长度 12 mm；	04：刀片厚度 4.76 mm；
12：刀尖圆角半径 1.2 mm；	PR：粗加工钢材。

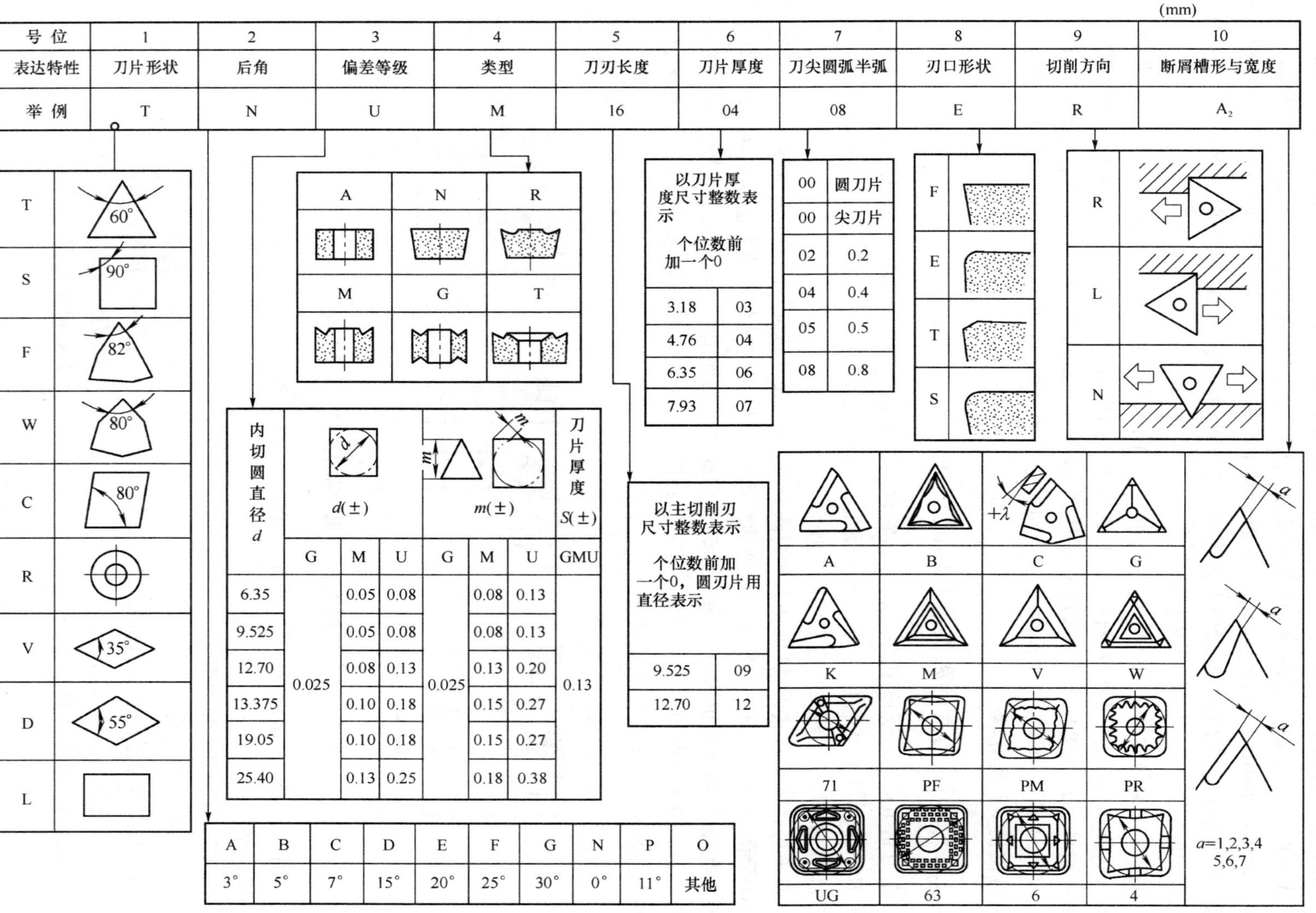

图 3.4　刀片种类和标记方法

3.1.3　车刀夹紧方式

车刀的常见夹紧方式如图 3.5 所示。

刚性夹紧	“P 杠杆型”	螺钉夹紧	螺钉夹紧系统,T 形导轨
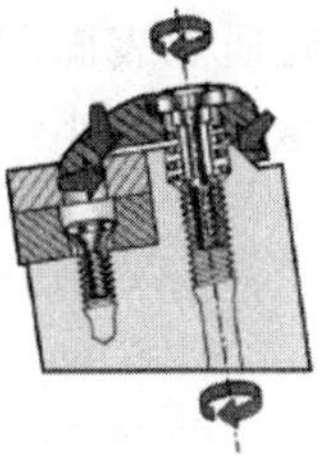	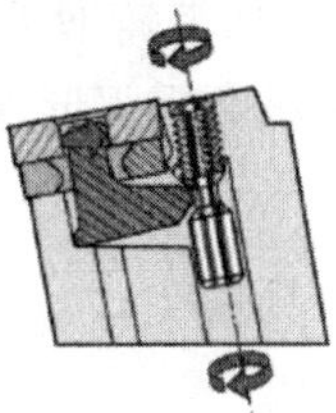	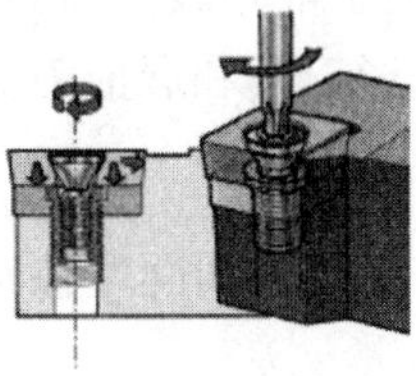	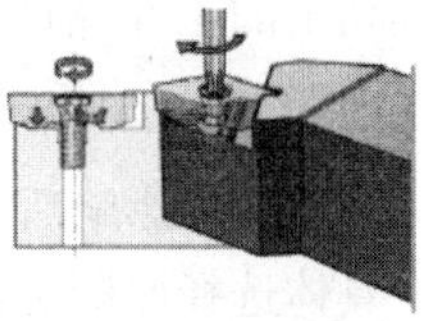
• 负前角刀片 • 刀片出色的夹紧 • 易于转位	• 负前角刀片 • 排屑通畅 • 易于转位	• 正前角刀片 • 刀片能安全夹紧 • 排屑通畅	• 正前角刀片 • 刀片能非常安全的夹紧 • 高精度

图 3.5　车刀的常见夹紧方式

刚性夹紧结构车刀刀头部分展开图如图 3.6(a)所示,“P 杠杆型”夹紧结构车刀刀头部分展开图如图 3.6(b)所示。

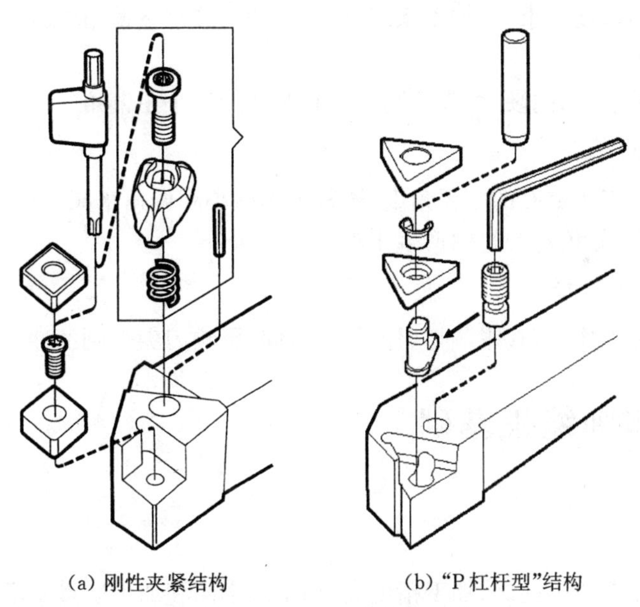

(a) 刚性夹紧结构　　(b) “P 杠杆型”结构

图 3.6　车刀刀头部分展开图

3.1.4　刀具几何角度的选择原则

合理选择刀具的几何参数是用好刀具的基本要求。使用刀具必须考虑的最基本的几个角度是:前角 γ_0、后角 α_0、主偏角 κ_r、副偏角 κ_r'、刃倾角 λ_s。其他几何参数有副后角 α_0'、刃口形状、过渡刃形状等。

1) 前角 γ_0 的选择

前角是起切削作用的一个重要角度,它的大小影响切削变形、刀和屑面间的摩擦、散热效果、刀具强度和加工精度等。

前角的选择是根据加工要求进行的，通常考虑的是：

①按刀具材料要求：高速钢刀具的抗弯强度、韧性高，前角大；硬质合金刀具前角小；陶瓷刀具的强度、韧性低，前角更小些。

②按加工材料要求：加工材料的塑性、韧性好，前角较大；强度、硬度高，前角较小；加工脆性、淬硬材料，前角很小或负值。

③按加工精度要求：精加工前角较大，粗加工较小；加工铸锻毛坯件、带硬质点表面和采用断续切削的工件，前角小；成形刀具和展成刀具为减小重磨后刃形误差，前角取零或很小。

2）后角 α_0 的选择

后角大小影响后刀面与切削表面间摩擦程度和刀具强度。

具体选择原则是：

①按加工要求：精加工后角较大，粗加工后角较小。

②按加工材料：切削塑性材料后角较大；切削强度、硬度高的材料后角较小。

3）主偏角 κ_r 的选择

主偏角大小影响刀头强度、径向分力大小、传散热面积、残留面积高度。因而主偏角是影响刀具寿命和加工表面质量的重要角度。

主偏角的选择原则：

①按加工表面粗糙度要求：在加工系统刚性允许时，减小主偏角能减小表面粗糙度，提高表面质量。

②按加工材料要求：切削硬度、强度高的材料时选择较小主偏角。

4）副偏角 κ_r' 的选择

副偏角是影响加工粗糙度的主要角度，通常采用减小副偏角来减小理论粗糙度。副偏角影响刀尖强度，较小的副偏角对凹轮廓产生干涉。

5）刃倾角 λ_s 的选择

刃倾角影响实际工作前角、影响切屑的排出方向、影响刀尖受到的冲击力。

3.2　数控车削编程基础

3.2.1　概述

数控车床具有加工通用性好、加工精度高、加工效率高和加工质量稳定等特点，是理想的回转体零件的加工机床。从总体上看，数控车床没有脱离普通车床的结构形式，即由床身、主轴箱、刀架、进给系统以及液压、冷却、润滑系统等部分组成。进给用伺服电动机驱动，以连续控制刀具纵向（Z 轴）和横向（X 轴）运动，从而完成各类回转体工件内外形面加工，例如车削圆柱、圆锥、圆弧和各种螺纹加工等，并能进行切槽、钻、扩、镗、铰、攻丝等工序的加工。

1）数控车床进给系统的特点

(1) 它没有传统的进给箱和交换齿轮架，而是直接用伺服电机通过滚珠丝杆驱动溜板和刀架，实现进给运动，因而进给系统的结构大大简化。

(2) 数控车床能加工各种螺纹（公制、英制螺纹以及锥螺纹、端面螺纹等），这是因为数控车床主轴与纵向丝杆间虽然没有机械传动联结，但由于安装有与主轴同步回转的脉冲编码器，从而发出检测脉冲信号，使主轴回转与进给丝杆的回转运动相匹配，这是实现螺纹切削的必要条件。车削螺纹一般都需要多次走刀才能完成，为防止乱扣，脉冲编码器在发出进给脉冲时，还要发出同步脉冲(每转发一个脉冲)，以保证每次走刀刀具都在工件的同一点切入。脉冲编码器一般不直接安装在主轴上，而是通过一对齿轮或同步齿形带(传动比 1∶1)同主轴联系起来。

2) 数控车床的分类

(1) 按数控系统功能，可分为全功能型和经济型两种。全功能型机床精度高，进给速度快，进给多采用半闭环直流或交流伺服系统，主轴采用全伺服控制，具有自动排屑、冷却、润滑等功能，通常采用全封闭防护。经济型数控车床通常采用步进电机驱动，不具有位置反馈装置，精度较低。

(2) 按主轴处于水平位置或垂直位置，可分为卧式和立式数控车床。如果有两根主轴，则为双轴数控车床。一般数控车床为两坐标控制，具有两个独立回转刀架的数控车床为四协同控制，车削中心和柔性制造单元，则需要增加其他的附加坐标轴。目前应用较多的还是中等规格的两坐标联动的数控车床。

3.2.2　坐标系

1) 机床坐标系

机床坐标系是机床上固有的机械坐标系，是机床出厂前已设定好的。机床通电后执行手动返回参考点，自动设定机床坐标系。

(1) 机床原点

数控车床的机床原点(M)通常定义在主轴旋转中心线与主轴端面的交点处，见图 3.7，M 点即为机床原点。

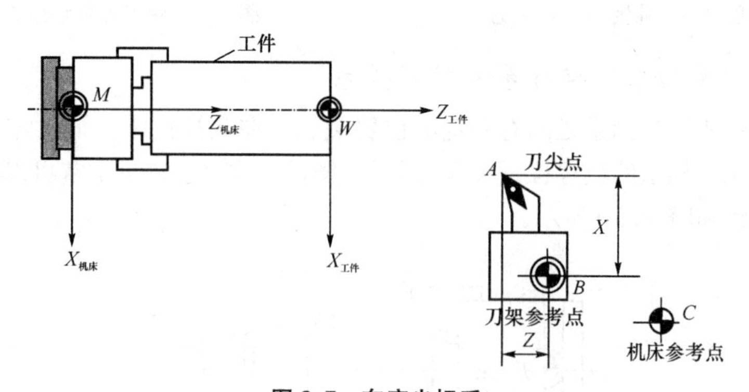

图 3.7　车床坐标系

(2) 机床参考点

机床参考点(C)是机床上的一个特定位置。通常当不能到达机床零点时，可接近参考点来设定测量系统为零。其位置由 Z 向与 X 向的机械挡块来确定。当进行回参考点的操作时，安装在纵向和横向拖板上的行程开关碰到相应挡块后，由数控系统发出信号，控制拖板减速运行，直到位置检测装置发出零位信号，完成回参考点的操作，这相当于在数控系统内部建立了一个以机床原点为坐标原点的机床坐标系。

(3) 刀架参考点

刀架参考点(B)是刀架上的一个固定点。当刀架上没有安装刀具时，机床坐标系显示的是刀架参考点的坐标位置，而加工时是用刀尖(A)加工，不是用刀架参考点(B)，所以必须通过“对刀”方式确定刀尖在机床坐标系中的位置，即 X、Y 坐标值。

2）工件坐标系

工件坐标系是为了方便编程，编程人员直接根据加工零件图纸选定的编制程序的坐标系。这个坐标系被称为编程坐标系或工件坐标系。其原点被称为编程原点或工件零点。

（1）编程原点

数控车床的编程原点（W）通常定义在主轴旋转中心线与工件端面的交点处，见图 3.7，W 点即为编程原点。

编程原点的选择原则：

①所选工件零点要便于数值计算，简化程序编制。

②所选工件零点要方便对刀，便于测量。

③尽量选在零件的设计基准或工艺基准上，以减小加工误差。通常设在工件的设计基准或工艺基准上，也称编程坐标系。

（2）X 轴方向的定义

刀架所在位置决定 X 轴的坐标方向。前置刀架切削时，X 轴正方向指向操作者，常用于平床身机床，如图 3.8 所示；后置刀架切削时，X 轴方向指向其反向，常用于斜床身机床，如图 3.9 所示。

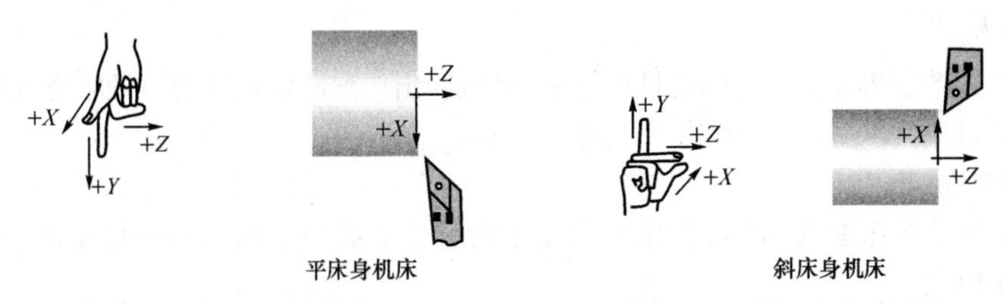

图 3.8 前置刀架切削方式　　图 3.9 后置刀架切削方式

3）机床坐标系与工件坐标系的位置关系

工件坐标系和机床坐标系之间有一定的位置关系。在数控机床上加工零件时必须确定工件坐标系相对机床坐标系的偏移位置关系，即零点偏置。这个偏置量常常可以通过一条指令来设定：如 G54 指令，如图 3.10 所示。

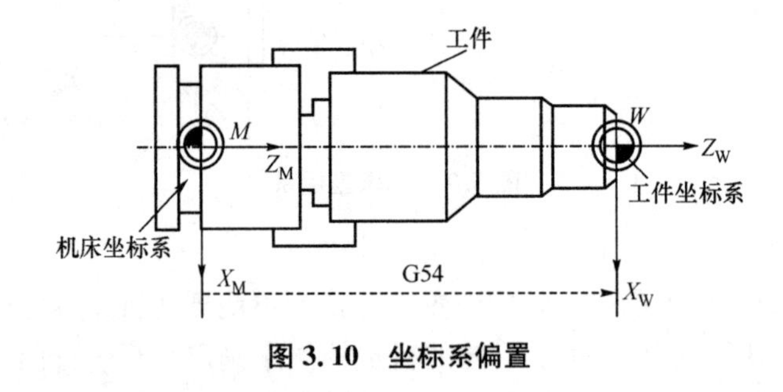

图 3.10 坐标系偏置

3.2.3 数控车床常用指令及其特点

1）快速点定位指令 G00

该指令命令刀具以很快的移动速度到达目标点。通常用在快速离开工件返回换刀点或快速从换刀点返回时使用。

格式:G00 X_ Z_

【例】 G00 X60　Z40;表示快速移动到 *XZ* 平面上的点(60,40)。

注意事项:

①G00 速度很快,不允许用来切入工件,其进给速度 *F* 不需写在程序内,由机床厂家规定。

②快速移动的轨迹根据控制系统的不同,有一定的区别。如图 3.11 所示,从 *A* 到 *B* 有四种方式,路径 *a* 是折线形式,路径 *b* 是直线形式,路径 *c* 由 *AD*,*DB* 组成,路径 *d* 由 *AC*,*CB* 组成,不同的系统采用不同的方式。如:FAUNC0i 系统采用的是路径 *a*(非线性插补定位)和路径 *b*(直线插补定位),可通过系统参数设置来选择两种方式中的一种。在使用该指令时,必须小心确保刀具不与工件发生碰撞。

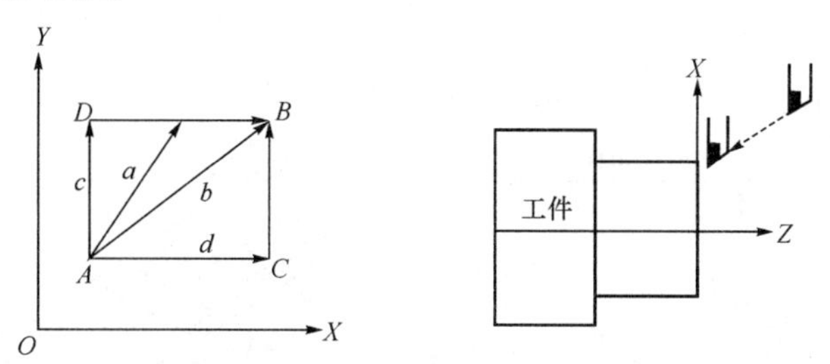

图 3.11　快速点定位 G00

③由于加工零件的图样尺寸及测量尺寸都是直径值,所以通常采用直径编程。但有些系统也可用半径编程。在用直径尺寸编程时:如采用绝对尺寸编程,*X* 表示直径值;如采用增量尺寸编程,*X* 表示径向位移量的两倍。在用半径尺寸编程时,如采用绝对尺寸编程,*X* 表示半径值;如采用增量尺寸编程,*X* 表示径向位移量。具体由系统参数设定。

2) 直线插补指令 G01

该指令使刀具能在各个坐标平面内切削任意斜率的直线轮廓(圆柱和圆锥面)和用直线段逼近的曲线轮廓,如图 3.12 所示。

格式:G01 X_ Z_ F_

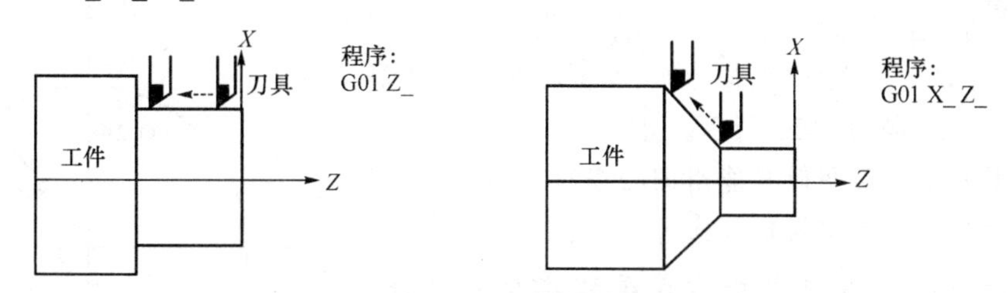

图 3.12　直线插补功能

【例】 G01 X50 Z30 F100;表示以进给速度 100 mm/min 直线插补至 *XZ* 平面上的点(50,30)。

注意事项:

①用此功能时,如果进给速度 F 代码不指定,系统将给予报警提示。

②进给速度 F 的单位有:mm/min 或 mm/r。编程时,具体要按系统规定来选用。

3) 圆弧插补指令 G02,G03

该指令使刀具能在各个坐标平面内切削任意半径的圆弧轮廓和用圆弧段逼近的曲线轮廓。G02 为顺时针圆弧插补;G03 为逆时针圆弧插补(见图 3.13)。

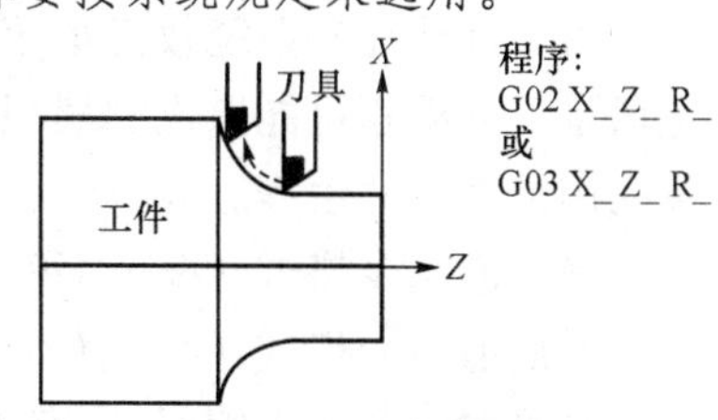

图 3.13　圆弧插补

格式：$\begin{Bmatrix} G17 \\ G18 \\ G19 \end{Bmatrix} \begin{Bmatrix} G02 \\ G03 \end{Bmatrix}$ X_Z_ $\begin{Bmatrix} R\_ \\ I\_J\_ \end{Bmatrix}$ F_

注意事项：

①在数控车床中要注意，用前置刀架和后置刀架方式切削时，圆弧的插补方向不同。圆弧插补方向的判断方法如图 3.14 所示：在直角坐标系中，应从编程坐标系的 Z_P 轴（Y_P轴或 X_P轴）的正方向看 X_PY_P 平面（X_PZ_P 平面或 Y_PZ_P 平面），来决定 X_PY_P 平面（X_PZ_P 平面或 Y_PZ_P 平面）的"顺时针"（G02）和"逆时针"（G03）方向。

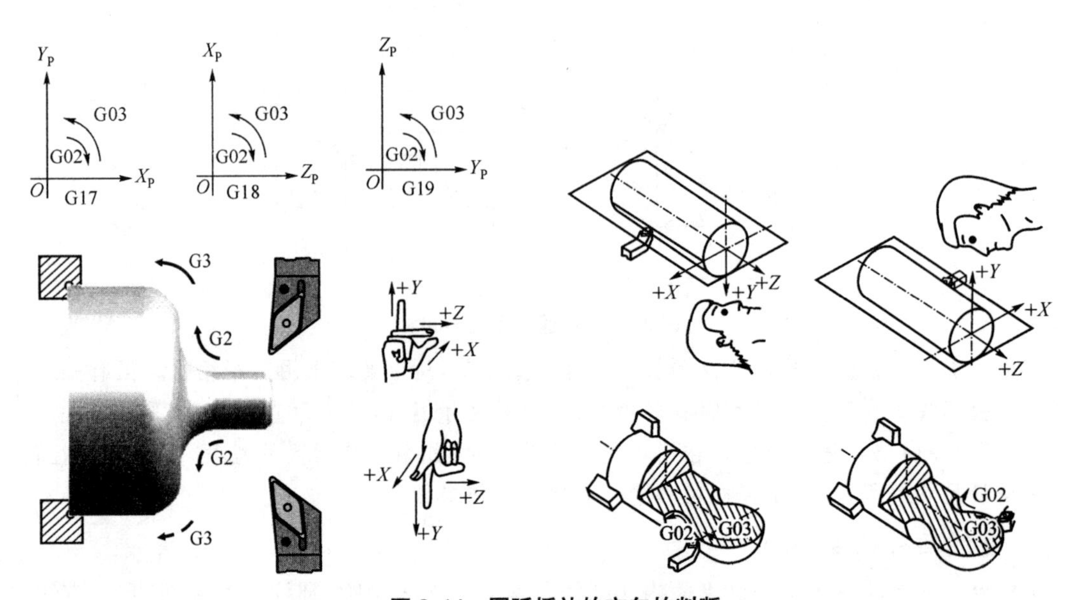

图 3.14　圆弧插补的方向的判断

②用圆心 I、J 编程，无论采用绝对方式还是增量方式，通常是取圆心坐标始终相对于圆弧起点坐标。用半径 R 编程，当圆心角大于 180°时，R 为负；当圆心角小于或等于 180°时，R 为正；如图 3.15 所示。

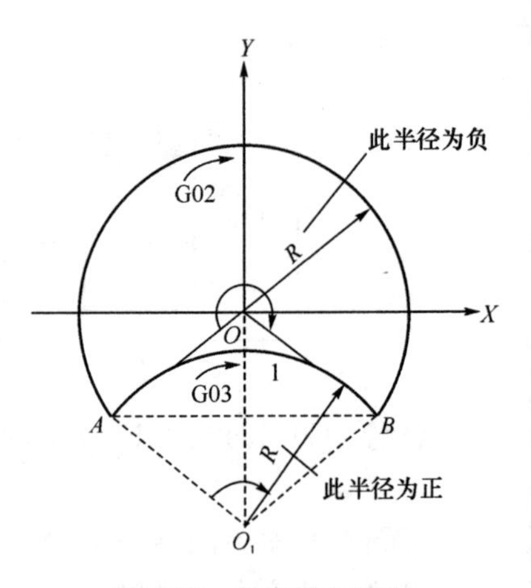

图 3.15　用半径 *R* 编程

③有些数控系统编程时只能用圆心编程，不能用半径 R 编程。要根据数控系统规定来选用。

4) 绝对值与增量值坐标方式编程指令 G90，G91

在一个程序段中，根据被加工零件的图样标注尺寸，从便于编程的角度出发，可采用绝对尺寸编程，也可采用增量尺寸编程。在一个程序中，也可采用绝对、增量的混合编程。

由于开环控制系统数控车床没有位置检测装置，为避免增量尺寸编程可能造成的累积误差，在用此类数控车床加工尺寸精度要求高的零件时，应尽量采用绝对尺寸编程。

绝对值指令格式：G90　G01　X_ Y_

增量值指令格式：G91　G01　X_ Y_

在绝对值方式下编程，所有坐标尺寸取决于当前坐标系的零点位置。如图 3.16(a)中，P_1、

P_2、P_3 点的坐标均相对于坐标系的零点。

在增量值方式下编程，所有坐标尺寸取决于前一坐标点的尺寸。如图 3.16(b)中，P_2 点的坐标相对于 P_1 点，P_3 点的坐标相对于 P_2 点。

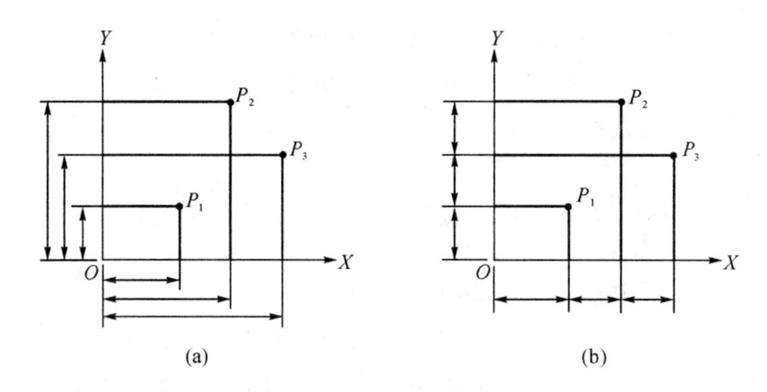

图 3.16 绝对和增量方式编程

注意事项：

①通常数控机床开机后默认 G90 方式。

②有些数控系统(如 FANUC0i)也可不用 G90/G91 指令，直接改变坐标字符号。将在下一章讲述。

工件坐标系设定指令 G54～G59

工件坐标系 1(G54)

工件坐标系 2(G55)

工件坐标系 3(G56)

工件坐标系 4(G57)

工件坐标系 5(G58)

工件坐标系 6(G59)

用户可以从 6 个工件坐标系指令中任意选择，通过该指令给出工件零点在机床坐标系中的位置，如图 3.17 所示。当工件装夹到机床上时求出偏移量，通过操作面板输入到规定的数据区，并在程序中选择相应的 G54～G59 激活此值。

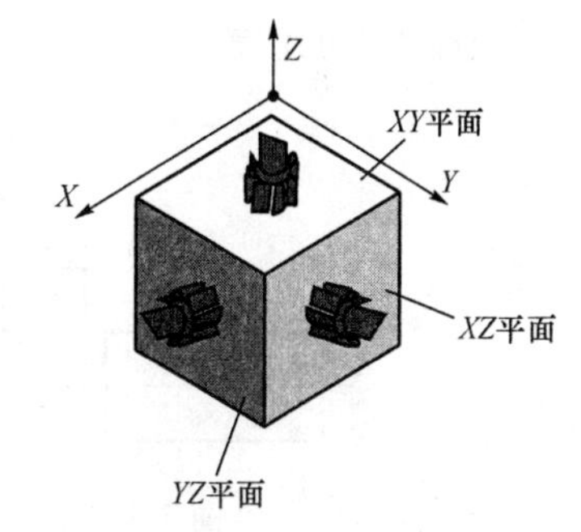

图 3.17 坐标平面的选择

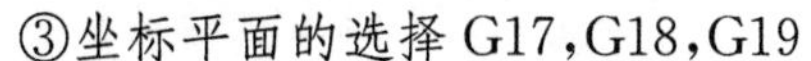

③坐标平面的选择 G17,G18,G19

G17:*XY* 平面

G18:*XZ* 平面

G19:*YZ* 平面

对于数控铣床编程时，通常要进行平面选择，指定机床在哪一平面进行运动，如图 3.17 所示。对于数控车床编程时，只选择 G18－*XZ* 平面。

5) **暂停指令** G04

经过被指令时间的暂停之后，再执行下一个程序段。通常用在切槽或镗孔时，为了使槽底或孔底平整，让程序进给暂停几秒钟。

格式:G04 地址符;不同的系统地址符可能有所不同。如:P、U、F 等:G04 P1.5 表示进给暂停 1.5 s。

3.2.4　刀具功能

1）刀具选择功能

当一个零件在进行粗加工、精加工、螺纹加工、切槽时，需选择各种刀具，每把刀具都指定了特定的刀具号。在程序中如果指定了刀具号和刀偏号，便可自动换刀，选择相应的刀具和刀偏（见图 3.18）。

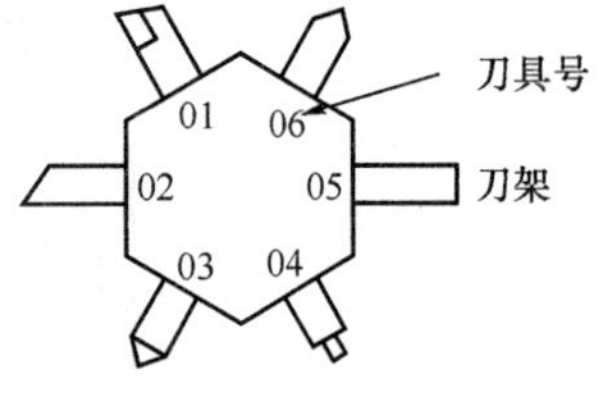

图 3.18　选择刀具

格式：T×× ××

——刀具偏置号(当偏置号为零时，意味着取消)

——刀具选择

【例】　N1 G00 X100 Z100　　（退回换刀点）

N2 T0303　　（选择 3 号刀具，使用 03 号偏置量）

或　N2 T0313　　（选择 3 号刀具，使用 13 号偏置量）

注意事项：

①刀具号 T 后的位数可能是四位，也可能是三位或两位数，要根据具体系统规定。

②刀具的偏置量可通过对刀操作方式得到。

2）刀具位置补偿功能

通常加工一个工件要使用多把刀具，而每把刀的长度不同（见图 3.19），这样就必须选择一把基准刀具（也可以是刀架参考点），通过"对刀"测出基准刀具的刀尖位置和其他所使用的各刀刀尖位置差，即刀具偏置量（见图 3.20），并把测定出的值设定在数控系统中。通过刀具指令（如：T0101）调出刀具偏置量。

刀架参考点是刀架上的一个固定点。当刀架上没有安装刀具时，机床坐标系显示的是刀架参考点的坐标。而加工时是用刀尖不是用刀架参考点，所以必须通过"对刀"方式确定刀尖在机床坐标系中的位置。

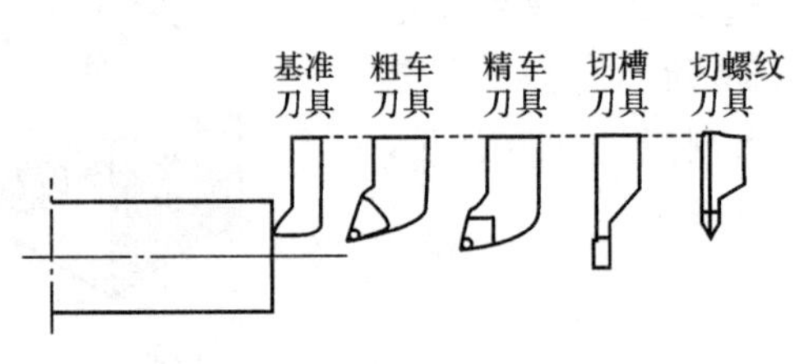

图 3.19　不同长度的刀具位置

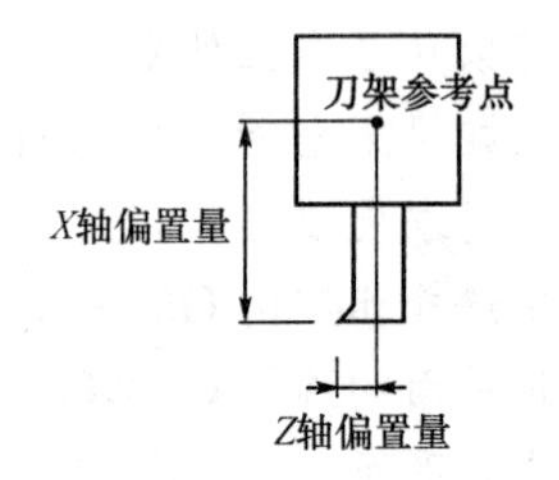

图 3.20　刀具位置偏置

3）刀尖圆弧半径补偿功能

刀具在进行轮廓车削时，刀位点假设为一个刀尖。而为了提高刀具强度和工件表面加工质量，刀尖处都必须有圆弧，不可能为尖点。

在切削端面或圆柱面时不存在误差（见图 3.21），但在切削锥面和圆弧时，就会出现过切或欠切现象（见图 3.22）。当工件表面加工精度要求较高时，就达不到精度要求。

这些由刀尖圆弧半径而造成的过切或欠切问题，可通过数控装置自动补偿功能来解决。即假设刀尖圆弧中心的运动轨迹是沿工件轮廓运动的，而实际的刀尖圆弧中心运动轨迹与工件轮廓有一个偏移量，即为刀具半径。因此在编写程序时，加入刀具半径补偿功能（G41 或 G42），刀具便会自动地沿轮廓方向偏置一个刀尖圆弧半径值（见图 3.23）。

G41——左补(沿刀具加工方向看,刀具位于工件左侧时为左补);

G42——右补(沿刀具加工方向看,刀具位于工件左侧时为左补);

G40——取消刀补。

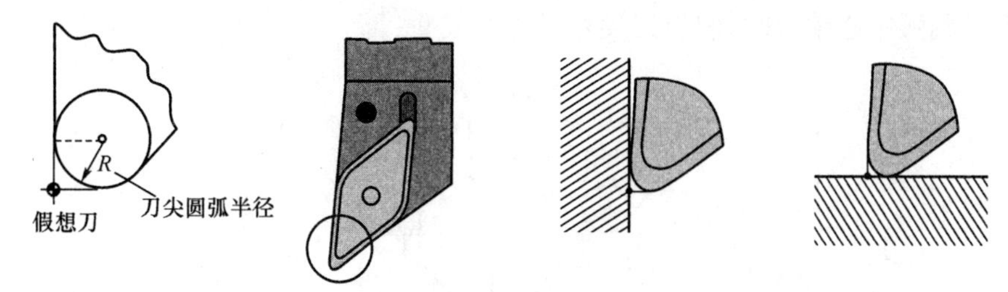

图 3.21 假想刀尖

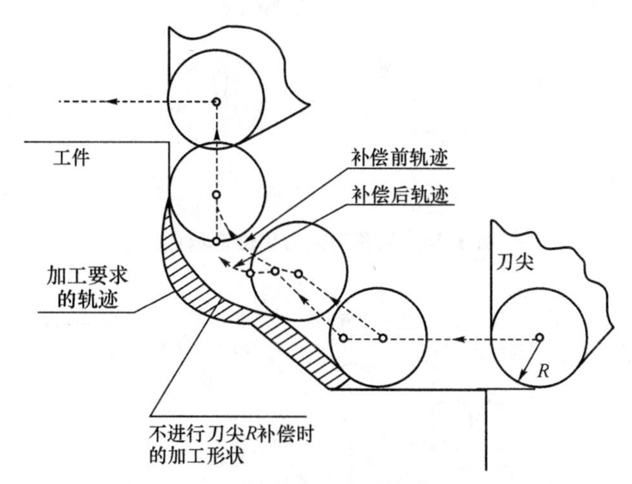

图 3.22 刀尖圆弧半径对锥面轮廓的误差影响

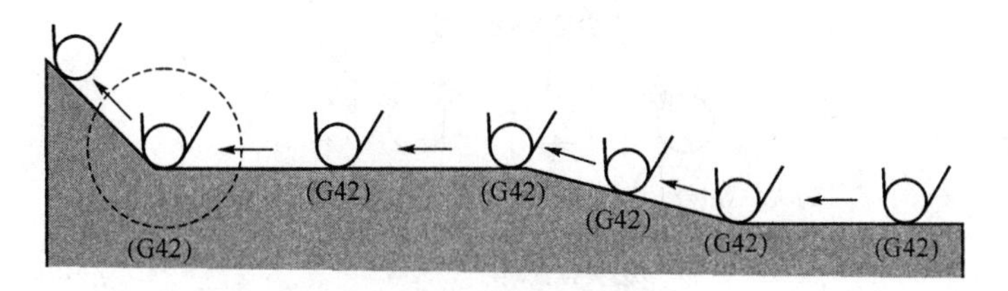

图 3.23 刀补轨迹

前置刀架与后置刀架方式下刀补的方向及假想刀尖方位有一定的区别,如图 3.24、图 3.25 所示。

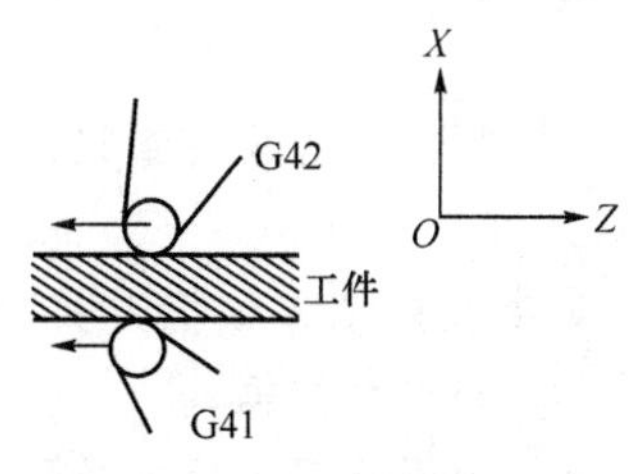

图 3.24 后置刀架刀补方向

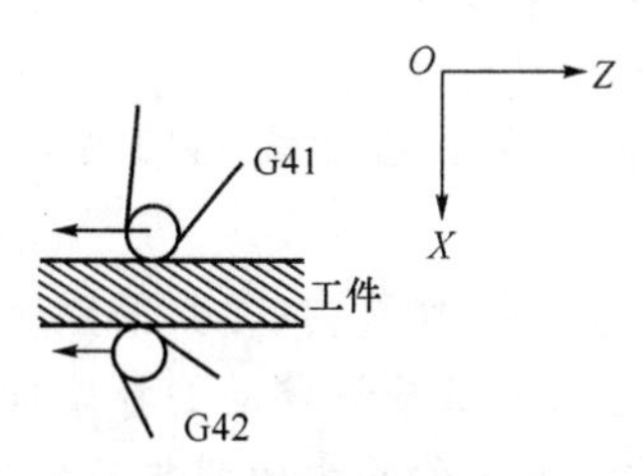

图 3.25 前置刀架刀补方向

4）假想刀尖位置

前置刀架与后置刀架方式下的不同形状的刀具，假想刀尖方位也有所不同。如图 3.26、图 3.27 所示是各种刀具的假想刀尖位置及编号。当用假想刀尖编程时，假想刀尖号设为 1～8；当用假想刀尖圆弧中心编程时，假想刀尖号设为 0 或 9。

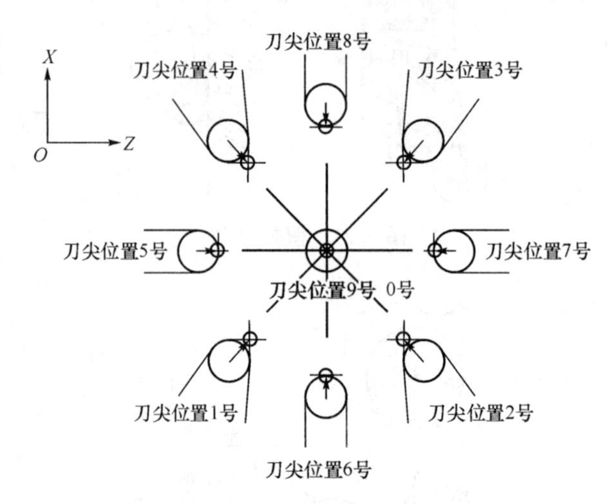

图 3.26 后置刀架刀尖位置示意图

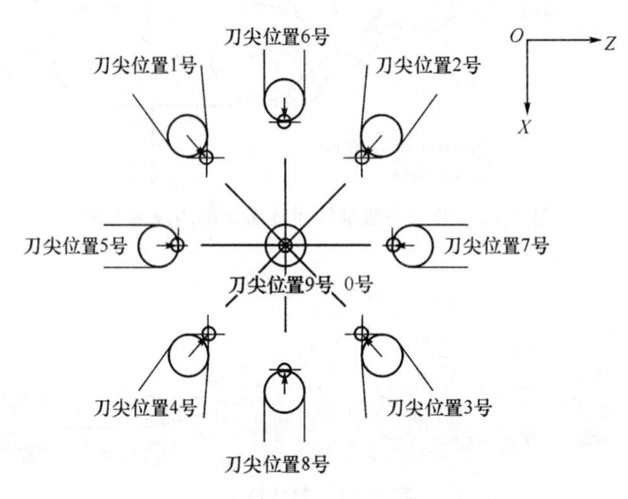

图 3.27 前置刀架刀尖位置示意图

注意事项：

①由于刀具在起刀程序段中，进行偏置过渡运动，因此建议该段程序不要切入工件轮廓，以免对工件产生误切。

②刀补指令 G41，G42 或 G40 必须跟在直线段上，否则会出现语法错误。例：G42 G01 X100 Z80。

③必须在刀具补偿页内（刀具偏置所在内存区）的刀尖半径处填入该把刀具的刀尖圆弧半径值，系统会自动计算应该移动的补偿量，作为刀尖圆弧半径补偿之依据。

④必须在刀具补偿页内的假想刀尖位置处填入该把刀具的假想刀尖位置号码，以作为刀尖圆弧半径补偿之依据。

⑤指令刀尖半径补偿 G41 或 G42 的过渡直线段长度必须大于刀尖圆弧半径（如刀尖半径

为 0.3，则 Z 轴移动量必须大于 0.3 mm）；在 X 轴的切削移动量必须大于 2 倍刀尖半径值（如刀尖半径为 0.6，则 X 轴移动量必须大于 2×0.6 mm＝1.2 mm，因为 X 轴用直径值表示）。

⑥在某个刀补有效的程序段之后，若有两个以上不运动的程序段时，刀具可能会对工件下一个轮廓产生过切。

【例】 刀补轮廓切削如图 3.28 所示。

①G42 G01 X60 Z0

②G01 X120 W－150 F60

③G40 G00 X300 W150 I40 K－30。

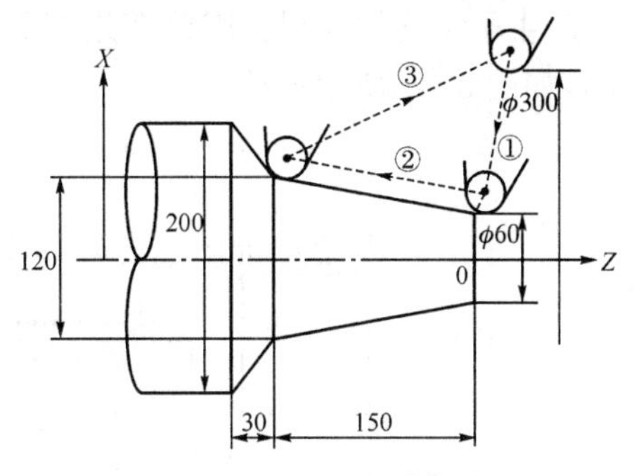

图 3.28　刀补轮廓切削

3.2.5　恒切削速度控制

在加工端面、圆弧、圆锥以及阶梯直径相差较大的零件时，随着工件直径的变化，切削线速度也在不断地变化，导致加工表面质量不一。为了保证加工表面质量，数控车床一般都具有恒切削速度控制功能，恒切削速度控制功能，即主轴转速随着当前加工工件直径的变化而变化，从而始终保证刀具切削点处编程的切削速度 S 为常数（主轴转速×直径＝常数），如图 3.29 所示。在用恒切削速度控制功能加工端面时，必须注意当刀具逐渐移近工件旋转中心时，主轴转速越来越高，工件有可能从卡盘中飞出，为了防止出现事故，必须限定主轴最高转速，即使用主轴转速限定功能。不同的数控系统表示恒切削速度的指令可能不同。

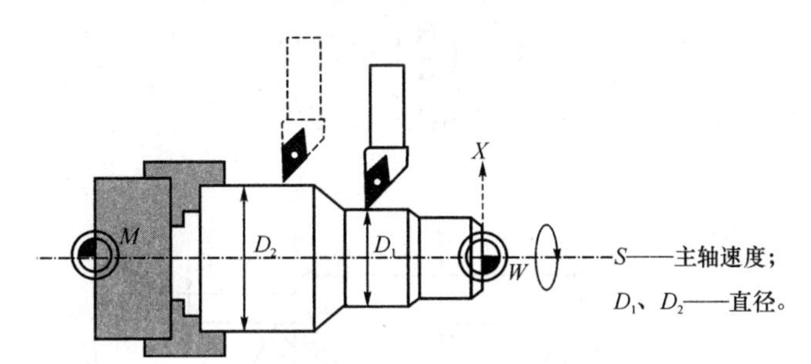

图 3.29　恒线速度切削

3.2.6　螺纹切削的加工特点和切削用量选择

螺纹切削加工指令是数控车床中常用的加工指令。可以加工直螺纹、锥螺纹、端面螺纹和变螺距螺纹，如图 3.30 所示。

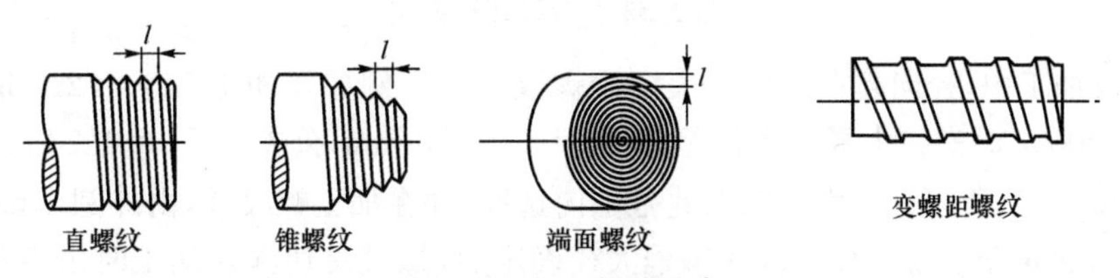

图 3.30　加工螺纹种类

（1）数控车床加工螺纹的前提条件是主轴有位置测量装置，如光电编码器。对于多头螺纹加工，可通过加工起点偏移来实现。

（2）车削螺纹时不能使用恒切削速度功能，因为用恒切削速度切削时，随着工件直径的减小转速会增加，从而会导致 F 导程产生变动而发生乱牙现象。

(3) 在数控机床上加工螺纹时，是靠装在主轴上的编码器实时地读取主轴转速并转换为刀具的每分钟进给量。由于伺服系统的滞后，在主轴转速加、减过程中，会在螺纹切削的起点和终点产生不正确的导程。因此在进刀和退刀时要留一定的距离，即为空刀进入量 L_1 和退出量 L_2，如图 3.31 所示。

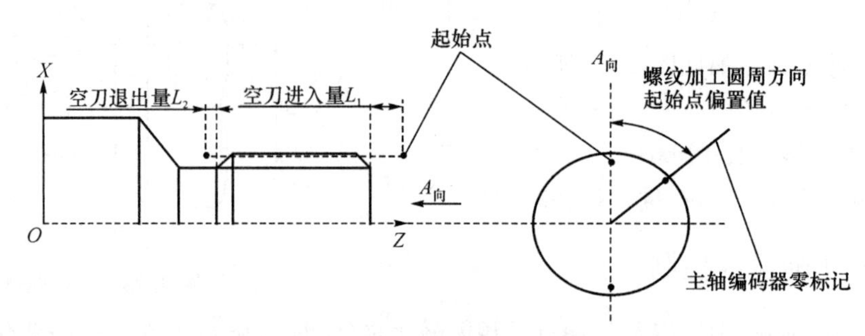

图 3.31 螺纹加工尺寸量

(4) 螺纹牙形理论上的高度 H(螺纹总切深)是指在螺纹牙形上，牙顶到牙底之间垂直于螺纹轴线的距离，它是车削时车刀总切入深度，如图 3.32 所示。根据 GB/T 192～197—2003 普通螺纹国家标准规定，普通螺纹的牙形理论高度 $H=0.866P$，实际加工时，由于螺纹车刀刀尖半径的影响，螺纹的实际切深有变化。根据 GB/T 197—2003 规定，螺纹车刀可在牙底最小削平高度 $H/8$ 处削平或倒圆。则螺纹实际牙形高度可按下式计算：

$$h=H-2\left(\frac{H}{8}\right)=0.6495P$$

式中：H——螺纹原始三角形高度，$H=0.866P$；

P——螺距。

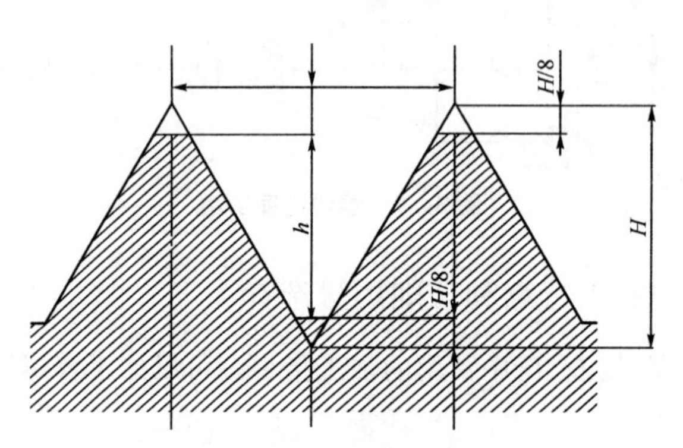

图 3.32 螺纹牙形高度

(5) 螺纹加工中，径向起点的位置决定于螺纹大径。例如要加工 M30×2－6g 外螺纹，由 GB/T 197—2003 知：螺纹大径基本偏差为 $E_S=-0.038$ mm，公差为 $T_d=0.28$ mm，则螺纹大径尺寸为 $\phi30_{-0.318}^{-0.038}$，所以螺纹大径应在此范围内选取，并在加工螺纹前，由外圆车削来保证。径向终点的位置决定于螺纹小径。因此编程大径确定后，螺纹总切深在加工时由编程小径(螺纹小径)来控制。螺纹小径的确定应考虑满足螺纹中径公差的要求。设牙底由单一圆弧形状构成(圆弧半径为 R)。则编程小径 d_1 可用下式计算：

$$d_1=d-2\left(\frac{7}{8}H-R-\frac{E_S}{2}+\frac{1}{2}\times\frac{T_{d_2}}{2}\right)=d-1.75H+2R+E_S-\frac{T_{d_2}}{2}$$

式中：d——螺纹公称直径(mm)；

H——螺纹原始三角形高度(mm)；

R——牙底圆弧半径(mm)，一般取 $R=(1/8\sim1/6)H$；

E_S——螺纹中径基本偏差(mm)；

T_{d2}——螺纹中径公差(mm)。

对于普通螺纹，也可用粗略估算法来编制程序。通常螺纹大径 D 为公称尺寸，螺纹小径根据公式 $d_1=D-2h$ 来确定。

(6) 如果螺纹牙形较深，螺距较大，可分几次进给。每次进给的背吃刀量用螺纹深度减去精加工背吃刀量所得的差按递减规律分配，如图 3.33 所示。常用螺纹切削进给次数与背吃刀量可参见表 3.1，常用螺纹参数表见表 3.2，常用螺纹切削进给次数与背吃刀量参考值见表 3.3。

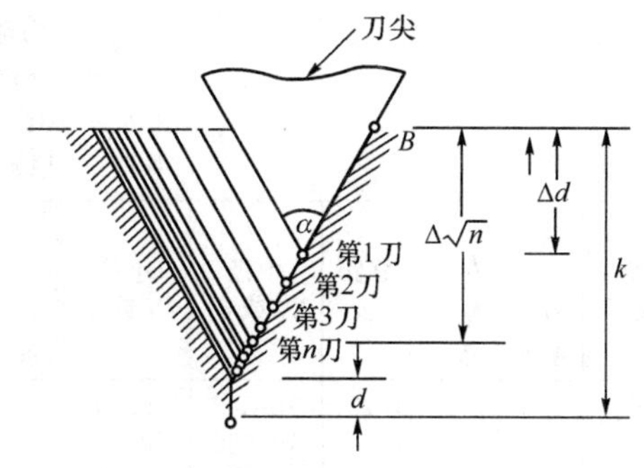

图 3.33 分段切削深度

表 3.1 常用螺纹的形状和牙形角度

应用场合	刀 片	螺纹形状	螺纹类型	代 号
普通使用		60°	ISO metric 美国 UN	MM UN
管螺纹		55° 60°	惠氏螺纹：NPT 英国标准(BSPT)NPTF 美国标准管螺纹	WH，NT PT，NF
食品和消防		30°	Round DIN 405	RN
航空航天		60°	MJ UNJ	MJ NJ
石油和天然气		60°	API 标准圆螺纹； API 标准"V"形 60°螺纹	RD V38. 40. 50
石油和天然气		10° 3°	API 偏梯形螺纹； VAM 特殊螺纹	BU
机械装置 普通使用		29° 30°	梯形螺纹/DIN 103 ACME 美制短牙梯形	TR AC SA

表 3.2　常用螺纹规格

螺　纹

普通螺纹　　普通螺纹基本尺寸(GB/T 196—2003、GB/T 192—2003)

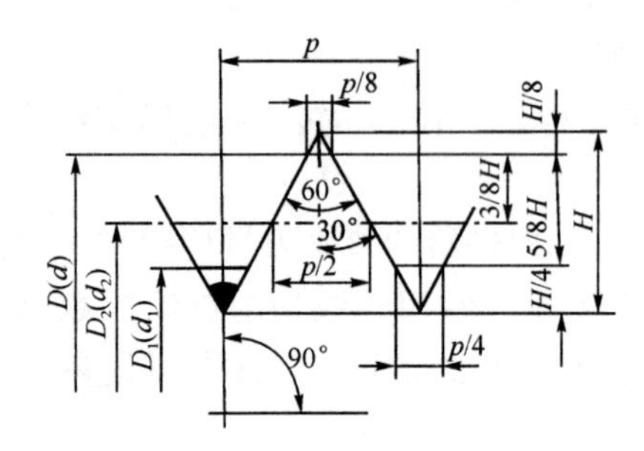

标记示例：
粗牙普通螺纹直径：24 mm；
螺距：3 mm、标记：M24。
细牙普通螺纹直径：24 mm；
螺距：1.5 mm、标记：M24×1.5。

$$H=\frac{\sqrt{3}}{2}p$$

$$d_2=d-2\frac{3}{8}H=d-0.6495p$$

$$d_1=d-2\times\frac{5}{8}H=d-1.0825p$$

式中：D——内螺纹大径；
d——外螺纹大径；
D_2——内螺纹中径；
d_2——外螺纹中径；
D_1——内螺纹小径；
d_1——外螺纹小径；
p——螺距；
H——原始三角形高度。

公称直径 D、d 第一系列	公称直径 D、d 第二系列	螺距 p	中径 D_2 或 d_2	小径 D_1 或 d_1
3		0.5	2.675	2.459
		0.35	2.773	2.621
	3.5	(0.6)	3.110	2.850
		0.35	3.273	3.121
4		0.7	3.545	3.242
		0.5	3.675	3.459
	4.5	(0.75)	4.013	3.688
		0.5	4.175	3.959
5		0.8	4.480	4.134
		0.5	4.675	4.459
6		1	5.350	4.917
		0.75	5.513	5.188
8		1.25	7.188	6.647
		1	7.350	6.917
		0.75	7.513	7.188
10		1.5	9.026	8.376
		1.25	9.188	8.647
		1	9.350	8.917
		0.75	9.513	9.188

公称直径 D、d 第一系列	公称直径 D、d 第二系列	螺距 p	中径 D_2 或 d_2	小径 D_1 或 d_1
12		1.75	10.863	10.106
		1.5	11.026	10.376
		1.25	11.188	10.674
		1	11.350	10.917
	14	2	12.701	11.835
		1.5	13.026	12.376
		(1.25)	13.188	12.647
		1	13.350	12.917
16		2	14.701	13.835
		1.5	15.026	14.376
		1	15.350	14.917
	18	2.5	16.376	15.294
		2	16.701	15.835
		1.5	17.026	16.376
		1	17.350	16.917
20		2.5	18.376	17.294
		2	18.701	17.835
		1.5	19.026	18.376
		1	19.350	18.917
	22	2.5	20.376	19.294
		2	20.701	19.835
		1.5	21.026	20.376
		1	21.350	20.917

公称直径 D、d 第一系列	公称直径 D、d 第二系列	螺距 p	中径 D_2 或 d_2	小径 D_1 或 d_1
24		3	22.051	20.752
		2	22.701	21.835
		1.5	23.026	22.376
		1	23.350	22.917
	27	3	25.051	23.752
		2	25.701	24.835
		1.5	26.026	25.376
		1	26.350	25.917
30		3.5	27.727	26.211
		(3)	28.051	26.752
		2	28.701	27.835
		1.5	29.026	28.376
		1	29.350	28.917
	33	3.5	30.727	29.211
		(3)	31.051	29.752
		2	31.701	30.835
		1.5	32.026	31.376
36		4	33.402	31.670
		3	34.051	32.752
		2	34.701	33.835
		1.5	35.026	34.376

表 3.3　常用螺纹切削进给次数与背吃刀量参考值

公制螺纹								
螺　距		1.0	1.5	2.0	2.5	3.0	3.5	4.0
牙　深		0.649	0.974	1.299	1.624	1.949	2.273	2.598
背吃刀量及切削次数	1次	0.7	0.8	0.9	1.0	1.2	1.5	1.5
	2次	0.4	0.6	0.6	0.7	0.7	0.7	0.8
	3次	0.2	0.4	0.6	0.6	0.6	0.6	0.6
	4次		0.16	0.4	0.4	0.4	0.6	0.6
	5次			0.1	0.4	0.4	0.4	0.4
	6次				0.15	0.4	0.4	0.4
	7次					0.2	0.2	0.4
	8次						0.15	0.3
	9次							0.2
英制螺纹								
牙(in*)		24牙	18牙	16牙	14牙	12牙	10牙	8牙
牙　深		0.678	0.904	1.016	1.162	1.355	1.626	2.033
背吃刀量及切削次数	1	0.8	0.8	0.8	0.8	0.9	1.0	1.2
	2	0.4	0.6	0.6	0.6	0.6	0.7	0.7
	3	0.16	0.3	0.5	0.5	0.6	0.6	0.6
	4		0.11	0.14	0.3	0.4	0.4	0.5
	5				0.13	0.21	0.4	0.5
	6						0.16	0.4
	7							0.17

注：1 in=2.54 cm。

注：背切刀量的每次数值为直径值。

4　FANUC0i 数控车床系统编程

数控机床中所用的指令都是按一定的标准规定的，所用编程指令基本相同。但不同的数控系统又有其各自的特点，有一定的灵活性。本章重点介绍 FANUC0i 数控车床系统编程指令的特点以及编程方法。

FANUC0i 数控车床编程指令如表 4.1 所示，该表中有 A、B、C 三种 G 代码系统，本数控车床系统选用 A 系列。不同的机床厂家会选用不同的系列，编程时要注意。

表 4.1　FANUC0i 系统 G 代码表

G代码			功　能
A	B	C	
G00	G00	G00	定位(快速)
G01	G01	G01	直线插补(切削进给)
G02	G02	G02	顺时针圆弧插补
G03	G03	G03	逆时针圆弧插补
G04	G04	G04	暂停
G18	G18	G18	*XZ* 平面选择
G20	G20	G70	英制输入
G21	G21	G71	毫米输入
G22	G22	G22	存储行程检查接通
G23	G23	G23	存储行程检查断开
G27	G27	G27	返回参考点检查
G28	G28	G28	返回参考位置
G32	G33	G33	螺纹切削
G34	G34	G34	变螺距螺纹切削
G40	G40	G40	刀尖半径补偿取消
G41	G41	G41	刀尖半径左补偿
G42	G42	G42	刀尖半径右补偿
G50	G92	G92	最大主轴速度设定
G53	G53	G53	机床坐标系设定
G54	G54	G54	选择工件坐标系 1
G55	G55	G55	选择工件坐标系 2
G56	G56	G56	选择工件坐标系 3
G57	G57	G57	选择工件坐标系 4
G58	G58	G58	选择工件坐标系 5
G59	G59	G59	选择工件坐标系 6
G65	G65	G65	宏程序调用
G66	G66	G66	宏程序模态调用
G67	G67	G67	宏程序模态调用取消

续表 4.1

G代码			功　能
A	B	C	
G70	G70	G72	精加工循环
G71	G71	G73	粗车外圆
G72	G72	G74	粗车端面
G73	G73	G75	多重车削循环
G74	G74	G76	排屑钻端面孔
G75	G75	G77	外径/内径钻孔
G76	G76	G78	多头螺纹循环
G90	G77	G20	外径/内径车削循环
G92	G78	G21	螺纹切削循环
G94	G79	G24	端面车削循环
G96	G96	G96	恒表面切削速度控制
G97	G97	G97	恒表面切削速度控制取消
G98	G94	G94	每分进给
G99	G95	G95	每转进给
—	G90	G90	绝对值编程
—	G91	G91	增量值编程
—	G98	G98	返回到起始平面
—	G99	G99	返回到 R 平面

4.1　FANUC0i 系统常用指令功能

4.1.1　插补功能

插补功能指令格式见表 4.2。

表 4.2　插补功能指令格式

指令功能	格　式	说　明
快速定位(G00)	G00 IP_;IP 表示目标点坐标 例:G00　X(U) 40　Z(W) 20 其中 U 和 W 分别表示 X 和 Z 方向的增量坐标	在程序内不需写进给速度(F),F 值由机床厂家规定; G00 速度很快,不允许用来切削工件; 可用绝对/增量坐标方式或混合方式编程
直线插补(G01)	G01 IP_F_; 例:G01X(U)　50 Z(W)30　F 60 或 G01 X(U)　50 Z(W)30　F0.2	刀具进给速度 F 的单位可用 mm/min 或 mm/r,分别由 G98、G99 指定,机床通电后为哪种状态由系统参数设定; 可用绝对/增量坐标方式或混合方式编程
圆弧插补(G02,G03)	G02 X_Z_I_K_(R) F_ G03 X_Z_I_K_(R) F_ I 表示从起点到圆弧中心的 X 轴距离,用半径值表示;K 表示从起点到圆弧中心的 Z 轴距离	X G03 G02 O Z 采用后置刀架切削方式时,坐标方向及圆弧插补方向判断 O Z G02 G03 X 采用前置刀架切削方式时,坐标方向及圆弧插补方向判断

【例 4.1.1】 圆锥、圆柱面切削(见图 4.1)

走刀路径:PA→PB→PC

部分程序:(绝对方式编程)

G01 X40 Z−20 F60　(X 为直径)　　(PB 点)

G01 X70 Z−60 F60　　　　　　　　(PC 点)

或增量方式:

G01 U0 W−20 F60

G01 U30 W−40 F60　　　　　　　　(U 为直径)

或绝、增混用:

G01 X40 W−20 F60

G01 U30 Z−60 F60

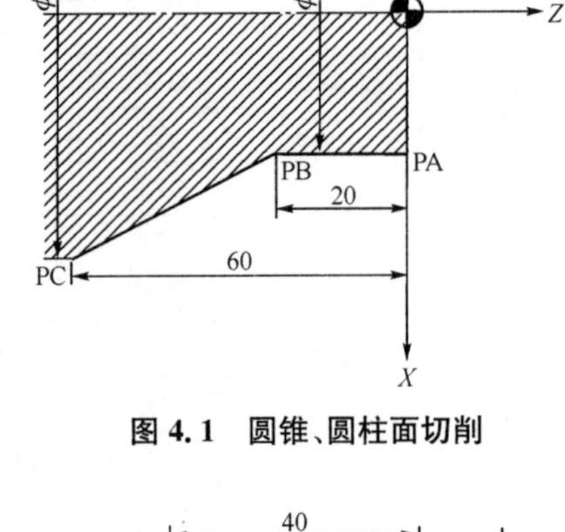

图 4.1　圆锥、圆柱面切削

【例 4.1.2】 圆弧面切削(见图 4.2)

走刀路径:PA→PB→PC→PD→PE

部分程序:G01 X30 Z0 F60　　　　　　(PB)

　　　　　G02 X50 Z−20 R25 F60　　(PC)

　　　　　G01 Z−40 F60　　　　　　　(PD)

　　　　　G01 X64 F60　　　　　　　　(PE)

或　G01 X30 W−2 F60

　　G02 U20 W−20 I25 K0 F60(I 为半径值)

　　G01 U0 Z−40 F60

　　G01 X64 F60

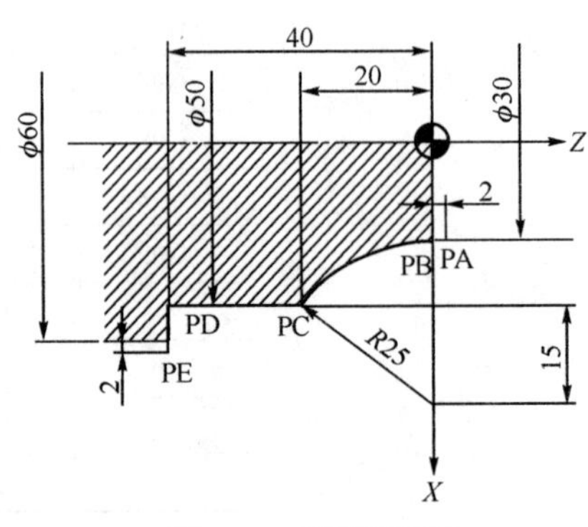

图 4.2　圆弧面切削

4.1.2　倒角、倒圆编程功能

倒角、倒圆编程功能可以简化程序。可以实现 45°倒角与 1/4 倒圆,也可以实现任意角度倒角与倒圆编程。

【例 4.1.3】 45°倒角与 1/4 倒圆角(见图 4.3、图 4.4)

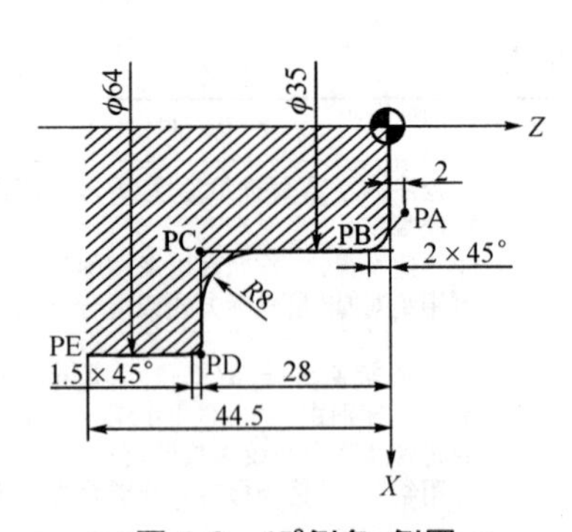

图 4.3　45°倒角、倒圆

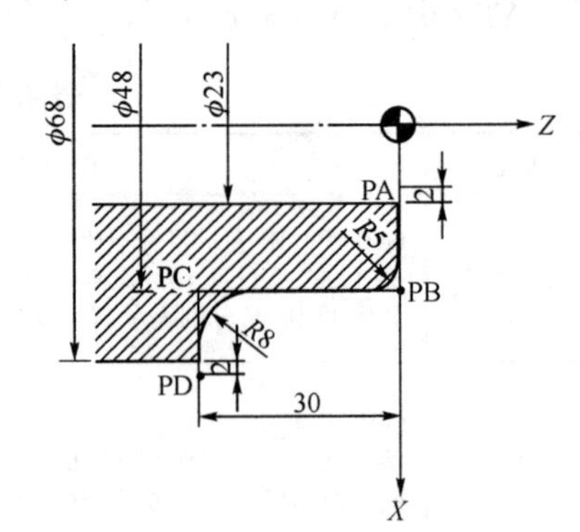

图 4.4　1/4 倒圆角

走刀路径:PA→PB→PC→PD→PE

部分程序:G01 X35 C−2 F60　　　　　(PB)

　　　　　G01 Z−28 R8 F60　　　　　(PC)

　　　　　G01 X64 C−1.5 F60　　　　(PD)

　　　　　G01 Z−44.5 F60　　　　　　(PE)

或:G01 X35 Z－2 F60

G01 W－26 R8

G01 U29 C－1.5

G01 Z－44.5

走刀路径:PA→PB→PC→PD

部分程序:G01 X48 Z0 R－5 F60 (PB)

G01 Z－30 R8 F60 (PC)

G01 X72 F60 (PD)

或:G01 U29 W0 R－5 F60

G01 W－30 R8 F60

G01 X72 F60

【例 4.1.4】 任意角度倒角(见图 4.5)

走刀路径:PA→PB→PC→PD

部分程序:G01 X10 Z－10 F60 (PB)

G01 X40 Z－20 C4 (PC)

G01 X50 Z－40 (PD)

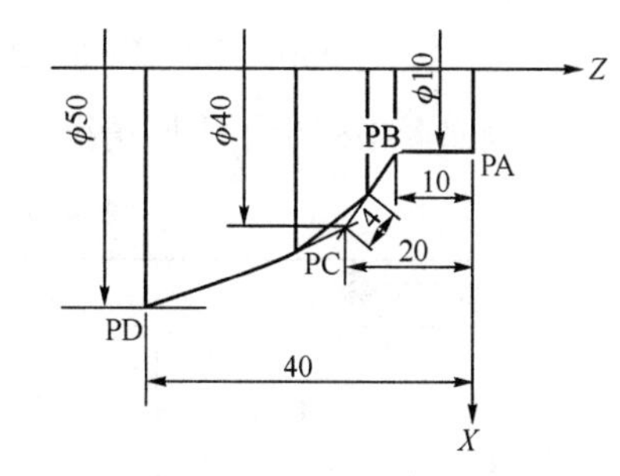

图 4.5 任意角度倒角

由上例可以看出,使用 G01 功能进行倒角、倒圆能够简化程序编制。但其使用过程中应注意以下几点:

①倒角/倒圆只能在 G01 指令下使用,适用于直线轮廓之间、圆弧轮廓之间以及直线轮廓和圆弧轮廓之间。

②该程序段中 G01 指令不能省略,否则不进行倒角/倒圆,并报警提示。

③倒角与倒圆正负方向的判断方法如图 4.6 所示,从 Z 向 X 的正方向倒角为正值,从 Z 向 X 的负方向倒角为负值;从 X 向 Z 的正方向倒角为正值,从 X 向 Z 的负方向倒角为负值。

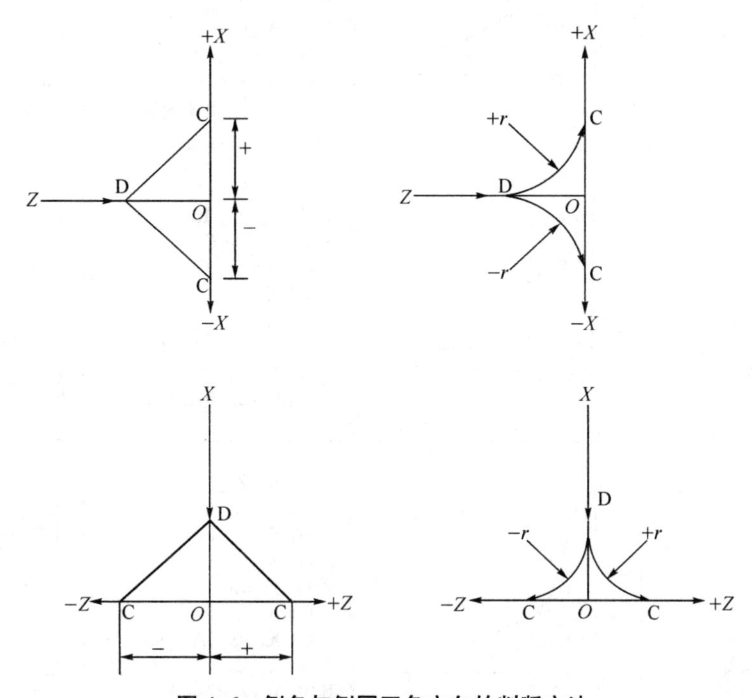

图 4.6 倒角与倒圆正负方向的判断方法

4.1.3　角度编程功能

当直线段的终点缺少一个坐标值时，可以用角度方式来编程。

【例 4.1.5】 在 PC 点坐标未知的条件下，可根据已知的 PA、PB 和 PD 点坐标值以及角度编程(见图 4.7)。

走刀路径：PA→PB→PC→PD

部分程序：G01 X10 Z−15　　　　　　(PB)

　　　　　G01 A135　　　　　　　　　(PC)

　　　　　G01 X30 Z−50 A165(或 A−15)　　(PD)

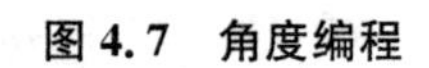

图 4.7　角度编程

表 4.3 中列出了不同情况下如何利用角度和倒角、倒圆功能进行直接图纸尺寸编程。

表 4.3　直接图纸尺寸编程指令格式与刀具路径

编程指令格式	刀具路径	编程指令格式	刀具路径
G1 X_1_Z_1_ G1 X_2_(Z_2_),A_ 其中：X_2,Z_2 坐标有一个未知		G1 X_1_Z_1_ G1 X_2_Z_2_,R_1_ G1 X_3_Z_3_,R_2_ G1 X_4_Z_4_ 或 G1 X_1_Z_1_ G1 A_1_R_1_ G1 X_3_Z_3_,A_2_,R_2_ G1 X_4_Z_4_ 其中：X_2,Z_2 坐标未知	
G1 X_1_Z_1_ G1 A_1_ G1 X_3_Z_3_A_2_ 其中：X_2,Z_2 坐标未知		G1 X_1_Z_1_ G1 X_2_Z_2_,C_1_ G1 X_3_Z_3_,C_2_ G1 X_4_Z_4_ 或 G1 X_1_Z_1 G1 A_1_C_1_ G1 X_3_Z_3_,A_2_ C_2_ G1 X_4_Z_4_ 其中：X_2,Z_2 坐标未知	
G1 X_1_Z_1_ G1 X_2_Z_2_R_1_ G1 X_3_Z_3_ 或 G1 X_1_Z_1_ G1 A_1_R_1_ G1 X_3_Z_3_A_2_ 其中：X_2,Z_2 坐标未知		G1 X_1_Z_1_; G1 X_2_Z_2_ R_1_ G1 X_3_Z_3_C_2 G1 X_4_Z_4_ 或 G1 X_1_Z_1 G1 A_1_R_1_ G1 X_3_Z_3_,A_2_ C_2_ G1 X_4_Z_4_ 其中：X_2,Z_2 坐标未知	
G1 X_1_Z_1_ G1 X_2_Z_2_C_1_ G1 X_3_Z_3_ 或 G1 X_1_Z_1_ G1 A_1_C_1_ G1 X_3_Z_3_ A_2_ 其中：X_2,Z_2 坐标未知		G1 X_1_Z_1_ G1 X_2_Z_2_ C_1_ G1 X_3_Z_3_R_2 G1 X_4_Z_4_ 或 G1 X_1_Z_1 G1 A_1_C_1_ G1 X_3_Z_3_,A_2_ R_2_ G1 X_4_Z_4_ 其中：X_2,Z_2 坐标未知	

4.1.4 坐标系功能

该系统中可用两种方法设置工件坐标系:G50 指令和 G54～G59 指令(见表 4.4)。

表 4.4 坐标系功能

指令功能	格 式	说 明
工件坐标系设定(G50)	G50 IP-;	用程序指令通过 G50 后续的数值,建立工件坐标系(见图 4.8)。指定 G50 IP-后,使工件坐标系(用 G54～G59 代码选择)移动而设定新的工件坐标系,在新的工件坐标系中,当前的刀具位置与指定的坐标(IP-)一致
工件坐标系 1(G54) 工件坐标系 2(G55) 工件坐标系 3(G56) 工件坐标系 4(G57) 工件坐标系 5(G58) 工件坐标系 6(G59)	G54; G55; G56; G57; G58; G59;	通过该指令给出工件零点在机床坐标系中的位置。当工件装夹到机床上后求出偏移量,通过操作面板输入到规定的数据区,并在程序中选择相应的 G54～G59,激活此值(见图 4.9)

【例 4.1.6】 用 G50 X128.7 Z375.1 指令设定坐标系如图 4.8(a)所示,坐标零点从原工件坐标系移动到工件左端面,即 B 点位置,该点为新建工件坐标系零点,A 点为当前刀具所在位置。用 G50 X128.7 Z260 指令设定坐标系,如图 4.8(b)所示,坐标零点从原工件坐标系移动到 B 点位置,B 点为新建工件坐标系零点,A 点为当前刀具所在位置。用 G54～G59 设置工件坐标系如图 4.9 所示。

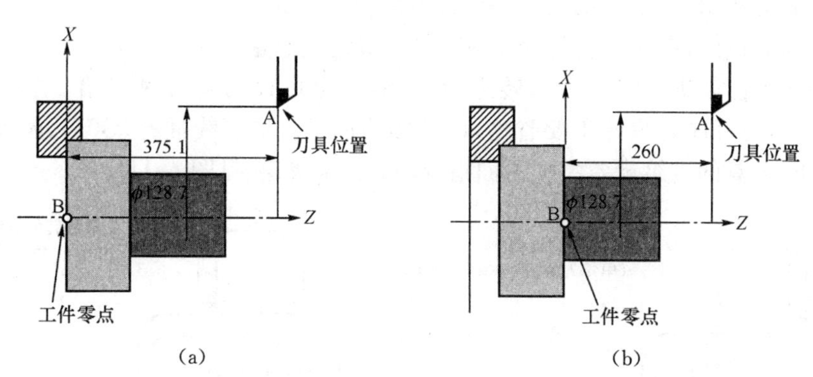

图 4.8 用 G50 设定坐标系

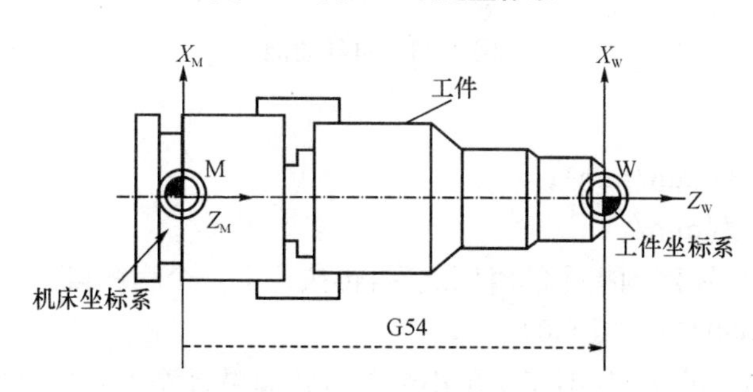

图 4.9 用 G54～G59 设置工件坐标系

4.1.5 参考点功能

参考点是在数控机床上设定的一个特定的位置,通常在该位置上进行换刀或设定坐标系。机床通电后必须执行手动返回参考点或由 G28 指令自动返回参考点,以便建立机床坐标系(通常采用手动返回参考点）。但机床使用绝对位置编码器时就不需要该操作。各轴以快速移动速度执行到中间点或参考点定位，因此为了安全，执行该指令前应当取消刀尖半径补偿和刀具偏置。

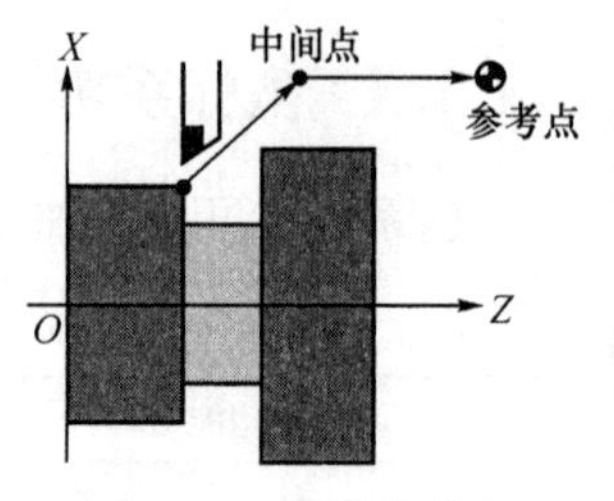

图 4.10　返回参考点

G28——返回参考点（见图 4.10），使各坐标轴经过中间点自动返回参考点或经过中间点移动到被指令的位置的移动，称为返回参考点。返回参考点结束后指示灯亮。执行该指令前应当取消刀尖半径补偿和刀具偏置。

格式：G28 IP；　　　　　返回参考点

IP：中间点的位置指令（绝对或增量值）用快速进给方式，经中间点移动到参考点。

【例 4.1.7】 N1 G28 X40；中间点（X40）

N2 G28 Z60；中间点（X40，Z60）

G27——返回参考点检查，G27 指令是以快速移动速度定位刀具。如果刀具到达参考点，参考点返回灯点亮。但是，如果刀具到达的位置不是参考点，系统则报警。

注意事项：

当机床锁住后，即使刀具已经自动返回到参考点，指示返回完成的灯也不亮。在这种情况下，即使指定了 G27 命令，也不检查刀具是否返回到了参考点。

4.1.6　进给功能

G98——每分进给，在 f 后面指令每分钟刀具的进给量。

G99——每转进给，在 f 后面指令主轴每转刀具的进给量。

机床通电后，通常缺省状态为每转进给状态，但也可设为每分钟进给，主要取决于机床 PLC 参数。在编写程序时最好不要省略，以免影响加工。在直线插补（G01）、圆弧插补（G02，G03）等情况下，刀具的进给量要由 f 后面指令的数值来决定（见图 4.11）。

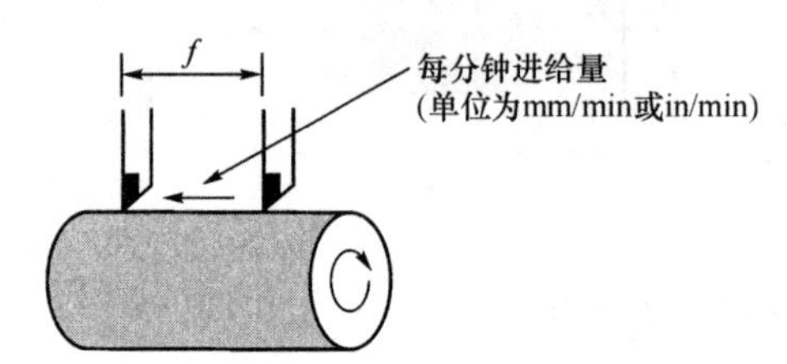

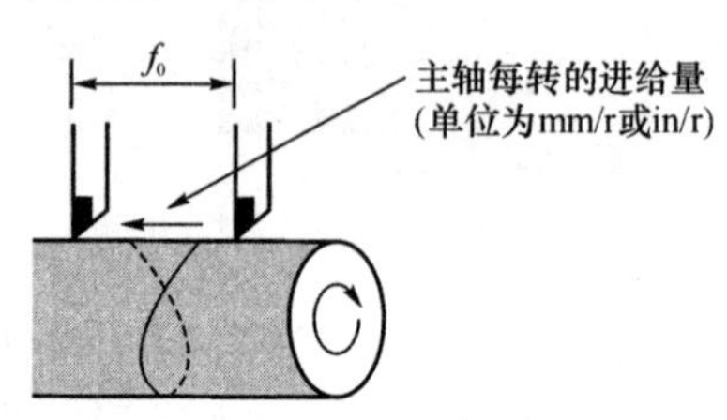

图 4.11　进给功能

格式：

G98：每分进给速度（mm/min）；

G99：每转进给速度（mm/r）；

G04——暂停指令，暂停到指令的时间之后，再执行下一个程序段。

格式：停 G04 P_；G04 X_；或 G04 U_；

P_；时间或主轴转速的指定（不能使用小数点），即如果暂停 1 s，指定为 P1000；

X_；时间或主轴转速的指定（可使用小数点），即如果暂停 1 s，指定为 X1；

U_；时间或主轴转速的指定（可使用小数点），即如果暂停 1 s，指定为 U1。

4.1.7　主轴功能

G96：端面恒速控制指令，当工件直径变化时主轴每分钟转速也随之变化，这样就保证了切削速度不变，从而提高了切削质量。

G97：取消端面恒速控制指令。

G50：限制主轴最高转速指令，当工件直径越来越小时，主轴转速连续变化可能会超过机床允许的最高转速而出现危险，因此用 G50 可限定最高转速。

格式：G96S_：端面恒速(m/min)；

G97S_：主轴转速(r/min)；

G50S_：S 后的数值为主轴的限定最高转速(r/min)。

注意事项：

此系统中 G50 有两种不同的用法。一个是工件坐标系设定，一个是主轴最高限速。

4.1.8 刀具功能

1) 刀具选择功能

格式：T×× ××

××（前两位）——所选刀具号(二位数)

××（后两位）——刀具偏置号(二位数)

【例 4.1.8】 N2 T0101 （选择 1 号刀具，使用 1 号偏置量，完成换刀动作）

注意事项：

①必须退回换刀点换刀。

②刀具的偏置号中的偏置量要通过“对刀”操作方式得到。

③该系统可以不加 M06 指令。有些机床厂家由于 PLC 程序设计的缺陷，甚至不允许加 M06 指令，或不能与主轴指令放在一段程序中，否则机床将出现报警提示。

2) 刀尖圆弧半径补偿功能

【例 4.1.9】 对如图 4.12 所示零件编程时，若不加刀补指令，在切削圆锥面和圆弧面时就会出现如图 4.13 所示的过切或欠切现象。

加上刀补指令的程序如下：

```
O0008                  程序号
T0101                  刀具号 T01
S1000 M03              主轴转速 1 000 r/min
G00 X20 Z5             快速接近工件
G42 G01 X20 Z0         加上刀补
G01 Z-10
X40 Z-20
G01 X40 Z-30 R2
G01 X50 C-1
G01 Z-37
X48 Z-40
Z-43
G40 G01 X55 Z-50       取消刀补
G00 X100 Z100          回换刀点
M30                    程序结束
```

图 4.12 零件轮廓

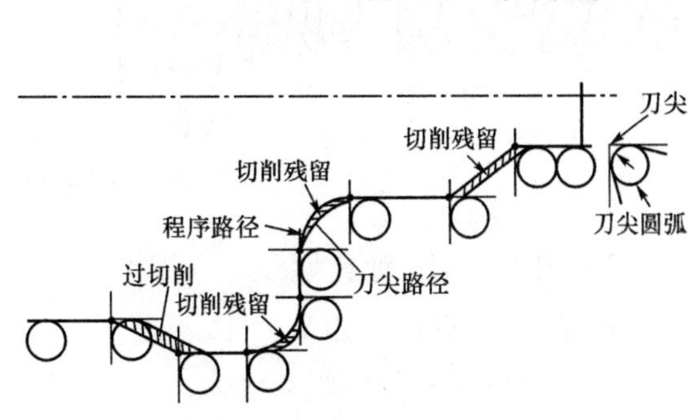

图 4.13 过切或欠切现象

4.1.9　辅助功能

辅助功能用来指令数控机床的各种辅助动作及其状态，如主轴的启动、停止、冷却液等。常用的辅助功能如表 4.5 所示。

表 4.5　辅助功能

指令功能	说　明
M00	程序停止
M01	选择停止
M02	程序结束
M03	主轴正转
M04	主轴反转
M05	主轴停转
M08	冷却液开
M09	冷却液关
M30	程序结束并返回
M98	调用子程序
M99	子程序结束

4.2　螺纹切削功能

螺纹切削功能是数控车床加工中最常用的不可缺少的一种功能。FANUC0i 数控车床有三种螺纹切削功能指令，即 G32，G92，G76。

4.2.1　等螺距螺纹切削

用来车削等螺距直螺纹，锥螺纹和涡形螺纹也可车多头螺纹(见图 4.14)。还有一个功能是连续螺纹切削功能，能够完成那些中途改变螺距和形状的特殊螺纹的切削。

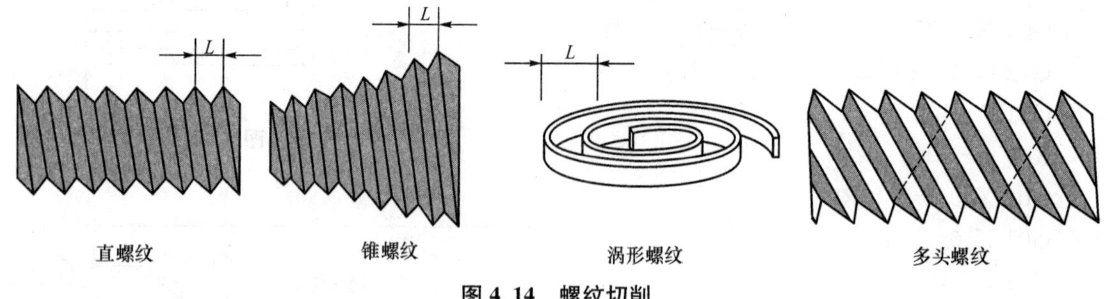

图 4.14　螺纹切削

1) 用 G32 切削直螺纹

格式：G32 X(U)_ Z(W)_ F_

　X(U) Z(W)：终点坐标；

　F：螺距。

【例 4.2.1】 如图 4.15 所示，已知螺距为 4 mm，$\delta_1=3$ mm，$\delta_2=1.5$ mm，X 轴方向每刀切深：2 mm(切两次)。

部分程序：

```
G00 U-62          (直径编程，增量方式)
G32 W-74.5 F4     (切削直螺纹第一次)
G00 U62           (直径方向退刀)
W74.5             (轴向退刀)
U-64              (第二次切深 2 mm)
G32 W-74.5        (切削直螺纹第二次)
G00 U64           (直径方向退刀)
W74.5             (返回起刀点)
```

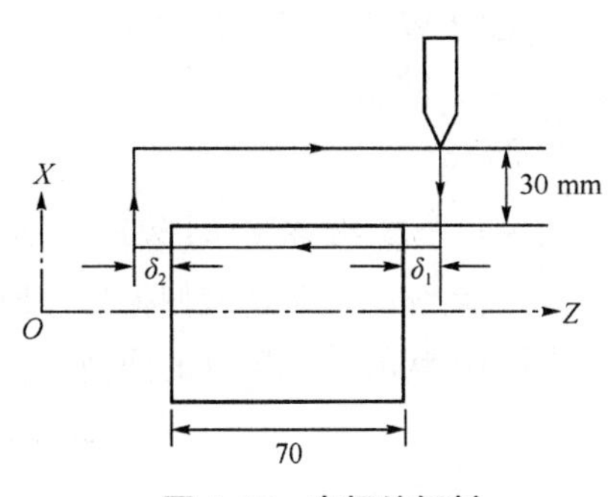

图 4.15 直螺纹切削

2) 用 G32 切削锥螺纹

格式：G32 X(U)_ Z(W)_ F_

X(U) Z(W)：终点坐标；

F：螺距。

【例 4.2.2】 如图 4.16 所示，已知螺距为 3.5 mm，$\delta_1=2$ mm，$\delta_2=1$ mm，X 轴方向每刀切深：2 mm(切两次)。

部分程序：

```
G00 X12 Z72       (螺纹起刀点)
G32 X41 Z29 F3.5  (第一次切 2 mm)
G00 X50           (X 向退刀)
    Z72           (Z 向退刀)
    X10           (第二次切 2 mm)
G32 X39 Z29
G00 X50
    Z72
```

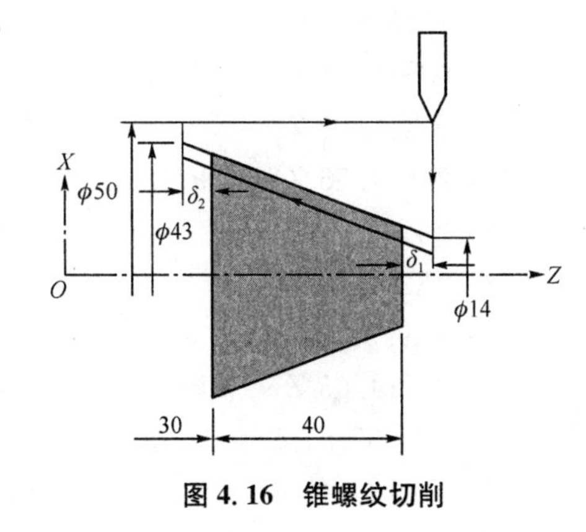

图 4.16 锥螺纹切削

3) 多头螺纹加工

格式：G32 X(U)_Z(W)_F_ Q_

X(U) Z(W)：终点坐标；

F：螺距；

Q：螺纹起始角。

注意事项：

①螺纹起始角＝360/螺纹头数；

②螺纹起始角可以在 0°～360°之间指定；

③起始角 Q 增量不能指定小数点，即如果起始角为 180°，则指定为 Q180000；

④起始角不是模态值，每次使用都必须指定，否则默认为 0°；

【例 4.2.3】 双头螺纹加工部分程序。

```
G00 X40 Z2          (螺纹加工起始点)
G32 W-38 F4 Q0      (起始角为 0°。不是模态值，每次使用都必须指定)
G00 X50             (径向退回)
```

W38　　(轴向退回)
X40　　(退回螺纹加工起始点)
G32 W－38 F4 Q180000　　(相位角为180°,写为180000)
G00 X50　　(径向退回)
W38　　(轴向退回起刀点)

4) 连续螺纹切削功能

该系统的控制功能使得程序段的交界处进给与主轴严格同步,所以能够完成那些中途改变螺距和形状的特殊螺纹的切削(见图4.17)。

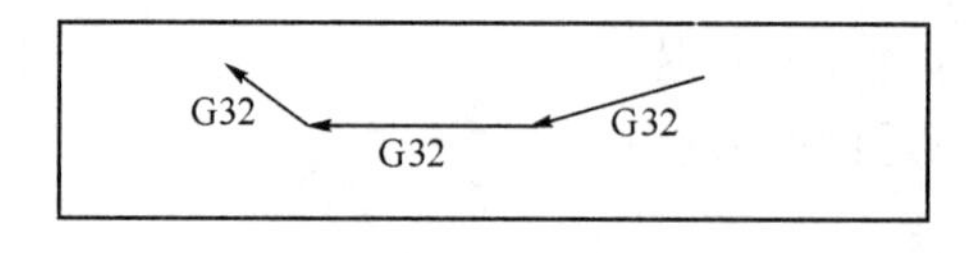

图4.17　连续螺纹切削

【例4.2.4】 如图4.18所示,两段连续螺纹车削,两段螺纹螺距均为1.5,分两刀车削。

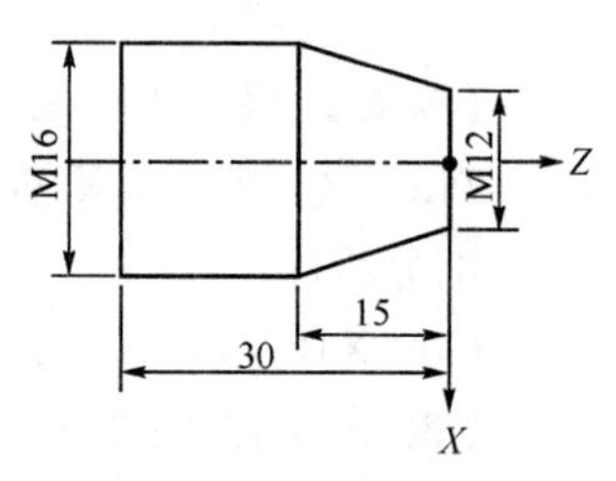

图4.18　连续螺纹切削

程序:
T0101
M03 S800
G00 X10.02 Z2　　(第一刀螺纹起点位置)
G32 X14.55 Z－15 F1.5　　(第一刀车削螺纹)
G32 Z－32 F1.5　　(连续第二个螺纹车削)
G00X20Z10　　(退回)
G00X9.52 Z2　　(退回起点)
G32 X14.05 Z－15 F1.5　　(第二刀车削螺纹)
G32Z－32 F1.5　　(第二个螺纹车削)
G00 X100 Z100　　(退回换刀点)
M30

注意事项:
如果极微小的程序段相连,该指令将不起作用。

4.2.2　螺纹切削循环

具有螺纹倒角功能,倒角距离在0.1 L 至12.7 L 之间(L 为螺距),由系统参数设定。也可车多头螺纹。每刀切削完成后自动返回螺纹起始点循环切削,这也是与G32的区别之一。该螺纹循环功能可以简化程序。

1) 直螺纹切削循环

格式:G92 X(U)_ Z(W)_ F_
　　X(U)Z(W):终点坐标;
　　F:螺距 L。

【例4.2.5】 如图4.19所示,在螺纹开始处自动倒角。当工件上没有退刀槽时,可以用该指令实现接近45°的自动退刀功能。

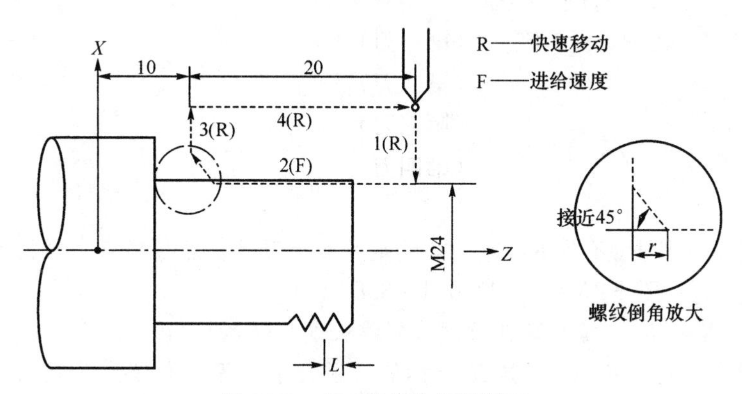

图 4.19　G92 直螺纹切削循环

部分程序：

N10 G0 X30 Z30　　　　（螺纹起刀点）
N20 G92 X23.5 Z10 F1.5　　　　（螺纹切削循环第一刀）
N40 X23.2　　　　（第二刀）
N50 X23.0　　　　（第三刀）
N60 X22.9　　　　（第四刀）
N70 G0 X100 Z100　　　　（退回换刀点）

注意事项：

①在单程序段工作方式，必须一次次按下循环启动按钮。

②在螺纹切削期间不要按下暂停按钮，否则刀具立即按斜线回退，然后先回到 X 轴起点再回到 Z 轴起点。

2）锥螺纹切削

格式：G92 X(U)_ Z(W)_R_F_

X(U)Z(W)：终点坐标；

R：锥螺纹锥角半径差，有正、负值；

F：螺距 L。

【例 4.2.6】 如图 4.20 所示为锥螺纹切削，螺距为 2 mm，分四刀切削。

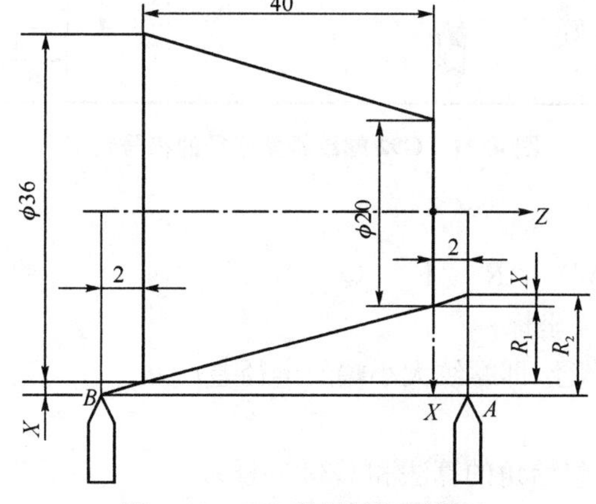

图 4.20　G92 锥螺纹切削循环

部分程序：

G00 X40Z2　　　　（螺纹起刀点 A）

G92 X36.15 Z−42 R−8.8 F2　（第一刀）
G92 X35.5　（第二刀）
G92 X34.85　（第三刀）
G92 X34.2　（第四刀）

注意事项：

①螺纹锥角半径是 R_2 不是 R_1，即是螺纹延长线上刀具起点与终点半径的差值。

计算方法为：$R_2=R_1+2X=8+2\times0.4=8.8$

$X=(R_1\times$螺纹延伸长度$)/$螺纹长度$=(8\times2)/40=0.4$

②刀具的起点在延长线 A 点，其 X 坐标值必须大于或等于螺纹大头直径。刀具的终点在螺纹延长线 B 点。

③R 值有正、负值。即正锥为负值，倒锥为正值。图 4.21 为 U,W 和 R 后的数值的符号与刀具轨迹之间的关系。(1)、(3)为加工外圆；(2)、(4)为加工内孔。

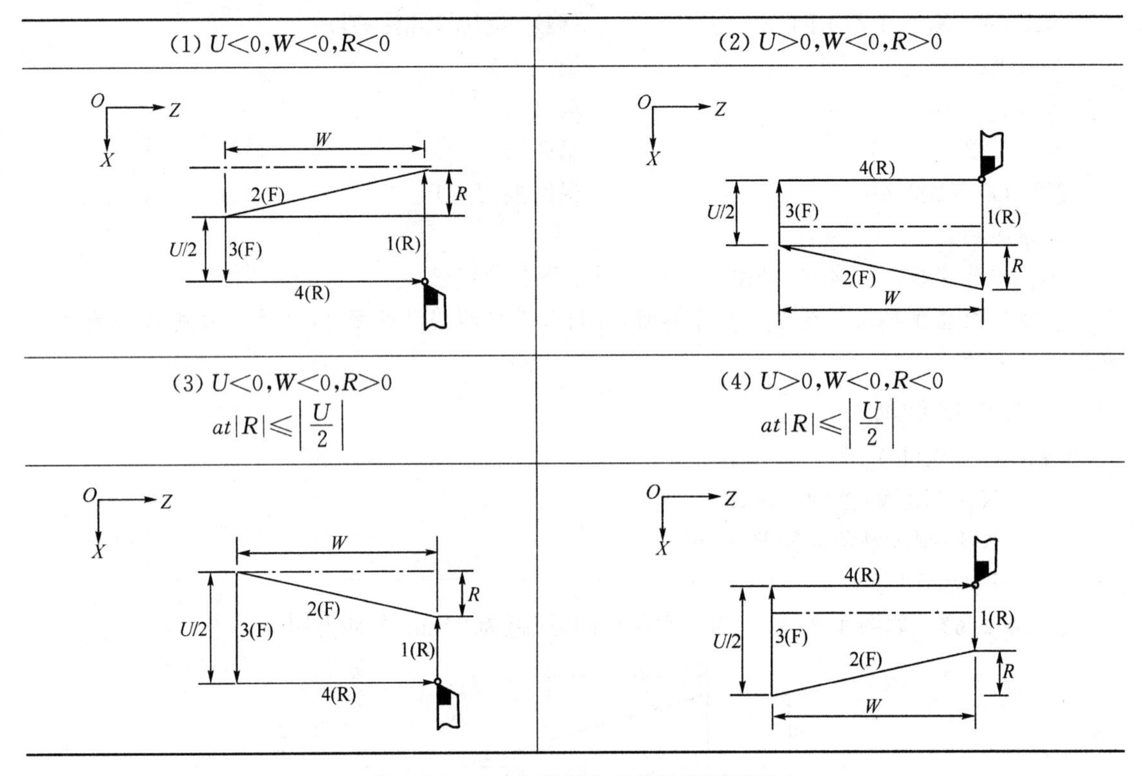

图 4.21　G92 螺纹锥角半径的符号判断

3）多头螺纹加工

格式：G92 X(U)_ Z(W)_　R_　F_　Q_

X(U)Z(W)：终点坐标；

R：锥螺纹锥角半径，即螺纹大小端的半径差；

F：螺距 L；

Q：螺纹起始角(起始角的算法和 G32 一样)。

【例 4.2.7】 多头螺纹加工

部分程序：G00 X30 Z30

G92 X24.5 W−38 F4 Q0

```
        X23.8
        X23.4
        X23.1
        X22.9
    G92 X24.5 W－38 F4 Q180000
        X23.8 Q180000(Q 值不能省略)
        X23.4 Q180000(Q 值不能省略)
        X23.1 Q180000(Q 值不能省略)
        X22.9 Q180000(Q 值不能省略)
```

4.2.3 复合螺纹切削循环

G76 是各类螺纹粗、精车合用的复合固定循环。进刀方式与前两种螺纹切削方式的进刀区别在于，该循环用一个刀刃切削进刀，使刀尖负荷减小。也可以切削内螺纹。在使用 FS10/11 纸带格式时，G76 可以切削多头螺纹循环。走刀路线和吃刀分配如图 4.22 所示。

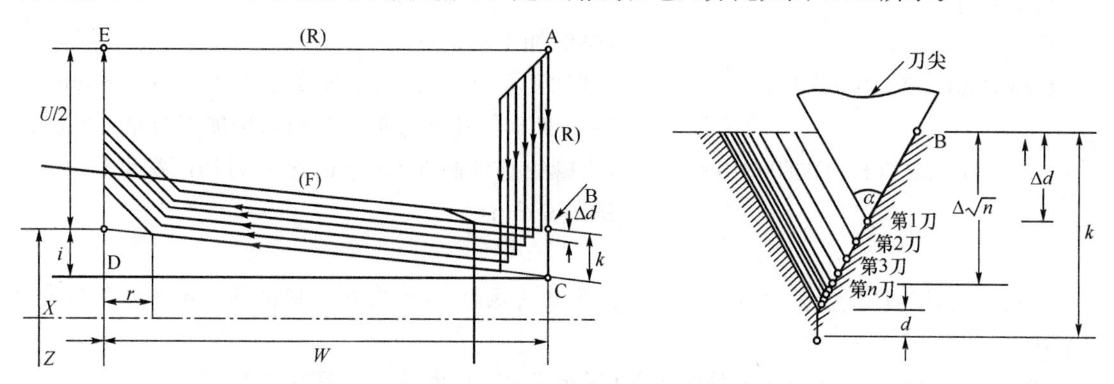

图 4.22 走刀路线和吃刀分配

格式：G76 P $\underline{(m)}\underline{(r)}\underline{(\alpha)}$ Q($\underline{\Delta d_{min}}$) R $\underline{(d)}$

G76 X(U) _ Z(W) _ R $\underline{(i)}$ P $\underline{(k)}$ Q $\underline{(\Delta d)}$ F $\underline{(L)}$

m：精加工重复次数(1～99)；

r：倒角量，当螺距由 L 表示时，可以从 0.01 L 到 9.9 L 设定，单位为 0.1 L(两位数：从 00 到 99)；

α：刀尖角度，可以选择 80°、60°、55°、30°、29°和 0°六种中的一种由 2 位数规定；

Δd_{min}：最小切深(用半径值指定)，当一次循环运行(Δd_{min})的切深小于此值时，切深按此值计算；

d：精加工余量；

i：螺纹半径差，当 $i=0$ 时可以进行普通直螺纹切削；

k：螺牙高(用半径值指定)，由近似公式得：螺牙高＝0.65×螺距(L)；

Δd：第一刀切削深度(用半径值指定)；

L：螺距；

X(U) _ Z(W)：螺纹底径(小径)的坐标值，可以用绝对或增量坐标值编程，由近似公式得：螺纹底径＝螺纹外径(大径)－2×螺牙高。

注意事项：

其中 Δd_{min}、Δd 及 k 值，不能使用小数点，如 0.1 mm 则指定为 100。

【例 4.2.8】 图 4.23 所示的圆柱螺纹，用 G76 复合固定螺纹循环指令加工。

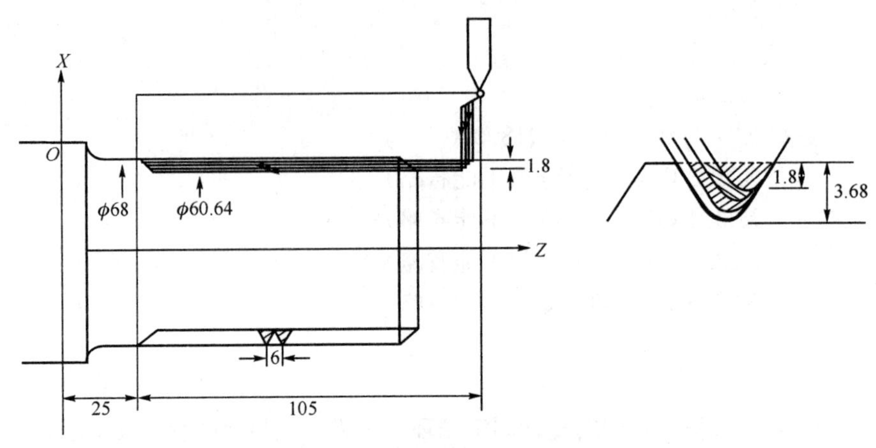

图 4.23　螺纹切削循环 G76 加工

部分程序：

G00 X80 Z130	（螺纹加工起始点）
G76 P021060 Q100 R0.2	（精加工重复 2 次，倒角长度 10×0.1×L=6 mm，刀尖角度 60°，最小切深 0.1 mm，精加工余量0.2 mm）
G76 X60.64 Z25 R0 P3680 Q1800 F6	（直螺纹螺牙高 3.68 mm，第一刀切削深度1.8 mm，螺距 6 mm）

注意事项：

①由于主轴速度发生变化有可能切不出正确的螺距，因此在螺纹切削期间不要使用恒表面切削速度控制指令 G96。

②在螺纹切削期间进给速度倍率无效（固定 100%），主轴速度固定在 100%。

③螺纹循环回退功能对 G32 无效。

④在螺纹切削程序段的前一程序段中不能指定倒角或倒圆。

⑤在螺纹切削前，刀具起始位置必须位于大于或等于螺纹直径处，锥螺纹按大头直径计算，否则会出现扎刀现象。

⑥通常由于伺服系统滞后等原因，会在螺纹切削的起点和终点产生不正确的导程，因此螺纹的起点和终点位置应当比指定的螺纹长度要长。

⑦用 G92 或 G76 切削锥螺纹时，由于刀具的起点和终点位置可能不是螺纹的起点和终点位置，因此螺纹半径差（i）的值应为刀具起点和终点位置的大小端半径差，否则螺纹锥度不正确，如图 4.20 所示。

⑧在 MDI 方式下不能指令 G70，G71，G72 或 G73，可以指令 G74，G75 或 G76。

4.3　固定循环功能

固定循环功能，使编程人员编程工作变得容易，提高编程效率。

4.3.1　单一形状外径/内径切削循环功能

该循环主要用于轴类零件的外圆、锥面的加工。

1）直线切削循环

当工件的形状是如图 4.24(b)所示圆柱台阶面时，可用该指令完成直线切削循环。其走刀路线如图 4.24(a)所示的 1、2、3 和 4 的切削过程。

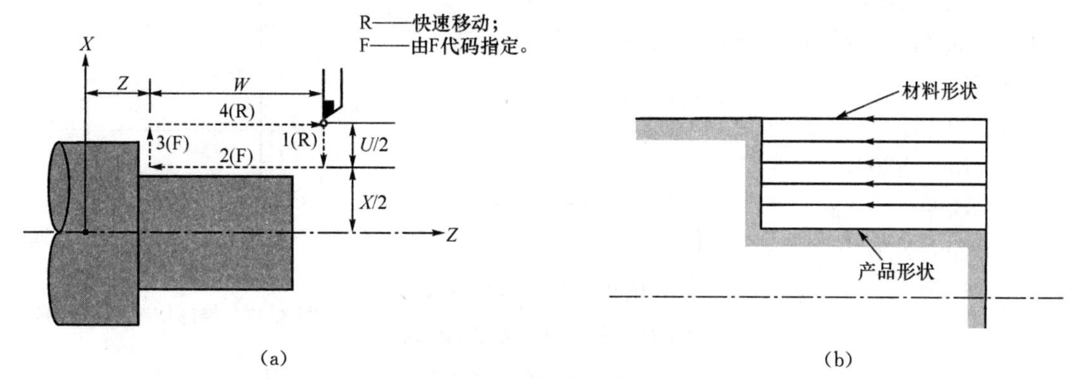

图 4.24 直线切削循环

格式：G90 X(U)_ Z(W)_ F_

X(U)Z(W)：终点坐标；

F：进给速度。

【例 4.3.1】 直线切削循环如图 4.25 所示，U 用直径表示。

程序：O10 （程序名）

N28 M03 S800

N29 T0101

N30 G99 G90 G01 U−8.0W−66.0 F0.4

（第一刀终点坐标）

N31 U−16.0 （第二刀终点坐标）

N32 U−24.0 （第三刀终点坐标）

N33 U−32.0 （第四刀终点坐标）

N34 M30

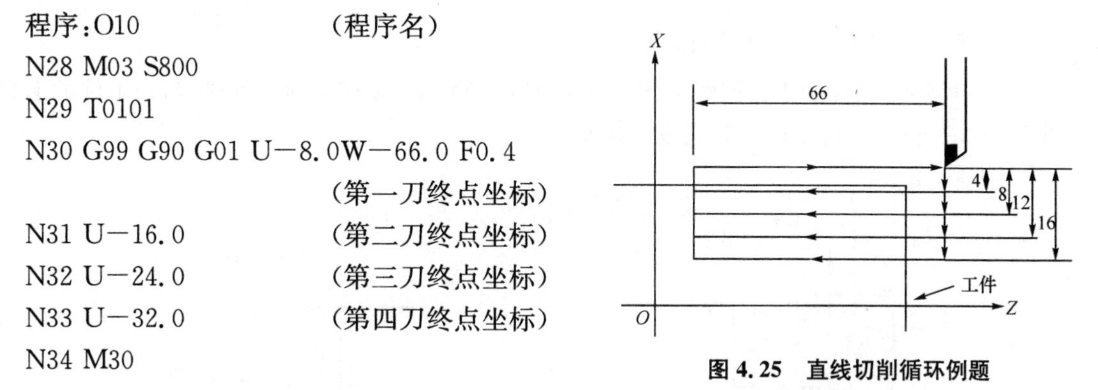

图 4.25 直线切削循环例题

2）锥形切削循环

锥形切削循环的走刀路线为图 4.26(a)所示的 1,2,3 和 4 的切削过程。当工件的形状如图 4.26(b)所示时，可用该指令完成切削循环。

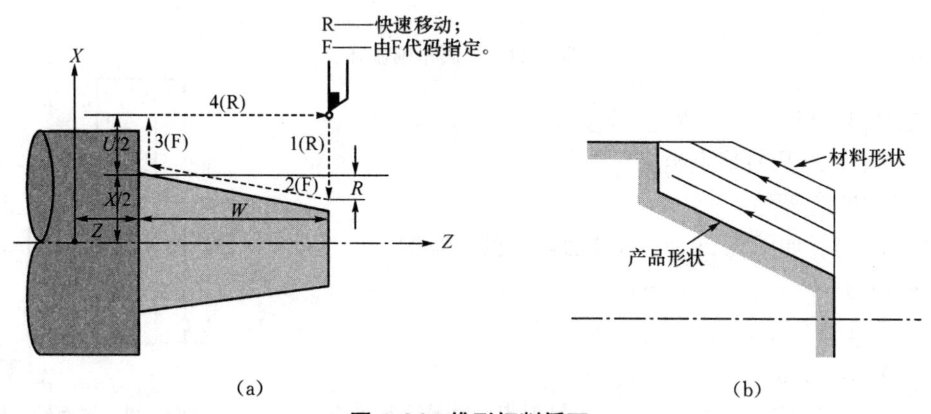

图 4.26 锥形切削循环

格式:G90 X(U)_ Z(W)_ R_ F_

X(U)Z(W):终点坐标;

R:锥角半径值;

F:进给速度。

【例 4.3.2】 锥形切削循环实例如图 4.27 所示。

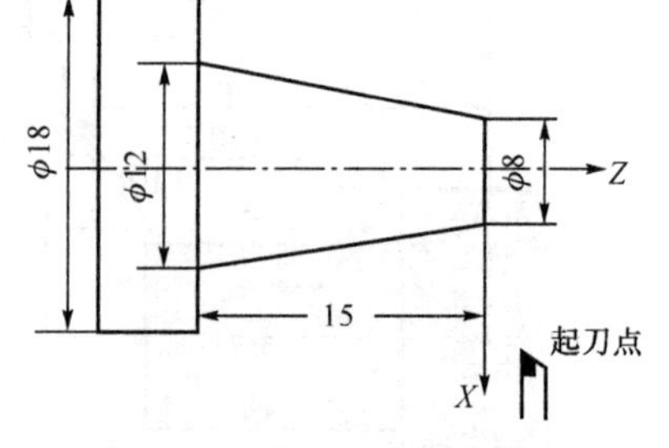

图 4.27 锥形切削循环实例。

程序:O20

```
T0101
M03 S800
G99 G00 X20 Z3          (起刀点,大于毛坯直径)
G90 X16 Z-15 R-2.4 F0.1
                        (X值为第一刀切深,Z值为圆锥Z向长度,R为锥度X方向起点减去终点值的一半)
X14                     (第二刀切深)
X12                     (最后一刀切深)
M30                     (程序结束)
```

4.3.2 端面切削循环

1) 平端面切削循环(G94)

平端面切削循环的走刀路线为图 4.28(a)所示的 1,2,3 和 4 的切削过程,当工件的形状如图 4.28(b)所示时,可用该指令完成切削循环。

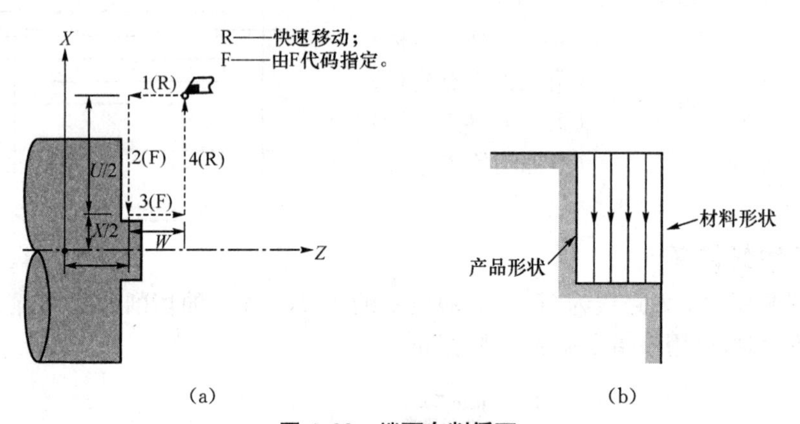

图 4.28 端面车削循环

格式:G94 X(U)_ Z(W)_ F_

X(U)Z(W):终点坐标;

F:进给速度。

【例 4.3.3】 如图 4.29 所示,端面切削循环实例。

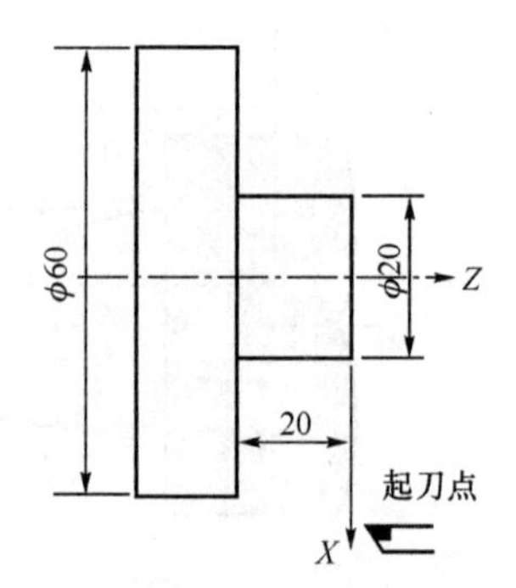

图 4.29 端面切削循环实例

程序:O30

```
T0101
M03 S800
G99 G00 X65 Z5          (起刀点,大于毛坯直径)
```

G94 X20 Z−5 F0.1 (Z 值为第一刀切深，X 为径向终点坐标)
Z−10 (第二刀切深)
Z−15 (第三刀切深)
Z−20 (第四刀切深)
G00 X65 Z5 (必须退回起刀点)
M30

2）锥面切削循环

锥面切削循环走刀路线为图 4.30(a)所示的 1，2，3 和 4 的切削过程。当工件的形状是如图 4.30(b)所示时，可用该指令完成切削循环。

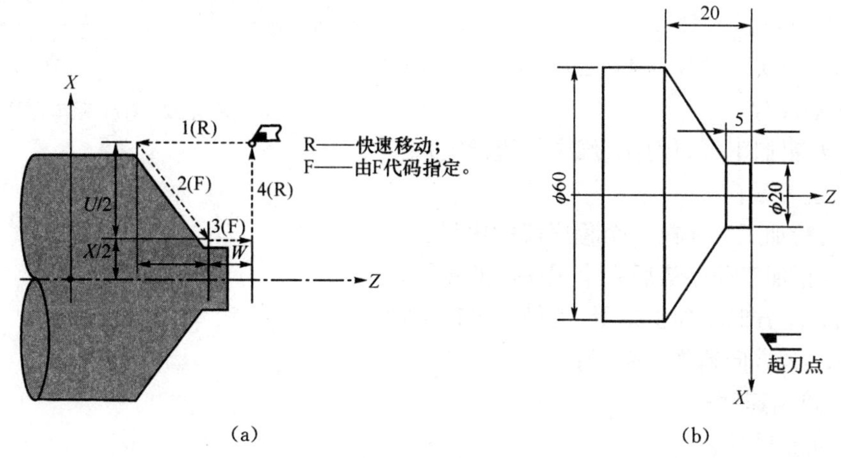

图 4.30 锥面切削循环

格式：G90 X(U)_ Z(W)_ F_
X(U)Z(W)：终点坐标；
F：进给速度。

【例 4.3.4】 如图 4.31 所示，锥面切削循环实例。

程序：O40
M03 S800
T0101
G99 G00 X65 Z5 (起刀点大于毛坯直径)
G94 X20 Z−5 R−15 F0.1 (Z 值为第一刀切深，X 为径向终点坐标，R 为锥面宽度)
Z−10 (第二刀切深)
Z−15 (第三刀切深)
Z−20 (第四刀切深)
G00 X65 Z5 (必须退回起刀点)
M30

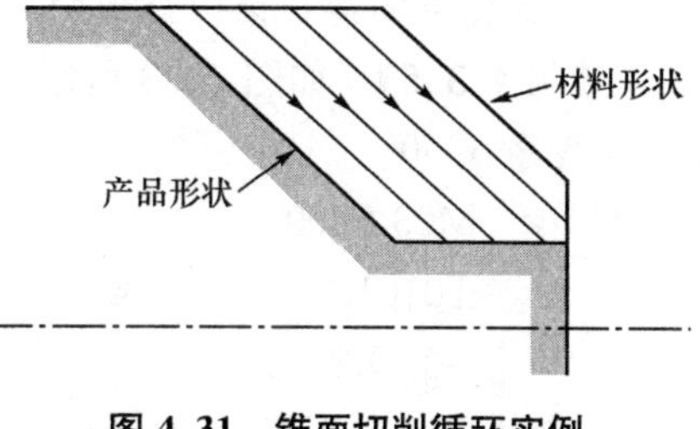

图 4.31 锥面切削循环实例

4.3.3　复合型固定循环功能

该功能根据提供的精加工形状的信息，自动执行粗加工的过程，简化程序编制(以后置刀架方式切削方式为例)。

1) 外径、内径粗车循环指令(G71)

该指令由刀具平行于 Z 轴方向(纵向)进行切削循环，又称纵向切削循环。适合加工轴类零件。

在 G71 指令程序段内要指定精加工的程序顺序号，精加工余量，粗加工每次切深，F、S、T 功能等。刀具循环路径如图 4.32 所示。

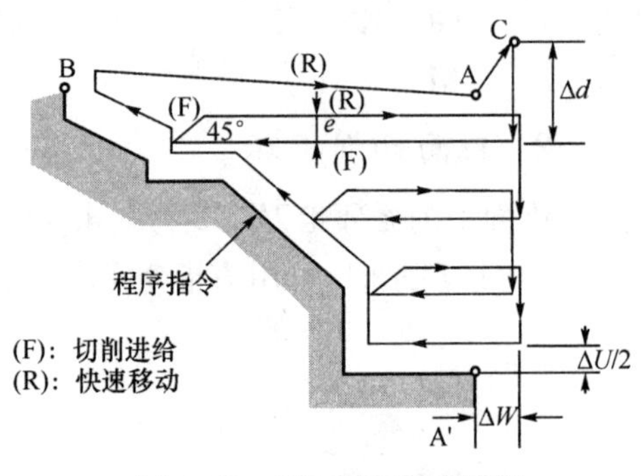

图 4.32　G71 粗车循环路径

格式：G71 U(Δd) R(e)

G71 P(n_s) Q(n_f) U(Δu) W(Δw) F(f) S(s) T(t)

Δd：粗加工每刀切深量(半径值指定)；

e：退刀量；

n_s：精加工程序第一个程序段的序号；

n_f：精加工程序最后一个程序段的序号；

Δu：X 方向精加工余量(直径或半径值指定)；

Δw：Z 方向精加工余量；

f：进给速度；

s：主轴转速；

t：刀具。

注意事项：

①G71 精加工程序段的第一句只能写 X 值，不能写 Z 或 X、Z 同时写入。

②该循环的起始点位于毛坯外径处。

③该指令不能切削凹进形的轮廓。

【例 4.3.5】 如图 4.33 所示，G71 粗车循环实例。

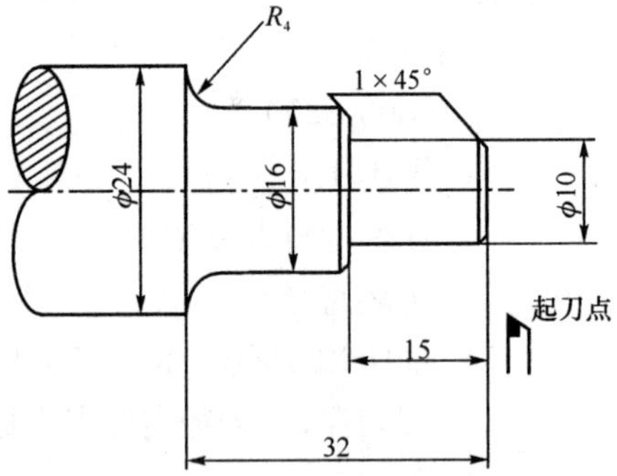

图 4.33　G71 粗车循环实例

程序：O50

```
M03 S800
T0101
G00 X25 Z0
G98 G1 X0 F60          (车端面)
G00 Z2
G00 X24 Z2
G71U2 R1               (粗车循环)
G71 P10 Q20 U0.2 W0.1 F80
N10 G00 X6             (精加工程序第一个程序段，循环第一句只能写 X 轴)
G00 Z1                 (倒角的起点)
G1 X10 Z−1 F60         (倒角)
G1 Z−15
```

```
G1 X16 C−1              (倒角)
G1 Z−32 R4              (倒圆)
N20 G1 Z−36             (精加工程序最后一个程序段)
G00 X100 Z100           (退回换刀点)
M05 M30
```

2）端面粗车循环指令(G72)

该指令又称横向切削循环，与 G71 指令类似，不同之处是 G72 的刀具路径是按径向（X 轴方向）进行切削循环的，适合加工盘类零件。刀具循环路径如图 4.34 所示。

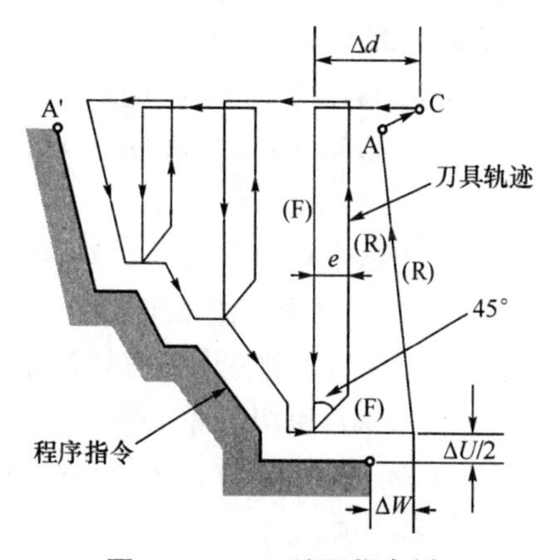

图 4.34 G72 端面粗车循环

格式：G72 W $\underline{(\Delta d)}$ R $\underline{(e)}$

G72 P(n_s) Q(n_f) U(Δu) W(Δw) F(f) S(s) T(t)

其中，Δd、e、n_s、n_f、Δu、Δw、f、s、t 与 G71 相同。

注意事项：

①G72 精加工程序段的第一句只能写 Z 值，不能写 X 或 X、Z 同时写入。

②该循环的起刀点位于毛坯外径处。

③该指令不能切削凹进形的轮廓。

④由于刀具切削时的方向和路径不同，要调整好刀具装夹方向。

⑤描述精加工轮廓轨迹是从左边 A′点向右切削。

【例 4.3.6】 用 G72 粗车循环功能粗车如图 4.35 所示的外轮廓。

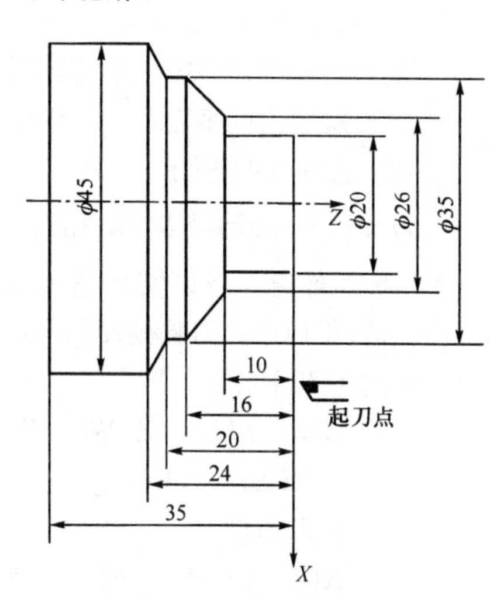

图 4.35 G72 粗车循环实例

程序：
```
O0060                   (程序名)
M03 S800
T0101
G00 X50 Z0
G98 G1 X0 F60           (车端面)
G00 Z2
G00 X46 Z2
G72 W2 R1               (粗车循环)
G72 P10 Q20 U0.2 W0.1 F80
N10 G00 Z2              (循环第一句只能写 Z 轴)
G00 Z−36
G1 X45
G1 Z−24
G1 X35 Z−20
G1 Z−16
G1 X26 Z−10
G1 X20
N20 G1 Z2               (精加工程序最后一个程序段)
G00 X100 Z100           (退回换刀点)
M05 M30
```

3）平行轮廓切削循环(G73)

平行轮廓切削循环的刀具路径是按工件精加工轮廓进行循环的。这种循环主要适合对铸件、锻件等已具备基本形状的工件毛坯进行加工。刀具循环路径如图 4.36 所示。

格式：G73 U $\underline{(\Delta i)}$ W $\underline{(\Delta k)}$ R $\underline{(\Delta d)}$

G73 P(n_s) Q(n_f) U(Δu) W(Δw) F(f) S(s) T(t)

Δi：X 轴方向的总切深余量（半径值指定）；

Δk：Z 轴方向的总切深余量；

Δd：粗切循环次数；

其中，n_s、n_f、Δu、Δw、f、s、t 与 G71 相同。

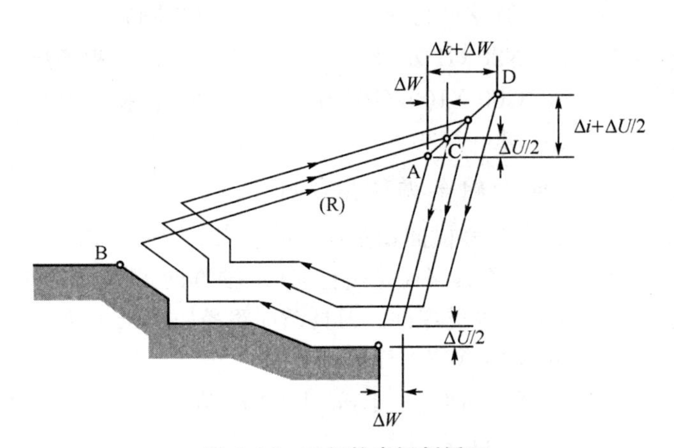

图 4.36　平行轮廓切削循环

注意事项：

①该指令可以切削凹进的轮廓；

②该循环的起刀点要大于毛坯外径；

③X 轴方向的总切深余量是用毛坯外径减去轮廓循环中的最小直径值。

4）精加工循环(G70)

由 G71，G72，G73 进行粗切削时，可用该指令进行精加工。

格式：G70P(n_s) Q(n_f)

(n_s)：精加工程序第一个程序段的顺序号；

(n_f)：精加工程序最后一个程序段的顺序号。

例题见图 4.41 所示。

5）内、外径切槽循环(G75)

切槽循环指令可以实现 X 轴向内、外切槽循环功能，简化程序。刀具循环路径如图 4.37 所示。

格式：G75 R(e)

G75　X(U)_ Z(W)_ P(Δi)_ Q(Δk)_ R(Δd)_　F(f)_

e：退回量；

X(U)_ Z(W)_：槽的终点坐标；

Δi：X 方向移动量，即每刀切深量，不带符号，不能使用小数点，即每刀切深量1 mm应写为 1 000；

Δk：Z 方向移动量，即 Z 方向切削宽度，不带符号，不能使用小数点；根据割刀宽度确定；

Δd：刀具在切削底部的 Z 方向的退刀

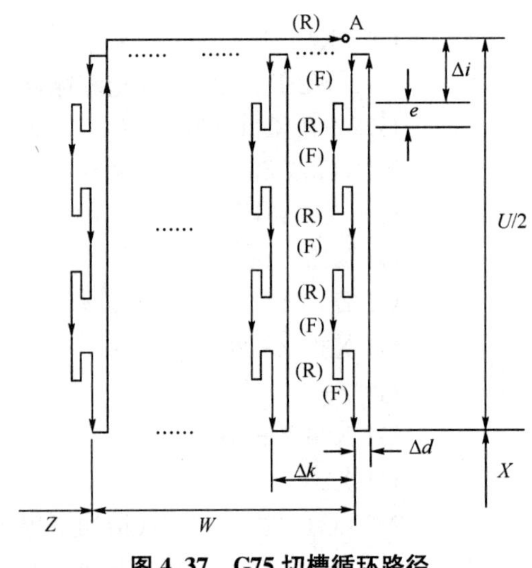

图 4.37　G75 切槽循环路径

量，Δd 的符号总是正值，割槽时不能使用，设为零；

f：进给速度。

【例 4.3.7】 如图 4.38 所示，毛坯直径为 ϕ35 mm，槽宽13 mm，槽底直径为 ϕ20 mm，割刀宽度3 mm，用左刀尖对刀。

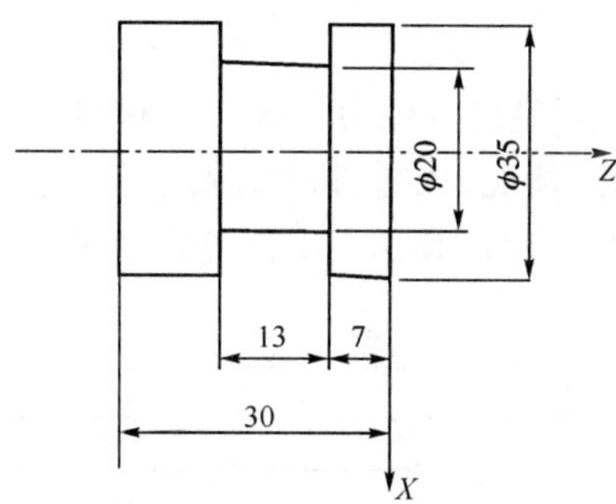

图 4.38　G75 切槽循环实例

程序：T0101

M03 S800

G99 G00 X36 Z－10　　（槽的起刀点位置）

G75 R1

G75 X20 Z－20 P3000 Q2000 R0 F0.1　　（割刀以每次切深 3 mm 切到槽底位置后再向 Z 方向移动 2 mm，继续切到槽底）

G00 X35

G00 X50 Z10

M30

6）端面深孔钻削循环(G74)

该指令可以实现端面钻削断屑加工，也可以用于端面割槽或镗削加工。刀具循环路径如图 4.39所示。G74 和 G75 两者编程格式一样，都用于切槽和钻孔，但一个是 Z 方向端面切削，一个是 X 方向内、外径切削。

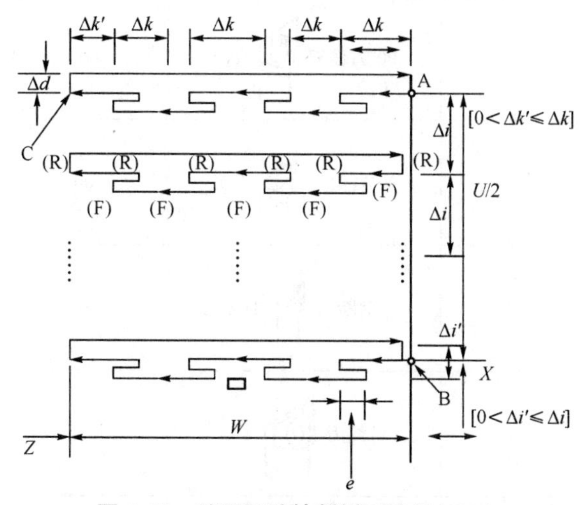

图 4.39　端面深孔钻削循环路径(G74)

格式：G75 R(e)

G75　X(U)_ Z(W)_ P(Δi)_ Q(Δk)_　R(Δd)_　F(f)_

4.4　编程实例

4.4.1　编程实例(一)

综合实例(一)如图 4.40 所示,毛坯直径为 ϕ18 mm,材料为铝合金棒料。

零件分析:根据图纸尺寸标注情况,该零件的编程零点应设在工件的右端面的中心轴上。用 G71 粗车循环指令编程以简化程序。其加工工艺过程如表 4.6 所示。

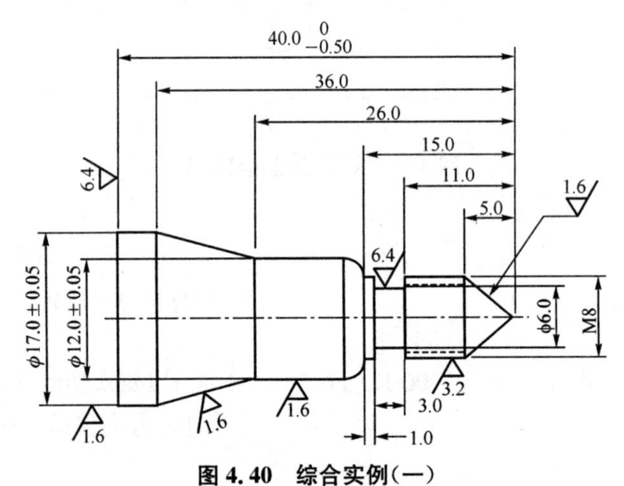

图 4.40　综合实例(一)

表 4.6　加工工艺过程

工步号	工序内容	工件装夹方式	刀具选择	主轴转速 n (r/min)	进给量 f (mm/min)	切削深度 a_p (mm)
1	车右端面	三爪自定心卡盘	90°右偏刀 T01	800	60	0.2
2	粗车外轮廓		90°右偏刀 T01	800	100	2
3	精车外轮廓		90°右偏刀 T02	1200	80	0.2
4	割退刀槽		割断刀 T04	400	40	
5	车螺纹		螺纹刀 T03	600		
6	割　断		割断刀 T04	350	40	

程序:O0001	(程序号)
N10 T0101	(换 1 号 90°右偏刀)
N20 M03 S800	(主轴转速)
N30 G00 X25 Z0 N40 G98 G01 X0 F60	(按 60 mm/min 的进给率车端面)
N50 G00 X18 Z5	
N60 G71 U1 R1 N70 G71 P80 Q150 U0.2 W0.1 F100 N80 G00 X0(循环的第一句只能写 X 轴) N90 G01 Z0 F80	(粗车外轮廓循环)
N100 G01 X8 Z−5	
N110 G01 Z−15	
N120 G03 X12 Z−17 R2	
N130 G01 Z−26	
N140 G01 X17 Z−36	
N150 G01 Z−41	
N151 G00 X50 Z50	(回换刀点)
N155 T0202	(换 2 号精加工刀具)
N160 M03 S1200	(提高主轴转速)
N170 G70 P80 Q150	(精车外轮廓)
N180 G00 X50 Z50 N190 T0404	(回换刀点换 4 号割刀)
N200 M03 S400	
N210 G00 X15 Z−11 N220 G01 X6 F40 N230 G01 X10 F100	(割退刀槽,右刀尖对刀)
N240 G00 X50 Z50	
N250 T0303	
N260 M03 S600	(回换刀点换 3 号螺纹刀)
N270 G00 X8 Z−3	(螺纹起刀点)
N280 G76 P03 00 60 Q50 R0.2	(车螺纹循环)
N290 G76 X6.647 Z−12 R0 P1080 Q300 F1.25	
N300 G00 X50 Z50 N310 T0404	(回换刀点换 4 号割刀)
N320 M03 S400	(主轴转速降低)
N330 G00 X25 Z−40 N340 G01 X0 F40	(螺纹切削后用割断刀的进给速度 F 一定要写,不能省。否则进给速度的单位将变成 mm/r,并用螺纹切削的进给速度,会引起撞刀)
N350 G1 X20	
N360 G00 X60 Z60	(回换刀点)

N370 M05

N380 M02　　　　　　　　　　　　　　　　（程序结束）

4.4.2　编程实例(二)

综合实例(二)如图 4.41 所示，毛坯直径为 ϕ18 mm，材料为铝合金棒料。

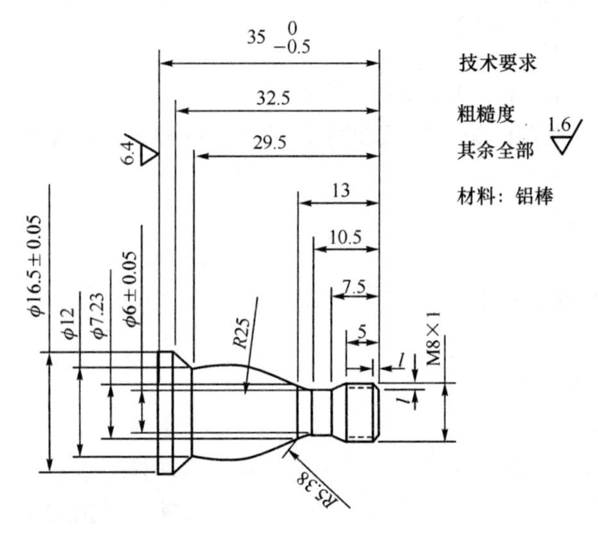

图 4.41　综合实例(二)

零件分析：根据图纸尺寸标注，该零件的编程零点应设在工件的右端面的中心轴上。因为有凹槽，不能用 G71 或 G72 粗车循环指令，只能用 G73 平行轮廓粗车循环指令编程以简化程序，其加工工艺过程如表 4.7 所示。

表 4.7　加工工艺过程

工步号	工序内容	工件装夹方式	刀具选择	主轴转速 n (r/min)	进给量 f (mm/min)	切削深度 a_p (mm)
1	车右端面	三爪自定心卡盘	90°右偏刀 T01	800	80	0.2
	粗车外轮廓		T02	800	100	2
2	精车外轮廓		90°右偏刀 T02	1200	60	0.2
3	车螺纹		螺纹刀 T03	600	1	
4	割断		割断刀 T04	400	40	

程序:O2000

```
N10 T0101
N20 M03 S800
N30 G00 X28 Z0                      (换 1 号右偏刀车端面)
N40 G98 G01 X0 Z0 F80               (进给量 f(mm/min))
N50 G01 X0 Z1
N60 G00 X60 Z60
N70 T0202                           (回换刀点换 2 号刀,粗车外轮廓)
N80 G00 X30 Z10
N90 G73 U6 W3 R6
N100 G73 P110 Q180 U0.6 W0.3 F100
N110 G00 X8 Z2
N120 G01 X8 Z-5 F60                 (粗车外轮廓循环)
N130 G01 X6 Z-7.5
N140 G01 X6 Z-10.5
N150 G02 X7.23 Z-13 R5.38
N160 G03 X12 Z-29.5 R25
N170 G01 X16.5 Z-32.5               (粗车外轮廓循环)
N180 G01 X16.5 Z-36.75
N190 M03 S1200
N200 G70 P110 Q180                  (精车外轮廓循环)
N210 G00 X12 Z5
N220 G01 X4 Z1 F80                  (倒角)
N230 G01 X8 Z-1
N240 G00 X60 Z60
N250 T0303
N260 M03 S600
N270 G00 X10 Z5(起刀点必须
等于或大于螺纹外径)                 (换 3 号刀车螺纹)
N280 G76 P020860 Q100 R0.2
N290 G76 X6.1 Z-7 R0 P975 Q200 F1
N300 G00 X60 Z60
N310 T0404
N320 M03 S400
N330 G00 X24 Z-34.75 (右刀尖对刀)
N340 G01 X0 Z-34.75 F40(割断刀的进给
速度 F 一定要写)                    (换 4 号割断刀)
N350 G01 X22 F200
N360 G00 X60 Z60
N370 M05
N480 M30                            (程序结束)
```

4.4.3　编程实例(三)

综合实例(三)如图 4.42 所示,毛坯直径为 ϕ70 mm,总长为 98 mm,材料为 45 号钢棒料。

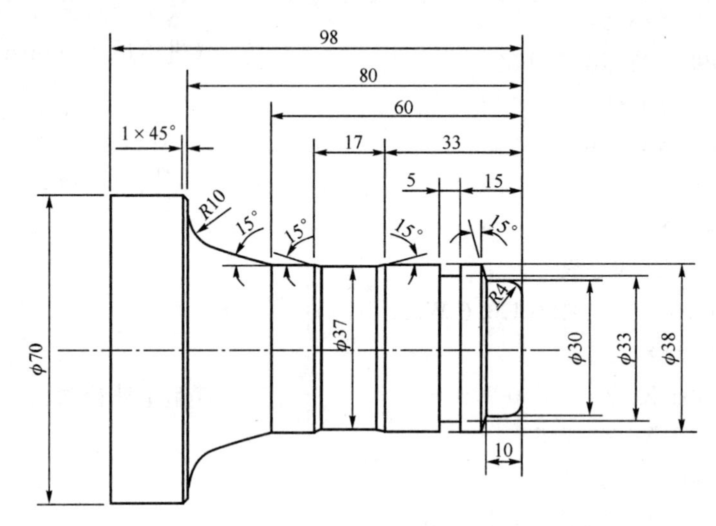

图 4.42　综合实例(三)

零件分析:根据图纸尺寸标注,该零件的编程零点应设在工件的右端面的中心轴上。用 G73 平行轮廓粗车循环指令编程以简化程序。其加工工艺过程如表 4.8 所示。零件图有几处倒角、倒圆。本例中利用了系统的倒角、倒圆功能来实现该零件图的程序编制。程序中的语句段号可以不写,但在程序循环开始和结束段必须有语句段号。

表 4.8　加工工艺过程

工步号	工序内容	工件装夹方式	刀具选择	端面恒速 S (m/min)	进给量 f (mm/r)	切削深度 a_p (mm)
1	车右端面	三爪自定心卡盘	90°右偏刀　T01	100	0.2	
2	粗车外轮廓		T01	100	0.2	3
3	精车外轮廓		90°右偏刀　T02	120	0.1	0.3
4	割槽		割槽刀　T03	400	0.05	

程序:O3000

```
T0101
M03 S800
G96 S100            (端面恒速切削 m/min)
G50 S1200           (最高限速 1 200 m/min)
```

程序	说明
G00 X75 Z0	
G99 G01 X0 Z0 F0.2	(以 0.2 mm/r 的进给率车端面)
G00 Z5	
G00 X85 Z5	(刀具起始点)
G73 U15 W2 R5	
G73 P10 Q20 U0.3 W0.2 F0.2	(粗车外轮廓循环)
N10 G00 X20 Z1	
G01 Z0 F0.1	
G01 X30 R4	
G01 Z−10	
G01 X38 A105	
G01 Z−33	
G01 X37 A195	
G01 A180	(用倒角功能车圆柱面)
G01 X38 Z−50 A165	
G01 Z−60	
G01 Z−80 A165 R10	(倒角带倒圆功能)
G01 X71 C−1.5	
N20 G01 W−2	(用增量方式编程)
G96 S120	(提高主轴转速)
G00 X100 Z100	(回换刀点换 2 号刀精车外轮廓)
T0202	
G70 P10 Q20	(精车外轮廓)
G00 X100 Z100	(回换刀点换 3 号刀割槽)
T0303	(用右刀尖作为刀位点，在对刀时必须左右刀尖都对)
G97	(取消恒线速度切削)
M03 S400	(右刀尖对刀，割槽的右侧同时进行倒角、倒圆加工)
G00 X42 Z−15.5	
G01 X33.05 F0.02	
G00 X39	
G00 Z−14.3	
G01 X37.6 Z−15	
G01 X33	
G01 W−0.05	
G00 X39	
T0312	(用左刀尖作为刀位点，放在参数表里，在对刀时必须左右刀尖都对)

```
G00 X42 Z-20.7
G01 X37.6 Z-20 F0.3
G01 X33 F0.05
G01 W0.5
G00 X39
G00 X100 Z100
M05M30
```

（左刀尖对刀，割槽的左侧同时进行倒角、倒圆加工）

4.5　用户宏程序编程

在编写程序时，把能完成某一功能的一系列指令像子程序那样存入存储器，用一个总指令来表示它们，使用时只需给出这个总指令就能执行其功能。所存入存储器的一系列指令称作用户宏程序的主体，这个总指令称作用户宏程序指令，如图 4.43 所示。

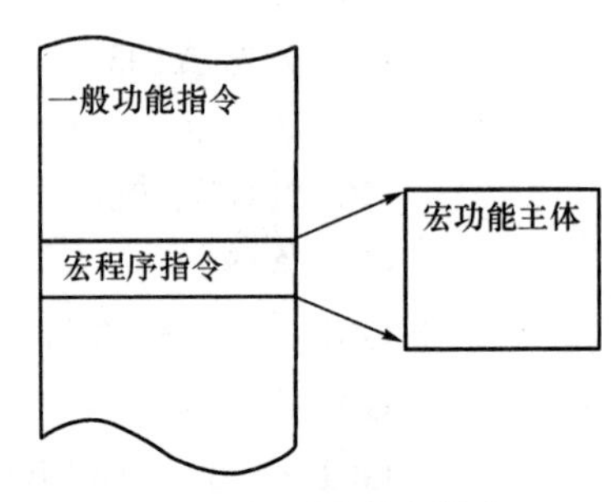

图 4.43　宏程序指令

在编程时，不必记住用户宏程序主体所含的具体指令，只要记住用户宏程序指令即可。用户宏程序编程的最大特点是使用变量，且变量之间还能进行算术和逻辑运算。因此在用数控机床加工一定批量的形状相同但尺寸不同，或由型腔、曲面、曲线等组成的工件时，使用用户宏程序功能进行编程，能够减少程序重复编制，减少字符数，节约内存，使得编程更方便，更容易。宏程序主体既可由机床生产厂家提供，也可由机床用户自己编制。例如在数控刀具磨床中的宏程序主体，通常由机床生产厂家提供。也有一些零件（如二次曲线）零件的宏程序主体由机床用户自己编制。用户宏程序功能有 A，B 两种，我们主要介绍 B 类宏程序的使用方法。

例如：图 4.44 中沿轮廓 A、B、C 加工该零件时，$A=10$，$B=60$，$C=35$。

其程序为：

```
O1000
G00 X10 Y10
G01 X60
G01 X10 Y35
G01 Y10
```

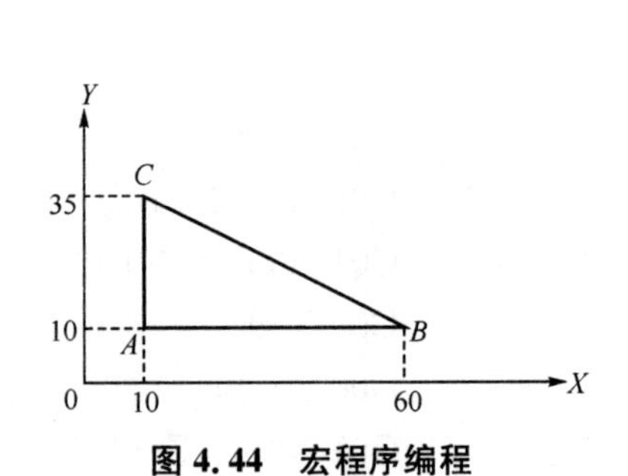

图 4.44　宏程序编程

但是当 A、B、C 的值变化时，又需要编写一个程序。

如果我们将程序改写为：

```
O1000
G00 XA YA
G01 XB
G01 XA YC
G01 XA
```

此时可将其中变量，用用户宏程序中的变量＃I 来代替，字母与变量＃I 的对应关系为：

A：＃1

B：＃2

C：#3

使用用户宏程序主体则可写成如下形式：

O9801

G00 X#1 Y#1

G01 X#2

G01 X#1 Y#3

G01 X#1

使用时可用用户宏程序指令来调用：

G65 P9801 A10 B60 C35；

当加工同一类型、不同尺寸的零件时，只需改变用户宏程序命令的数值即可。机床操作人员不需要考虑宏程序主体编写得多么复杂，只需修改用户宏程序指令中的数值。这种功能在一些长期加工同一类型零件的企业中应用特别广泛。

4.5.1 宏程序格式

宏程序格式与子程序类似，结尾用 M99 返回主程序，图 4.45 为用户宏程序结构。

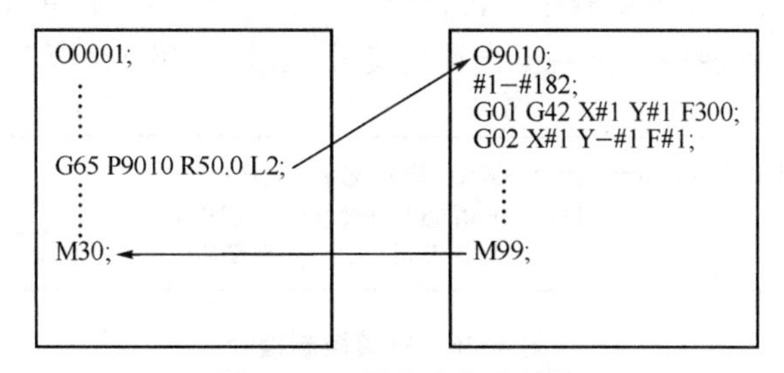

图 4.45 用户宏程序结构

O×××× 宏程序号

……

[变量]

[运算指令]

[控制指令]

……

M99； 宏程序结束

宏程序体由变量、运算指令和控制指令等组成。

(1) 变量 变量由#号和变量号组成，如：#*k*(*k*=1,2,3,…)，也可用表达式来表示变量，如：#[<表达式>]，见表 4.9。

【例 4.5.1】 #1，#50，#[2001—1]，#[4/2]

普通加工程序直接用数值指定 G 代码和移动距离，如：G01 和 X10，使用用户宏程序时，数值可以直接指定或用变量指定，当用变量时，直接在地址号后面使用变量，变量值可用程序或用 MDI 面板直接指定。

【例 4.5.2】 #1=#2+100；G01 X#1 F200；

表 4.9　变量根据变量号可以分成四种类型

变量号	变量类型	功　能
#0	空变量	该变量总是空，没有值能赋给该变量。
#1—#33	局部变量	局部变量只能用在宏程序中存储数据，例如，运算结果。当断电时，局部变量被初始化为空。调用宏程序时，自变量对局部变量赋值。
#100—#199 #500—#999	公共变量	公共变量在不同的宏程序中的意义相同。当断电时，变量#100—#199 初始化为空，变量#500—#999 的数据保存，即使断电也不丢失。
#1000—	系统变量	系统变量用于读和写 CNC 运行时的各种数据，例如，刀具的当前位置和补偿值。

注意事项：

①我们在编写用户加工程序，进行逻辑运算和函数运算时，通常可以用局部变量 1—#33 或公共变量#100—#199。而#500—#999 公共变量和#1000 以后的系统变量通常是提供给机床厂家进行二次功能开发，不能随便使用。若使用不当，便会导致整个数控系统的崩溃。

②运算指令：运算指令主要是赋值运算、算术运算、逻辑运算和函数运算等。

例：#100=500，#200=#101 * #100，#250=#160AND#110，#100=SIN[#500]

③控制指令：控制指令起控制程序流向的作用。在程序中使用 GOTO 语句和 IF 语句可以改变控制的流向。有三种转移和循环操作可供使用，见图 4.46。运算符意义见表 4.10。

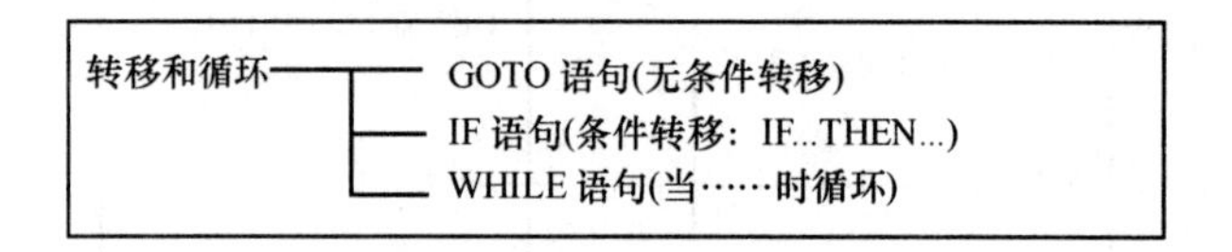

图 4.46　跳转控制指令

表 4.10　运算符的含义

运算符	含　义
EQ	等于(=)
NE	不等于(≠)
GT	大于(>)
GE	大于或等于(≥)
LT	小于(<)
LE	小于等于(≤)

①无条件转移语句：

GOTO n

转移到标有顺序号 n 的程序段。

②条件转移语句：

IF[<条件表达式>] GOTO　n

如果指定的条件表达式满足，则转移到标有顺序号 n 的程序段；如果指定的条件表达式不满足，则执行下个程序段。

【例 4.5.3】

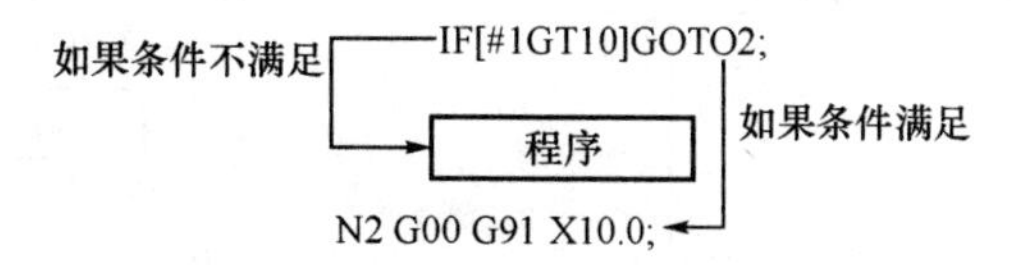

即：如果变量＃1 的值大于 10，则转移到顺序号 N2 的程序段，否则向下执行程序。

【例 4.5.4】 下面的程序计算数值 1～10 的总和。

```
O9500
＃1＝0                      ;存储和数变量的初值
＃2＝1                      ;被加数变量的初值
N1 IF[＃2GT 10]GOTO2        ;当被加数大于 10 时转移到 N2
＃1＝＃1＋＃2                ;计算和数
＃2＝＃2＋1                 ;下一个被加数
GOTO1                      ;转到 N1
N2 M30                     ;程序结束
```

③循环语句(WHILE)：

```
WHILE [<条件表达式>]DO  m
                  ……
                  END  m
```

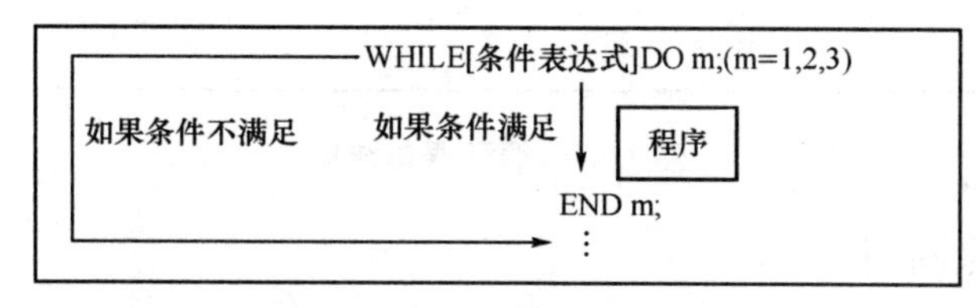

在 WHILE 后指定一个条件表达式，当指定条件满足时执行从 DO 到 END 之间的程序段 m 次，否则转到 END m 后的下一条程序段。

嵌套：在 DO－END 循环中的标号(1)～(3)可根据需要多次使用，图 4.47 中列出了循环语句的结构形式。

【例 4.5.5】 下面的程序计算数值 1～10 的总和。

```
O0001
＃1＝0
＃2＝1
WHILE[＃2LE 10]DO 1
＃1＝＃1＋＃2
＃2＝＃2＋1
END 1
M30
```

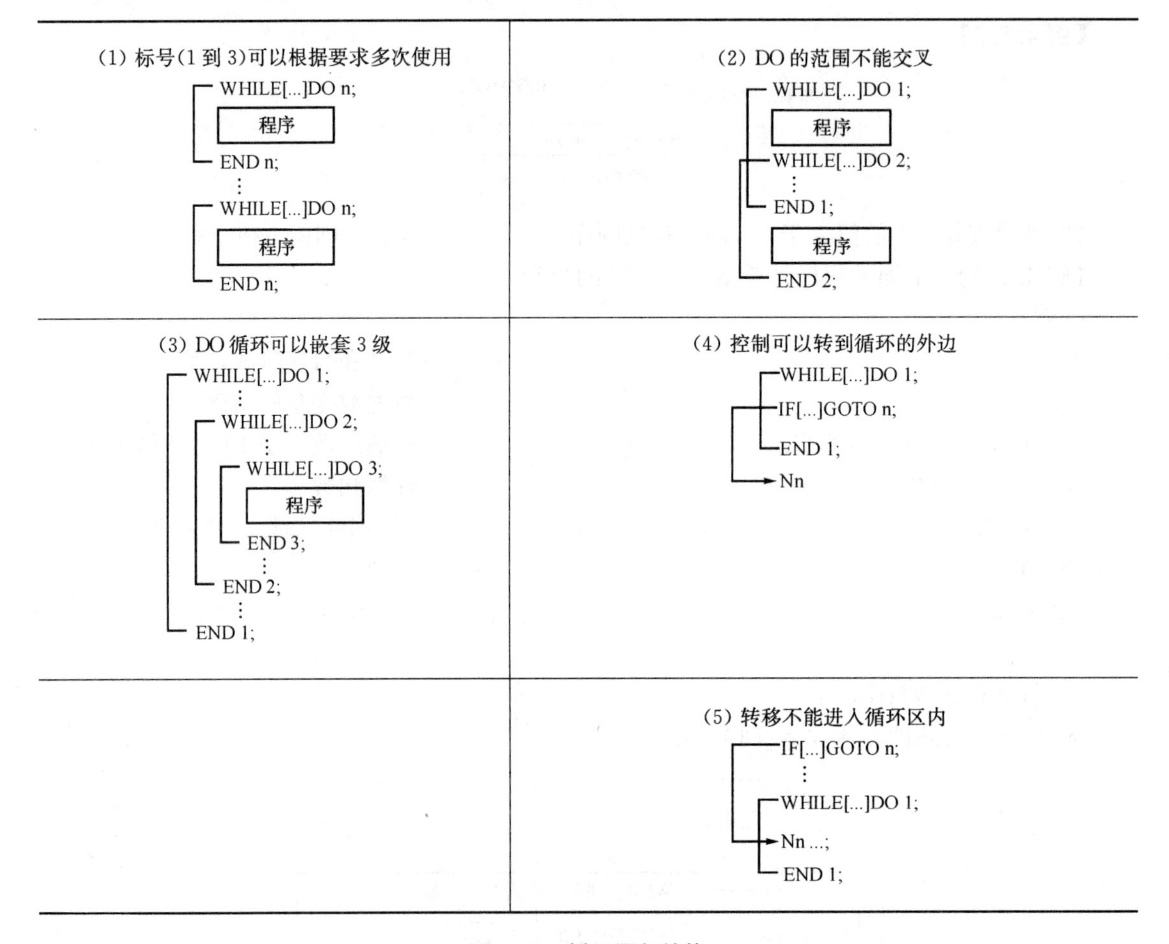

图 4.47　循环语句结构

4.5.2　宏程序的调用

1) 非模态调用 G65 P_ L_ ＜指定自变量＞

其中:P 后面的数字为被调用的宏程序主体,L 后面的数字为重复次数。自变量是一个字母对应宏程序中的变量地址,其值被赋到相应的局部变量,传递到用户宏程序体中。在编写加工程序时 G65 或 G66 中的地址符与宏程序主体中的变量号必须对应。

【例 4.5.6】 O0001　主程序

```
……
N01 G65 P2000 L2 X100 Y100 Z-12 R7 F80
N02 G00 X-200 Y100
……
N08 M30
```

O2000　宏程序主体

```
N10 G91 G00 X#24 Y#25
N20 Z#18
N30 G01 Z#26 F#9
N40 G00 Z#18
N50 M99
```

局部变量中的自变量可用两种形式指定,自变量指定 I 使用除了 G,L,N,O 和 P 以外的字母,每个字母指定一次。自变量指定Ⅱ使用 A,B,C 和 I_i,J_i,K_i(i 为 1～10)。根据使用的字母自动地决定自变量指定的类型。自变量指定 I,其地址与变量号对应表如表 4.11 所示。

表 4.11 自变量指定 I 地址与变量号对应表

地 址	变量号	地 址	变量号	地 址	变量号
A	#1	I	#4	T	#20
B	#2	J	#5	U	#21
C	#3	K	#6	V	#22
D	#7	M	#13	W	#23
E	#8	Q	#17	X	#24
F	#9	R	#18	Y	#25
H	#11	S	#19	Z	#26

(1) 地址 G,L,N,O 和 P 不能在自变量中使用。

(2) 不需要指定的地址可以省略,对应于省略地址的局部变量设为空。

(3) 地址不需要按字母顺序指定,但应符合字地址的格式,而 I,J 和 K 需要按字母顺序指定。

【例 4.5.7】 B_A_D_J_K_ 正确

B_A_D_J_I_ 不正确

自变量指定Ⅱ,其地址与变量号对应表如表 4.12 所示。

表 4.12 自变量指定Ⅱ地址与变量号对应表

地 址	变量号	地 址	变量号	地 址	变量号
A	#1	K_3	#12	J_7	#23
B	#2	I_4	#13	K_7	#24
C	#3	J_4	#14	I_8	#25
I_1	#4	K_4	#15	J_8	#26
J_1	#5	I_5	#16	K_8	#27
K_1	#6	J_5	#17	I_9	#28
I_2	#7	K_5	#18	J_9	#29
J_2	#8	I_6	#19	K_9	#30
K_2	#9	J_6	#20	I_{10}	#31
I_3	#10	K_6	#21	J_{10}	#32
J_3	#11	I_7	#22	K_{10}	#33

自变量指定Ⅱ使用 A,B 和 C 各 1 次。I,J,K 各 10 次。自变量指定Ⅱ用于传递诸如三维坐标值的变量。I,J,K 的下标用于确定自变量指定的顺序,在实际编程中不写。

CNC 内部自动识别自变量指定 I 和自变量指定Ⅱ。如果自变量指定 I 和自变量指定Ⅱ混合指定的话,后指定的自变量类型有效。

【例 4.5.8】 本题中,I_4 和 D_5 自变量都分配给变量#7,但后者 D5 有效。

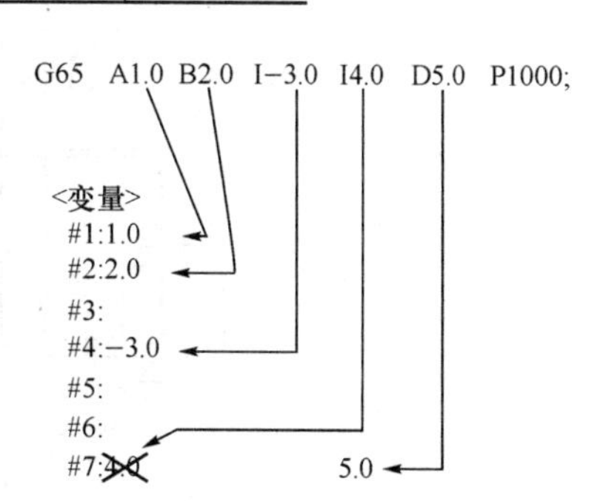

2）模态调用 G66 P_L_ ＜自变量赋值＞

其中：P 后面的数字为宏程序号，L 后面的数字为重复次数。

其格式为：G66 P_ L_ ＜自变量赋值＞；此时机床不动

X_ Y_；机床在该点开始加工

X_ Y_；

…

G67；取消宏程序调用

【例 4.5.9】 在指定位置切槽，如图 4.48 所示。

调用格式：G66 P9110 U_ F_

U：槽深（增量值）；

F：槽加工的进给速度。

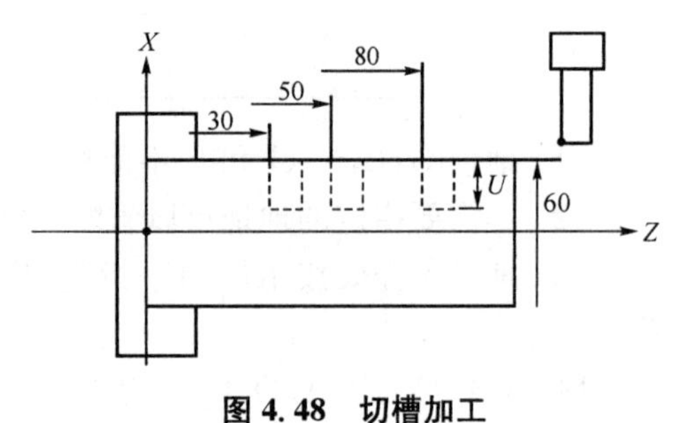

图 4.48 切槽加工

调用宏程序的主程序：O0003；

```
S1000 M03
T0101
G66 P 9110 U 5.0 F 0.5
G00 X60.0 Z80.0
Z50.0
Z30.0
G67;
G00 X00.0 Z200.0 M05
M30
```

宏程序主体：O9110；

```
G01 U－＃21 F＃9        ;切槽加工
G00 U＃21              ;刀具退出
M99
```

4.5.3 宏程序编程实例（一）

如图 4.49 所示，毛坯直径为 ϕ50 mm，总长为 102 mm，材料为 45 号钢棒料。

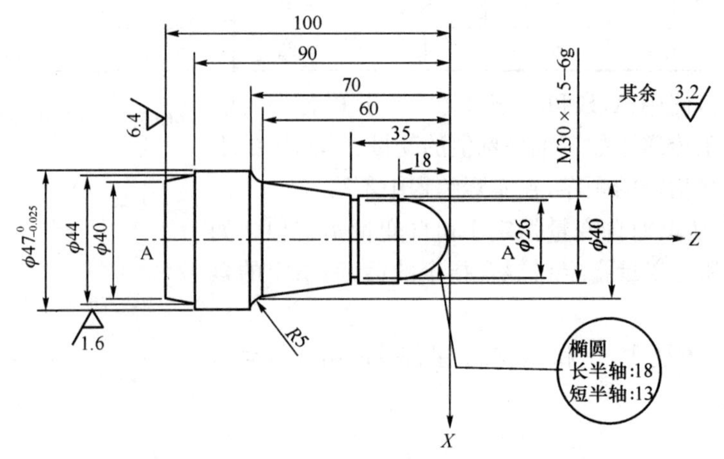

图 4.49 非圆曲线零件

零件分析:该零件难点在椭圆编程上。长轴为 18,短轴为 13 的标准椭圆方程为:

$$\frac{x^2}{13^2}+\frac{z^2}{18^2}=1 \quad 即:x=13\times SQRT(1-z^2/324)$$

由于椭圆方程原点不在工件零点处,即椭圆方程中心向 Z 轴负方向平移了 18 mm 的距离,因此在计算 Z 坐标时,必须减去 18 mm 的距离。用公共变量号 #100,#102,#103 来编程。#102 作为 X 轴变量;#100 作为 Z 轴变量;#101 为 Z 轴的中间变量;把椭圆编程的内容放在 G73 固定循环里,可以完成粗精加工。其加工工艺过程如表 4.13 所示。

表 4.13 加工工艺过程

工步号	工序内容	工件装夹方式	刀具选择	主轴转速 n (r/min)	进给量 f (mm/r)	切削深度 a_p(mm)
1	车左端面及粗车左端外圆轮廓	三爪自定心卡盘	90°右偏刀 T01	800	0.2	1.5
2	精车左端外圆轮廓		90°右偏刀 T02	1200	0.1	0.5
3	调头粗车右端外圆轮廓		T01	800	0.05	0.2
4	粗车椭圆面		T01	800	0.1	
5	精车右端外圆轮廓		T02	1200	0.02	
6	精车椭圆面		T02	1200	0.02	
7	割退刀槽		割断刀 T04	350	0.05	
8	车螺纹		螺纹刀 T03	500	1.5	

其加工程序如下:

```
左端:O1000
    N10 T0101
    N20 M03 S800
    N30 G96 S80 (端面恒速切削,80 m/min)
    N35 G50 S1000(限制主轴最高转速)
    N40 G99 G00 X55 Z0
    N41 G01 X0 Z0 F0.1
    N42 G00 Z5
    N43 G00X52 Z5
    N50 G71 U1.5 R1
    N60 G71 P70 Q110 U0.5 W0.2 F0.2
    N70 G00 X40
    N80 G01 Z0
```

```
N90 G01 X44 Z-10
N100 X46.988
N110 Z-40
N120 G00 X100 Z50
N130 T0202
N140 M03 S1200
N150 G70 P70 Q110 F0.06
N160 G00 X100 Z100
N170 M05
N180 M02
右端:N10 T0101
N15 M03 S800
N20 G96 S80
N25 G50 S1000
N30 G99 G0 X51 Z5
N35 G71 U1 R1
N40 G71 P50 Q110 U0.5 W0.2 F0.2
N50 G00 G42 X26(加刀尖圆弧半径补偿)
N60 G01 Z-18 F0.06
N70 X30
N80 Z-35
N90 X40 Z-65
N100 G02 X47 Z-70 R5
N110 G40 G1 X50 Z-65
N160 G00 X50 Z5
N170 G73 U10 W2 R14
N180 G73 P190 Q255 U0.5 W0 .2F0.1
N190 G42 G01 X-10 Z5 F0.06
N195 G02 X0 Z0 R5(沿圆弧过渡切入)
N200 #100=18(#100作为Z轴变量)
N210 #101=#100*#100
         (#101为中间变量)
N220 #102=13*SQRT[1-#101/324]
         (#102作为X轴变量)
N230 G01 X[2*#102] Z[#100-18]
(Z轴向负方向平移18 mm的距离)
N240 #100=#100-0.1
N250 IF [#100GE0] GOTO210
N251 G01 X28.5
N252 X30 Z-19.5
N255 G40 G00 X40 Z-10
N260 G00 X100 Z50
N270 T0202
N280 G96 S120
N285 G50 S1200
N286 G70 P50 Q110
N290 G70 P190 Q255
N300 G97 M03 S350
N310 G00 X100 Z50
N320 T0404
N330 G00 X35 Z-35
N340 G01 X26 F0.05
N350 X35 F0.1
N355 G01 X30 F1
N360 G00 X100 Z50
N370 T0303
N380 M03 S500
N390 G00 X30 Z10
N400 G92 X29.2 Z-33 F1.5
N410 X28.6
N420 X28.2
N430 X28.05
N440 G00 X100 Z100
N450 M05
N460 M02
```

4.5.4　宏程序编程实例(二)

如图 4.50 所示，毛坯直径为 ϕ50 mm，总长为 102 mm，材料为 45 号钢棒料。

零件分析：该零件难点在抛物线的编程上。已知抛物线方程：$X*X=-22.09Z$，用公共变量号#100，#101 来编程。#101 作为 X 轴变量；#100 作为 Z 轴变量；工件零点设在工件端面与中心线相交处。抛物线的方程原点与工件零点重合。本例题没有把椭圆编程的内容放在

G73 固定循环里，而是用公共变量编写出粗精加工，此方法避免了 G73 指令产生的“空切”现象，生产效率较高，有一定的特色。图中 1∶3 的锥度可以计算出锥面的大头直径为 40.33 mm。即$(X-30)/(51-20)=1/3$；X 为大头直径。

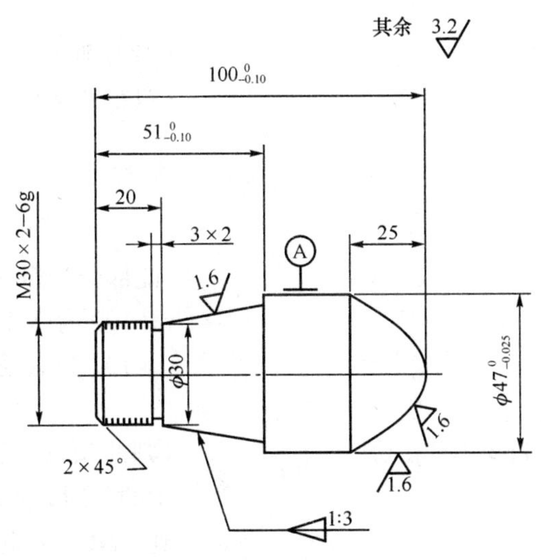

图 4.50 程序实例(二)

加工工艺见表 4.14。

表 4.14 加工工艺过程

工步号	工序内容	工件装夹方式	刀具选择	主轴转速 n (r/min)	进给量 f (mm/r)	切削深度 a_p(mm)
1	车右端面及粗车右端外圆轮廓(包括抛物线)	三爪自定心卡盘	90°右偏刀 T01		0.2	1.5
2	精车右端外圆(包括抛物线)		90°右偏刀 T02	1200	0.1	0.5
3	调头粗车左端外圆轮廓		T01	800	0.2	0.2
4	精车左端外圆轮廓		T02	1200	0.1	
5	割退刀槽		割断刀 T04	400	0.05	
6	车螺纹		螺纹刀 T03	400	2	

其加工程序如下：

右端：O1000

```
T0101
M03 S800
G96 S120                          (端面恒速切削，120 m/min)
```

```
G50 S1000                                  (限制主轴最高转速)
G99 G00 X55 Z0 M08
G01 X0 Z0 F0.1
G01 Z1
G01 X47.5                                  (退刀到 X47.5)
G01 Z－50                                  (粗车外圆)
G01 X50
G00 Z5
G00X50 Z5
N20                                        (此部分为粗加工抛物线部分程序)
#101=23.5                                  (#101 为 X 轴变量)
#102=1.5                                   (#102 为 X 方向的步距)
#103=0
WHILE[#101GT#103]DO1                       (判断句,如果#101 中的值大于#103
                                           中的值时,继续向下循环,否则直接跳
                                           到 END1 结束循环)
#101=#101－#102                            (X 方向减去一个步距)
IF[#101LT#103]THEN #101=#103               (判断句,当终点不是整步距值时,保证
                                           走到终点)
#104=[#101*#101/22.09]                     (计算 Z 变量)
G1 Z2 F1                                   (走刀)
G42 X[2*#101] F0.12                        (X 方向走刀)
G1 Z[－#104+0.5]                           (Z 方向走刀,留 0.5 精加工余量)
G40 U1                                     (沿 X 方向退刀 1,取消刀补)
END1
G00 X100 Z100
N30                                        (此部分为精加工抛物线部分程序)
T0202
G96 S120
G50 S1200
G0 X0 Z1
#106=0
#107=0.1                                   (#107 为 X 方向的步距)
#108=23.5
WHILE[#106LE#108]DO2                       (判断句,如果#106 中的值大于#108
                                           中的值时,继续向下循环,否则直接跳
                                           到 END2 结束循环)
#105=[#106*#106/22.09]                     (计算 Z 变量)
G1 G42 X[2*#106] Z[－#105 ]F0.1            (加刀补进给)
#106=#106+#107                             (X 方向加一个步距)
END2
```

```
G1 G40 X24 F1                          (沿 X 方向退刀,取消刀补)
G01 X47                                (进给到 X47)
G01 Z-50                               (精车外圆)
G01 X50
G00 X100 Z100
M05 M09
M30
```

左端:

```
O1200
T0101
M03 S800
G96 S120                               (端面恒速切削)
G50 S1000                              (限制主轴最高转速)
G99 G00 X55 Z0 M08
G01X0 Z0 F0.1
G00 Z2
G00 X52 Z2
G71 U1.5 R1
G71 P10 Q20 U0.5 W0.2 F0.2             (U 是直径值)
N10 G00 X30
G01 Z-20 F0.1                          (粗车左端外圆轮廓)
G01 X40.33 Z-51
N20 G01 X52
G00 X100 Z100
T0202
M03 S1200
G70 P10 Q20                            (精车左端外圆轮廓)
G00 X100 Z100
T0404
G97 M03 S400
G00 X35 Z-20                           (左刀尖割槽)
G01 X26 F0.05
G04 P3000                              (槽刀在槽底暂停 3 s)
G00 X35
G00 X100 Z100
T0303
G00 X30 Z2
G76 P020060 Q100 R0.3                  (车螺纹循环)
G76 X27.4 Z-18 P1300 Q350 F2
G00 X100 Z100 M09
M05
M02
```

4.6　数控车床习题

4.6.1　编写零件的加工工艺和数控加工程序，零件毛坯：ϕ18 mm 的铝合金棒料(见图 4.51)。

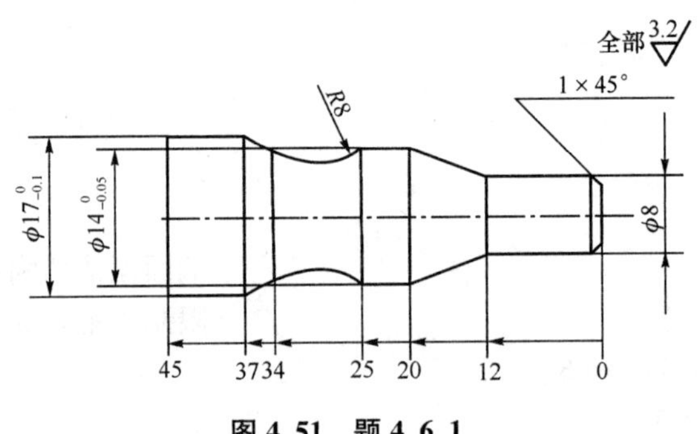

图 4.51　题 4.6.1

4.6.2　编写零件的加工工艺和数控加工程序，选择合适的切削速度、进给量和切削深度，零件毛坯：ϕ18 mm 的铝合金棒料(见图 4.52)。

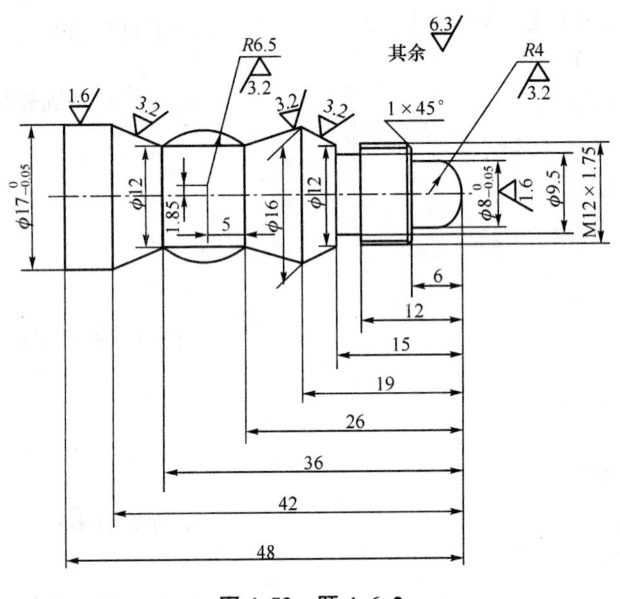

图 4.52　题 4.6.2

4.6.3　编写零件的加工工艺和数控加工程序，选择合适的切削速度、进给量和切削深度，零件毛坯：ϕ18 mm 的铝合金棒料(见图 4.53)。

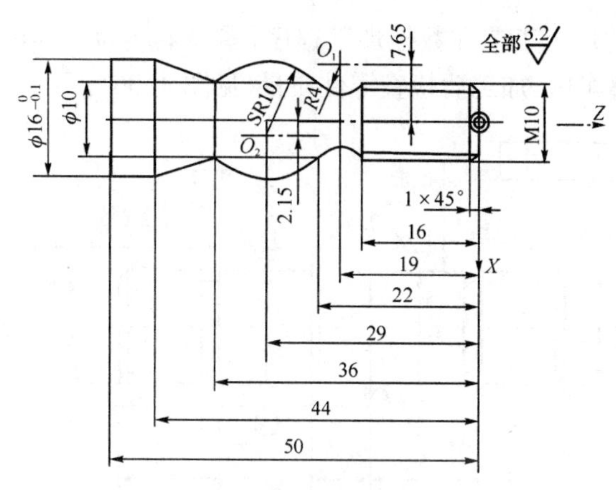

图 4.53 题 4.6.3

4.6.4 先编写加工工艺，选择合适的刀具，选择合适的切削速度，进给量和切削深度，然后编写零件的数控加工程序。零件毛坯：ϕ28 mm 铝合金棒料(见图 4.54)。

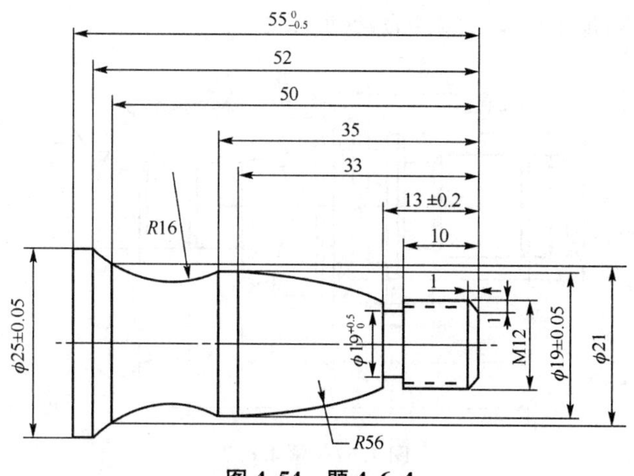

图 4.54 题 4.6.4

4.6.5 编写零件的加工工艺和数控加工程序，零件毛坯：ϕ30 mm 的铝合金棒料。输入程序并模拟运行程序，调整车床，加工后检查零件质量(见图 4.55)。

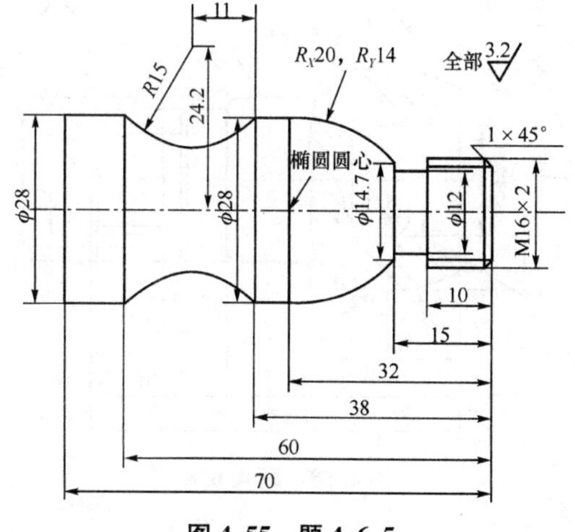

图 4.55 题 4.6.5

4.6.6　编写零件的加工工艺和数控加工程序，零件毛坯为 ϕ28 mm 铝合金棒料。输入程序并模拟运行程序，调整车床，加工后检查零件质量(见图 4.56)。

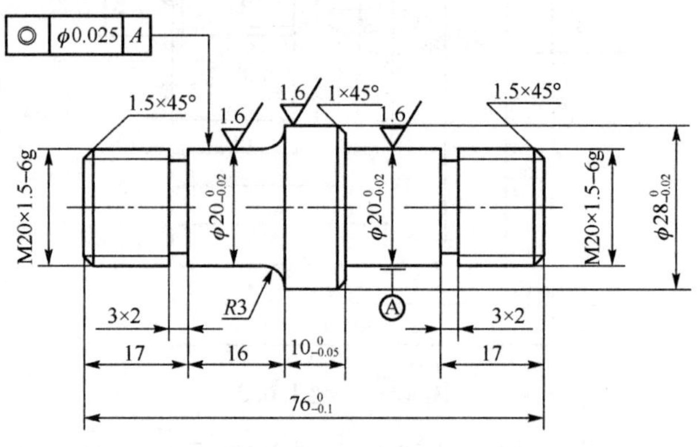

图 4.56　题 4.6.6

4.6.7　编写零件的加工工艺和数控加工程序，零件毛坯为 ϕ30 铝合金棒料。输入程序模拟运行程序，调整车床，加工后检查零件质量(见图 4.57)。

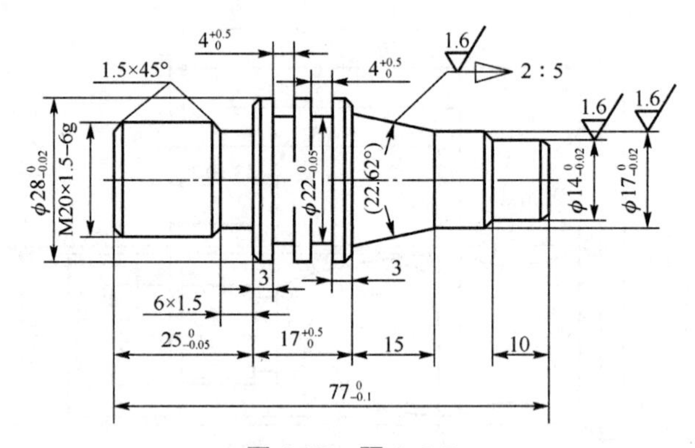

图 4.57　题 4.6.7

4.6.8　编写零件的加工工艺和数控加工程序，零件毛坯为 ϕ50 铝合金棒料。输入程序模拟运行程序，调整车床，加工后检查零件质量(见图 4.58)。

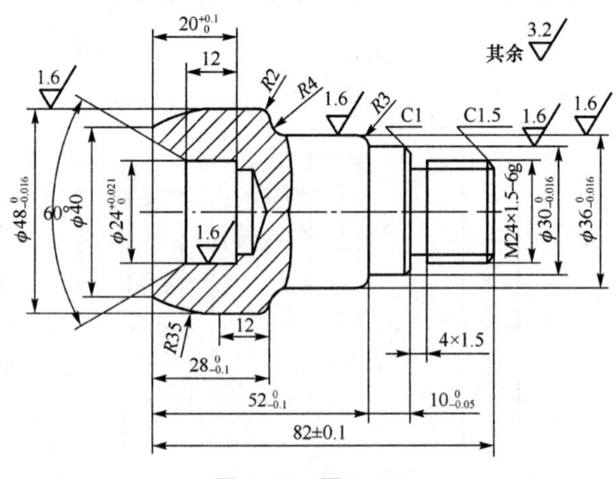

图 4.58　题 4.6.8

5 FANUC0i 数控车床操作

无论哪种数控机床，其操作方法与步骤基本是相近的，本章以 FANUC0i 数控车床操作为例，介绍数控车床的操作方法。

5.1 机床面板介绍

5.1.1 设定与显示单元

系统控制面板如图 5.1 所示。它主要包括屏幕显示和系统软键。

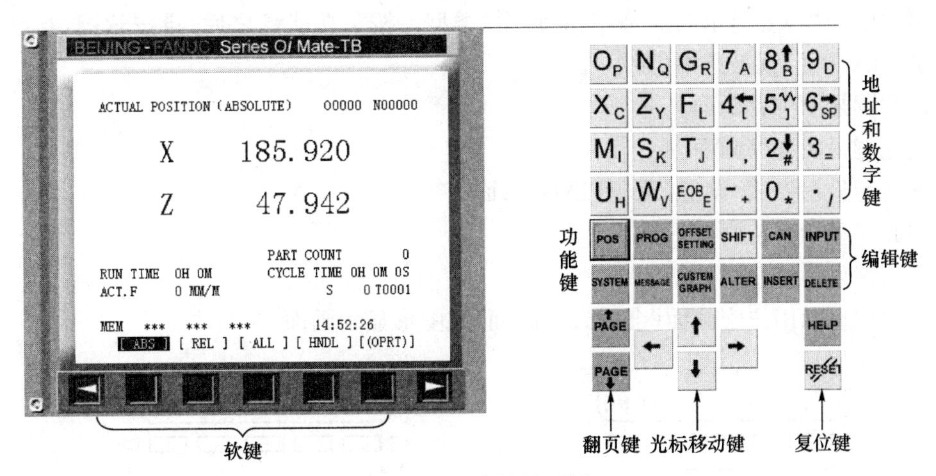

图 5.1 系统控制面板

MDI 键符定义与说明：

复位键	按此键可使 CNC 复位，用以消除报警等。
帮助键	按此键用来显示如何操作机床，如 MDI 键的操作。可在 CNC 发生报警时提供报警的详细信息(帮助功能)。
软键	根据其使用场合，软键有各种功能。软键功能显示在 CRT 屏幕的底部。
OP…6SP 地址和数字键	按这些键可输入字母，数字以及其他字符。
换挡键	在有些键的顶部有两个字符。按＜SHIFT＞键来选择字符。当一个特殊字符“∧”在屏幕上显示时，表示键面右下角的字符可以输入。
输入键	当按了地址键或数字键后，数据被输入到缓冲器，并在 CRT 屏幕上显示出来。为了把键入到输入缓冲器中的数据拷贝到寄存器，按＜INPUT＞键。这个键相当于软键的＜INPUT＞键，按此二键的结果是一样的。

取消键	按此键可删除已输入到输入缓冲器中的最后一个字符或符号。如：当显示键入缓冲器数据为：>N001 * 100Z_时，按<CAN>键，则字符 Z 被取消，并显示：>N001 * 100。
程序编辑键	当编辑程序时按这些键。<ALTER>：替换。<INSERT>：插入。<DELETE>：删除。
分号(；)	输入程序时每行的结束符。
功能键	按这些键用于切换各种功能显示画面。详细说明见下一节。
翻页键	这个键用于在屏幕上朝前翻一页。
翻页键	这个键用于在屏幕上朝后翻一页。
光标移动键	这些键用于将光标朝各个方向移动。

5.1.2　功能键与软键

功能键用于选择要显示的屏幕(功能画面)类型。按了功能键之后，再按软键，与已选功能相对应的屏幕(画面)就被选中(显示)。

按此键显示位置画面。

按此键显示程序画面。

按此键显示刀偏/设定(SETTING)画面。

按此键显示系统画面。

按此键显示信息画面。

按此键显示用户宏画面(会话式宏画面)或图形显示画面。

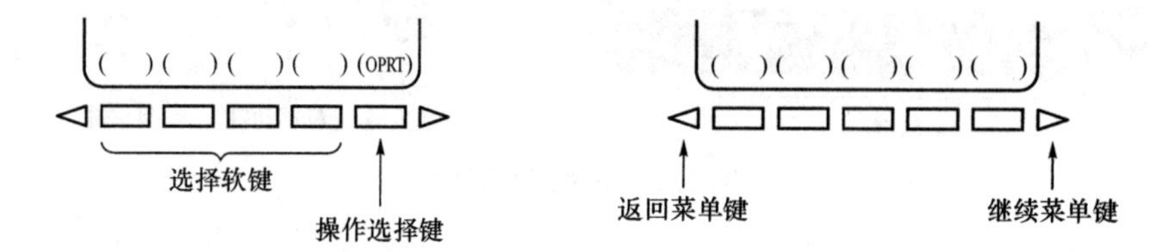

画面的操作有如下几点：

(1) 在 MDI 面板上按功能键，属于选择功能的选择软键出现。

(2) 按其中一个选择软键，与所选的相对应的画面出现。如果目标的软键未显示，则按继续菜单键(下一个菜单键)。

(3) 当目标画面显示时，按操作选择键显示被处理的数据。

(4) 为了重新显示选择软键，按返回菜单键。

5.1.3　机床控制面板

外部机床控制面板如图 5.2 所示修调按钮如图 5.3 所示。

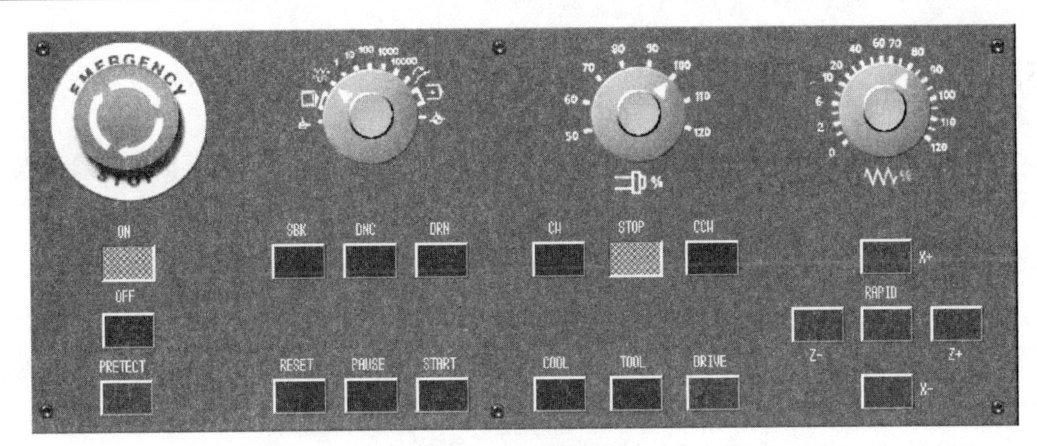

图 5.2 机床控制面板

EDIT 编辑状态；

MDA 手动数据输入；

JOG 手动连续进给；

INC 增量(手轮)进给；

MEM 自动运行；

REF 回参考点；

ON 系统电源打开按钮：机床上电后，要先按下此按钮，使系统上电；

OFF 系统电源关闭按钮：按下此按钮，系统失电，退出数控系统；

PROTECT 数据保护按钮：有效时，一些数据与程序无法修改与保存；

SBK 单步执行：被按下有效时，程序单段执行；

DNC 直接加工：从输入/输出设备读入程序，使系统运行；

DRN 空运行：被按下有效时，程序按所设定的最高进给速度执行；

CW/CCW 主轴正/反转；

STOP 主轴停；

RESET 复位。可使 CNC 复位，用以消除报警等；

PAUSE 程序运行暂停：程序运行时，按下此按钮，程序运行停止；

START 程序运行开始；

COOL 冷却液打开/关闭；

TOOL 换刀；

DRIVE 驱动电源开关：被按下有效时，机床才能移动；

X+/X− *X* 轴点动；

Z+/Z− *Z* 轴点动；

RAPID 快速运行叠加开关：被按下有效时，机床快速移动；

EMERGENCY 急停。

主轴速度修调

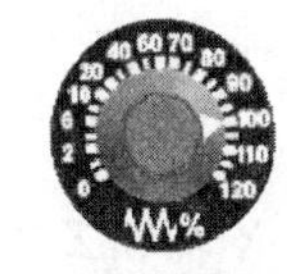

进给速率修调

急停

图 5.3 速度修调按钮

5.2　机床返回参考点

机床开机后一般要先回机床参考点，或手动对刀和自动加工之前一定要回机床参考点，否则不能对刀和加工。机床模拟完之后，也要再回机床参考点，才能对刀和自动加工。

机床返回参考点的操作步骤：

(1) 将操作面板上的工作方式开关旋至最右边的回参考点工作状态 。屏幕上左下角显示 REF，如图 5.4 所示。

(2) 为降低移动速度，取消选择快速移动叠加开关“RAPID”。快接近参考点时，JOG 进给倍率不易太高，以防止误动作。

(3) 按进给轴和方向选择开关。如先回 X 轴方向，则持续按下操作面板上的 $X+$ 点动按钮，刀架沿 X 的正方向移动，并接近参考点。到达参考点后，机床停止移动，X 轴的机床坐标系(MACHINE)置零。同理，也可按 $Z+$ 回参考点(注意，不到参考点不能松开 $X+$ 或 $Z+$ 点动按钮)。也可以沿着两个轴同时返回参考点，只需同时按下 $X+$ 和 $Z+$ 点动按钮。

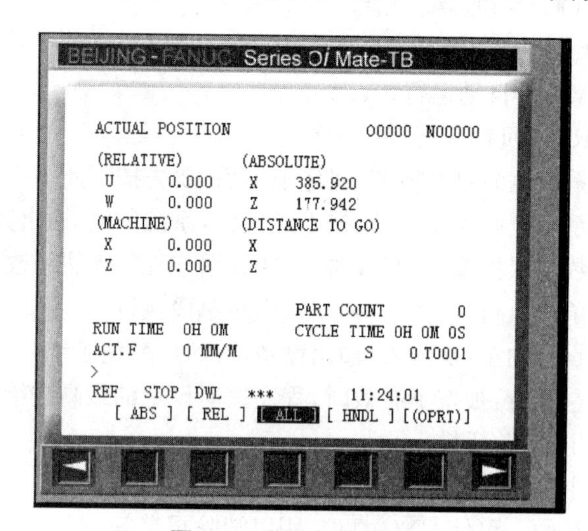

图 5.4　返回参考点画面

注意事项：

回机床参考点时，一般要先回 $X+$ 方向，再回 $Z+$ 方向，以防止刀具干涉或撞到机床尾座顶针。同理，回零后，手动移动时，要先移动 $Z-$ 方向，再移动 $X-$ 方向。回零后一般都要向 $Z-$ 和 $X-$ 方向移动一些，以松开回零行程开关。

回零过程中，不到参考点或快接近参考点时，不能松开 $X+$ 或 $Z+$ 点动按钮，否则回不到参考点而更易超程。如果已超程，要先在 JOG 方式下手动走回去，然后再回参考点。另外，不要在 JOG 方式下回参考点，实习过程中经常不把工作方式开关旋至最右边的回参考点工作状态 而回零，从而造成超程。

5.3　手动方式操作(JOG)

用手动连续进给方式可以实现机床 X 轴和 Z 轴的前后左右移动，主轴启动和停止，刀架的手动换刀，从而实现手动切削和对刀。但在手轮进给状态，不能实现刀架的手动换刀，只能进行

机床 X 轴和 Z 轴的前后左右移动。

在 JOG 方式，按机床操作面板上的进给轴及其方向选择开关，会使刀具沿着所选轴的所选方向连续移动。手动连续进给速度可以通过手动连续进给倍率旋钮进行调节。按下快速移动叠加开关“RAPID”，会使刀具以快速移动速度（系统参数设定）移动，该功能称之为手动快速移动。手动操作通常一次移动一个轴，也可以同时移动两个轴。

JOG 进给的步骤如下：

（1）将操作面板上的工作方式开关旋至左边的手动连续选择开关。

（2）按进给轴和方向选择开关，机床沿相应的轴的相应方向移动。在开关被按期间，机床以参数设定的速度移动。开关一释放，机床就停止。

（3）JOG 进给速度可以通过手动连续进给倍率旋钮进行调整。

（4）若在按进给轴和方向选择开关期间，按了快速移动叠加开关“RAPID”，机床则会以快速移动速度运动。

此时，按下功能键<POS>，可以显示刀具的当前位置。当前位置有以下三种表示方式：

①工件坐标系（ABS）中的位置值。

此坐标值主要体现在自动加工时，当刀具移动到工件零点时，X 和 Z 坐标显示为零。自动加工时以此坐标值为主，它体现了刀具在工件坐标系中的实时位置，便于观察刀具路径。如图 5.5 所示。

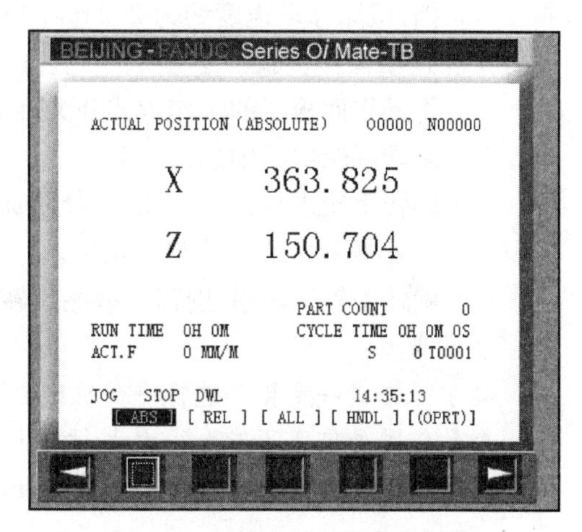

图 5.5　工件坐标系中的位置值

②相对坐标系（REL）中的位置值。

此坐标值主要用在相对编程时，显示刀具在相对坐标系中的当前位置。刀具移动时，当前坐标也要变化。在自动加工时主要体现当前坐标值和前一坐标值的差值，即增量变化量。如图 5.6 所示。

③综合（ALL）位置值。

它同时显示刀具在工件坐标系（绝对坐标）、相对坐标系（相对坐标）和机床坐标系（机械坐标）中的当前位置，以及剩余的移动量，如图 5.4 所示。

在机床回零时，主要参考机械坐标系中的当前位置。回到零点时，此坐标一定要都显示为零，才能表示正常回到零点。否则要检查机械回零开关是否有问题或 G53～G59 编程零点设置中有数据影响回零数值显示。

剩余的移动量主要指，在 MEM 或者 MDI 加工方式中可以显示剩余移动量，即在当前程序段中刀具还需要移动的距离。

位置显示屏幕也可以显示进给速度、运行时间、加工的零件数、主轴的转速、当前刀具号等。

图 5.6　相对坐标系中的位置值

5.4　手轮方式操作(HND)

在手轮方式下,可通过旋转机床操作面板上的手摇脉冲发生器而使机床连续不断地移动。用开关选择移动轴。当手摇脉冲发生器旋转一个刻度时刀具移动的最小距离等于最小输入增量。手摇脉冲发生器转一个刻度时刀具移动距离可被放大 10 倍或由参数(7113 号和 7114 号)确定的两种放大倍率中的一种。

手轮方式中最小的移动当量为 1 μ,即手轮动一格机床移动 1 μ。其次有 10 μ、100 μ、1 000 μ 和 10 000 μ 共五挡。在一般切削时多选择 10 μ 挡,机床移动速度约为 80 mm/min。空切时选择 100 μ 挡,机床移动速度约为 200 mm/min。

手轮进给操作步骤:

(1) 将操作面板上的工作方式开关旋至左边的手轮进给开关 1...100 。

(2) 旋转手轮进给轴选择开关。

(3) 旋转手轮进给倍率开关,选择机床移动的倍率。当手摇脉冲发生器过一个刻度时,机床移动的最小距离等于最小输入增量。

(4) 旋转手轮机床沿选择轴移动:旋转手轮 360°,机床移动距离相当于 100 个刻度的距离。

注意事项:

在手轮方式一定要先选择一个机床要移动的轴,否则机床不会移动,因为它不知道要移动哪一个轴。另外倍率不能选得太大,如 1 000 和 10 000 最好不要用,因为它们表示手轮转一圈机床移动的距离分别为100 mm 和 1 000 mm,这很容易导致失控和撞刀。

5.5　程序的输入与编辑

本章叙述如何创建一个新程序,以及如何编辑已存储在 CNC 中的程序。

在 EDIT 与 MDI 方式中,可以创建新程序。编辑功能包括字的插入、修改、删除和替换,还包括整个程序的删除,程序编辑前的程序号检索,顺序号检索,字检索以及地址检索等。

5.5.1　创建新程序

在 EDIT 方式中,创建的程序可以存储在 CNC 的存储器中。

在 MDI 方式中,创建的程序不能存储在 CNC 的存储器中,并且程序的长度不允许超过 6 行,系统运行完一次程序自动清空。

创建新程序的步骤如下:

(1) 选择 EDIT 或 MDI 方式。

(2) 按功能键＜PROG＞。

(3) 选择 EDIT 方式,按下软键＜LIB＞或者＜PRGRM＞,如图 5.7(a)所示。

(4) 选择 MDI 方式,按下软键＜MDI＞。

(5) 按地址键＜O＞并输入程序号 8888。

(6) 按＜INSERT＞键。

注意事项:

地址键＜O＞切勿输成数字键 0,否则会产生报警,产生语法错误。

这就存储了一个新程序号 O8888。按＜EOB＞键插入程序结束符“;”系统会自动产生行号

“N10”,如图 5.7(b)所示。

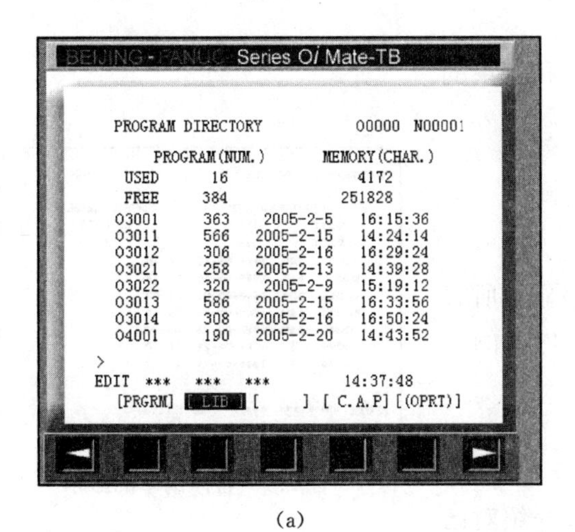

(a)

(b)

图 5.7 创建新程序

说明：

(1) 程序名重复

按<INSERT>键之后,如果输入的程序名已经存在,则会产生 ALM 报警。此时按<RESET>键取消报警,重新输入程序号。

5.5.2 自动插入顺序号

当在 EDIT 方式下用<MDI>键建立程序时,每个程序段都会被自动插入顺序号。

自动插入顺序号的步骤有以下几项：

(1) 进入 EDIT 方式。

(2) 按<PROG>功能键,显示程序画面。

(3) 检索或存储要编辑的程序号,并移动光标到开始自动插入顺序号的程序段的 EOB(;)处。当程序号被存储且用<INSERT>键输入 EOB(;)时,顺序号自动从 0 开始插入。如需要改变初始值,可按照第 9 步进行,然后跳转到第 6 步。

(4) 按地址键<N>,并输入初始值 N。

(5) 按<INSERT>键。

(6) 输入程序段的各个字。

(7) 按<EOB>键。

(8) 按<INSERT>键。EOB 被存入存储器且顺序号自动插入。例如,如 N 的初始值是 10 且将增量参数设定为 2,N12 被插入并显示在下一行,该行是新的程序段,如图 5.8 所示。

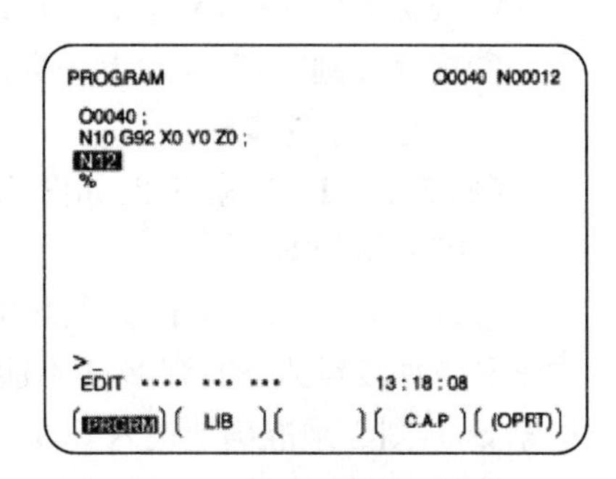

图 5.8 程序顺序号的更改

(9) 在图 5.8 中,如果下一程序段不需要 N12,则在显示 N12 之后,按<DELETE>键删除 N12。若要在下一程序段中插入 N100 来代替 N12,则在显示 N12 之后输入 N100 并按<ALTER>键。N100 被存储而且初始值改为 100。

5.5.3　程序清单的显示

程序清单可显示记录的程序号、使用的内存和记录的程序清单。

显示使用的内存和程序清单的步骤：

(1) 选择 EDIT 方式。

(2) 按下功能键<PROG>。

(3) 按下软键<LIB>，按程序号的大小顺序显示所有的程序，如图 5.9 所示。其中包括每个程序所占内存的大小和创建时间，便于按日期查找。

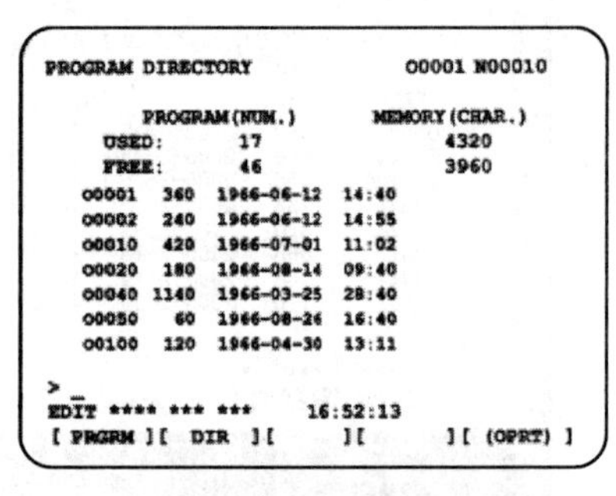

图 5.9　程序清单的显示

5.5.4　字的插入、修改和删除

字是地址(字母)及其紧跟其后的数字。本节介绍对已存储在 CNC 中的程序进行字的插入、修改和删除的方法。

字的插入、修改和删除的方法：

(1) 选择 EDIT 方式。

(2) 按下功能键<PROG>。

(3) 选择要编辑的程序。如果要编辑的程序已被选择，执行第 4 步操作。如果要编辑的程序未被选择，则可用程序号检索程序。此时，只要输入程序名如 O0001，按软键<O-SRH>，即可显示 O0001 程序内容(切记，此时不要按<INSERT>插入键，它是创建一个新的程序号)。

(4) 检索要修改的字。包括扫描方法和字检索方法。

(5) 执行字的插入、修改或删除。

1) 字的检索

字可以被检索，该功能是在程序文本中从头至尾移动光标(扫描)查找指定字或地址。

(1) 程序扫描步骤：

【例 5.5.2】 扫描 Z125.0，如图 5.10 所示。

①按下左"←"，右"→"光标按键。光标在屏幕上向前、向后逐字移动，光标在被选择字处显示。

②当按下光标键"↓"，下一个程序段的第一个字被检索。

③当按下光标键"↑"，前一个程序段的第一个字被检索。

④按翻页键"PAGE↓"，显示下一页并检索到该页的第一个字。

⑤按翻页键"↑PAGE"，显示上一页并检索到该页的第一个字。

```
Program                      O0050 N01234
 O0050 ;
 N01234 X100.0 Z1250.0 ;
 S12 ;
 N56789 M03 ;
 M02 ;
 %
```

图 5.10　扫描 Z125.0

(2) 检索字的步骤：

【例 5.5.3】 检索 S12，如图 5.11 所示。

①键入地址 S。

②键入数字 12。如仅键入 S1，则 S12 不能被检索到。如仅键入 S9，则 S09 不能被检索到。为检索 S09，则必须准确地键入 S09。

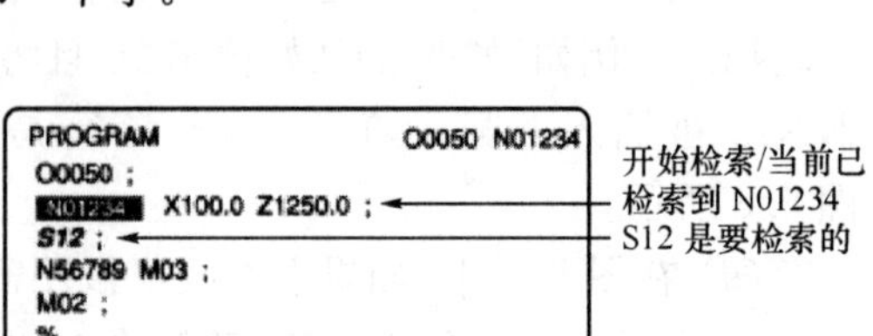

图 5.11　检索 S12

③按<SRHDN>软键，开始检索操作。检索操作结束时，光标显示在被检索的字 S12 处，按<SRHUP> 键则按反方向执行检索。

(3) 检索地址的步骤：

【例 5.5.4】 检索 M03，如图 5.12 所示。

①键入地址 M。

②按<SRHDN>键。检索操作完成时，光标显示在被检索的地址 M03 处，按<SRHUP>键，则按反方向执行检索。

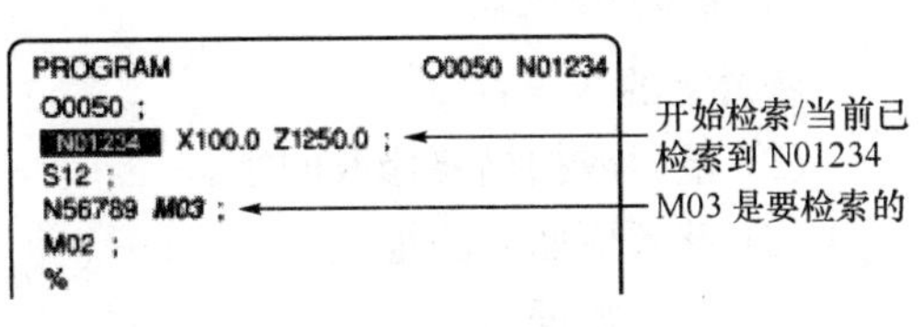

图 5.12　检索 M03

2) 指向程序头

将光标移到程序的起始位置。该功能称为将程序指针指向程序头。本节叙述三种方法。

方法 1：

(1) 选择 MEMORY 方式或 EDIT 方式，选择程序内容画面，按下<RESET>键，当光标返回到程序的开始处时，在画面上从头开始显示程序的内容。

(2) 选择 MDI 方式，选择 MDI 操作的程序画面，按下<RESET>键，光标返回到程序的开始处，程序被清空。

方法 2：

(1) 在 MEMORY 方式或 EDIT 方式下，当选择程序画面时，按地址键<O>。

(2) 输入程序号。

(3) 按软键[O - SRH]。

方法 3：

(1) 选择 MEMORY 方式或 EDIT 方式。

(2) 按下<PROG>功能键，选择程序内容画面。

(3) 按下软键<OPRT>键。

(4) 按下软键<REWIND>键。

3) 字的插入

插入字的步骤：

(1) 在插入字之前检索或扫描字。

(2) 键入要插入的地址。

(3) 键入数据。

(4) 按<INSERT>键，将插入的字置于之前检索的字之后，光标在被插入的字处显示。

【例 5.5.5】 插入 T15(见图 5.13～图 5.15)。

①检索或扫描 Z1250。

②键入 T15。

③按<INSERT>键。

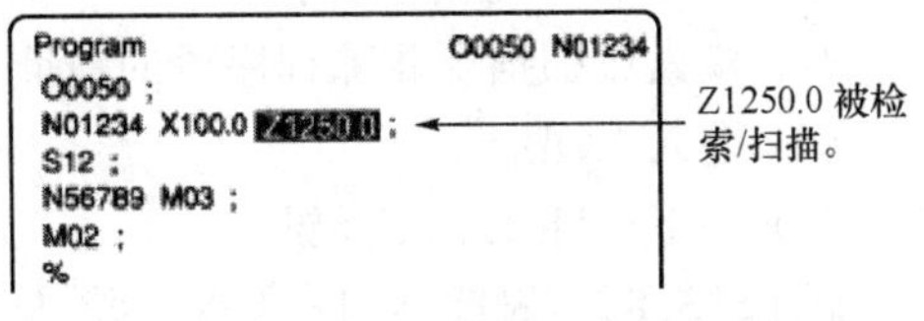

图 5.13　检索/扫描 Z1250

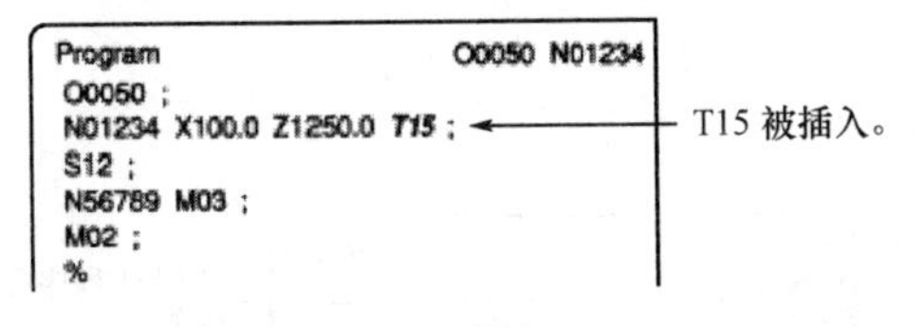

图 5.14　插入 T15

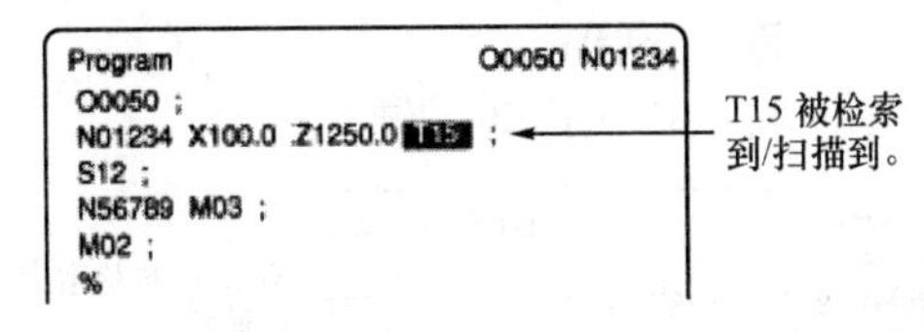

图 5.15　检索/扫描 T15

4）字的修改

修改字的步骤：

(1) 检索或扫描要修改的字。

(2) 键入要插入的地址。

(3) 键入数据。

(4) 按<ALTER>键替换。

【例 5.5.6】 把 T15 改为 M15(见图 5.16)。

①检索或扫描 T15。

②键入 M15。

③按<ALTER>键。

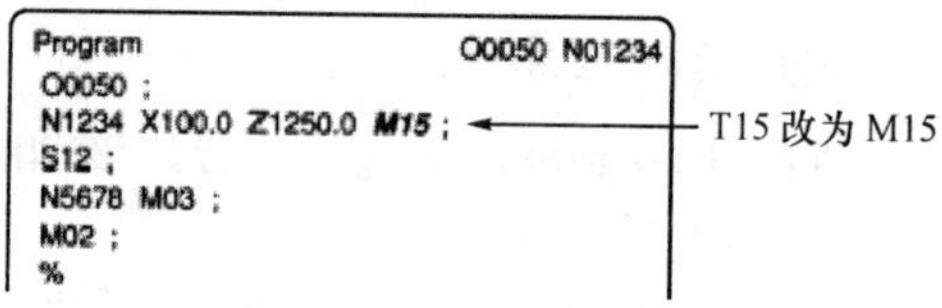

图 5.16　T15 替换为 M15

5）字的删除

删除字的步骤：

(1) 检索或扫描要删除的字。

(2) 按<DELETE>键删除。

【例 5.5.7】 删除 X100.0(见图 5.17、图 5.18)。

①检索或扫描 X100.0。

②按<DELETE>键。

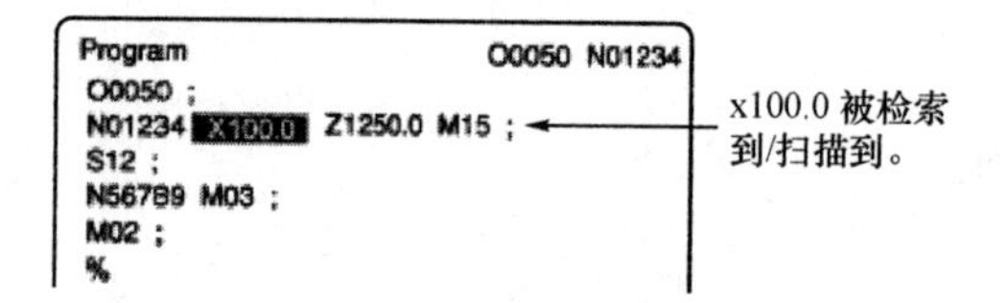

图 5.17　检索/扫描 X100.0

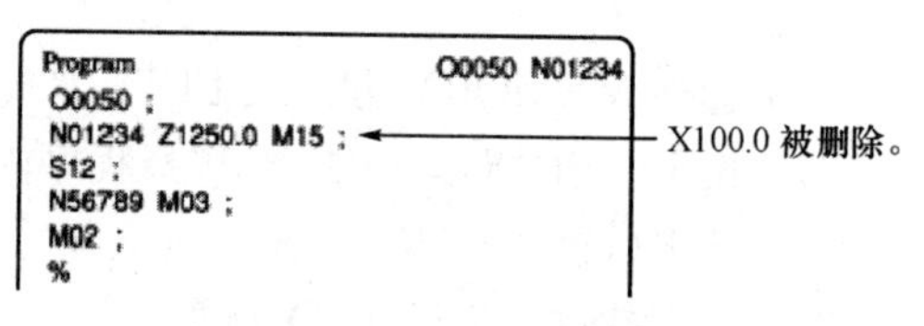

图 5.18　X100.0 被删除

5.5.5　程序段的删除

程序段的删除包括删除程序中的一个或多个程序段。

1）删除一个程序段

删除一个直至 EOB 代码的程序段，删除后，光标移到下一个字的地址。

删除一个程序段的步骤：

(1) 检索或扫描要删除程序段的地址 N。

(2) 键入 EOB。

(3) 按下<DELETE>键。

【例 5.5.8】 删除 N01234 程序段(见图 5.19、图 5.20)。

(1) 检索或扫描 N01234。

(2) 键入 EOB。

(3) 按<DELETE>键。

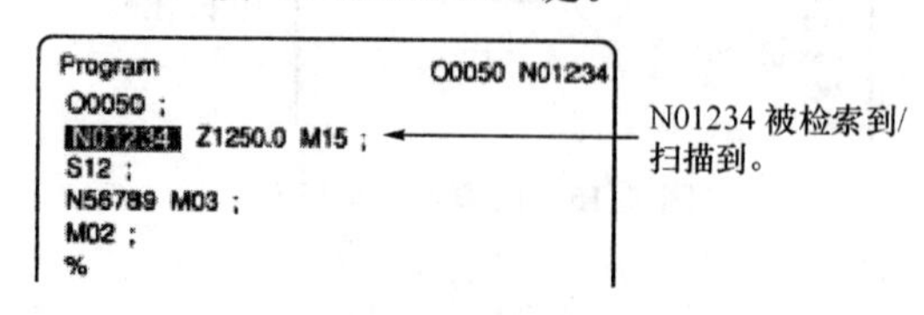

图 5.19　检索/扫描 N01234

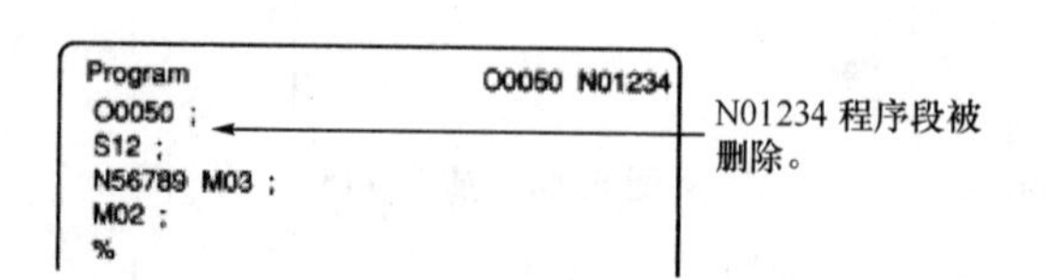

图 5.20　删除 N01234 程序段

2）删除多个程序段

从当前显示字的程序段到指定顺序号的程序段都被删除。

删除多个程序段的步骤：

（1）检索或扫描要删除部分的第一个程序段的顺序字。

（2）键入地址 N。

（3）键入要删除部分最后一个程序段的顺序号。

（4）按<DELETE>键。

【例 5.5.9】 删除从 N01234～N56789 的程序段（见图 5.21～图 5.23）。

①检索或扫描 N01234。

②键入 N56789。

③按<DELETE>键。

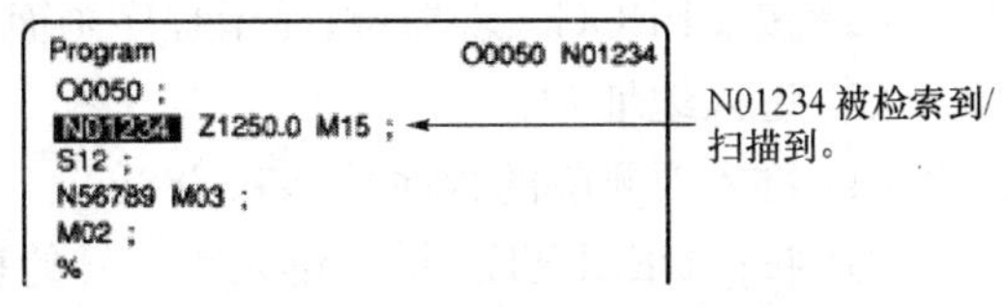

图 5.21　检索/扫描 N01234

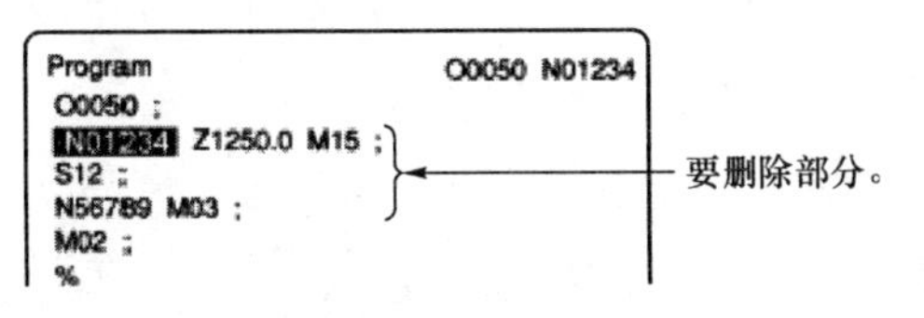

图 5.22　要删除部分

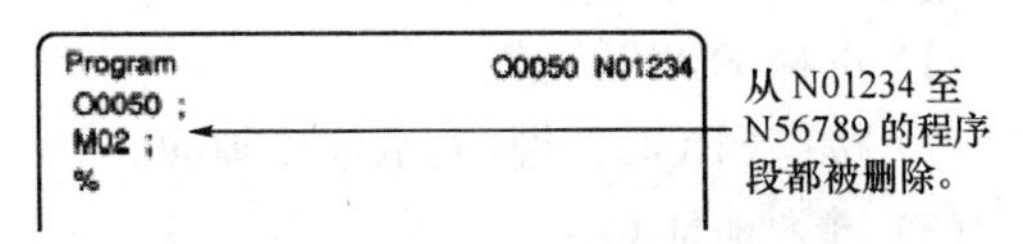

图 5.23　从 N01234～N56789 的程序段被删除

5.5.6　程序号的检索

当存储器中存有多个程序时程序可以检索，检索有以下两种方法：

方法 1：

（1）选择 EDIT 或 MEMORY 方式。

（2）按<PROG>键，显示程序画面。

（3）键入地址 O。

（4）键入要检索的程序号，如 8888。

（5）按<O-SRH>键。

方法 2：

（1）选择 EDIT 或 MEMORY 方式。

（2）按<PROG>键，显示程序画面。

（3）按下<O-SRH>键。此时目录中的下一个程序被检索。

5.5.7　顺序号的检索

顺序号检索操作用于检索程序中的顺序号，从而可在此顺序号的程序段处实现启动或再启动。

（1）选择 MEMERY 方式。

（2）按下<PROG>键，显示程序画面。

（3）键入地址 N。

（4）键入要检索的顺序号，如 210。

（5）按下<N-SRH>键。

（6）完成检索操作时，检索的顺序号显示在显示单元屏幕的右上角。

5.5.8　程序的删除

在存储器中存储的程序可以一个一个地删除，也可以同时删除全部程序。而且可以指定一个范围来删除多个程序。

1）删除一个程序

删除一个程序的步骤：

(1) 选择 EDIT 方式。

(2) 按<PROG>功能键，显示程序画面。

(3) 键入地址 O。

(4) 键入要删除的程序号，如 8888。

(5) 按<DELETE>键。键入程序号的程序被删除，即 O8888 号程序被删除。

2）删除全部程序

删除全部程序的步骤：

(1) 选择 EDIT 方式。

(2) 按<PROG>键，显示程序画面。

(3) 键入地址 O。

(4) 键入－9999。

(5) 按<DELETE>键删除全部程序。

3）删除指定范围内的多个程序

删除指定范围内的多个程序的步骤：

(1) 选择 EDIT 方式。

(2) 按<PROG>键，显示程序画面。

(3) 按下面的格式用地址键和数字值输入要删除程序的程序号范围：

OXXXX，OYYYY

其中，XXXX 为起始号，如 0001；YYYY 为结束号，如 6666。

(4) 按编辑键，删除 No. XXXX 至 No. YYYY 的程序，即 O0001 至 O6666 号程序全部被删除。

5.5.9　程序的复制

利用程序复制功能，可以实现全部或部分程序复制或移到另一程序。

1）复制一个完整的程序

通过程序的复制可建立一个新程序。

在图 5.24 中通过复制程序号为 XXXX 的程序，建立一个程序号为 YYYY 的新程序。

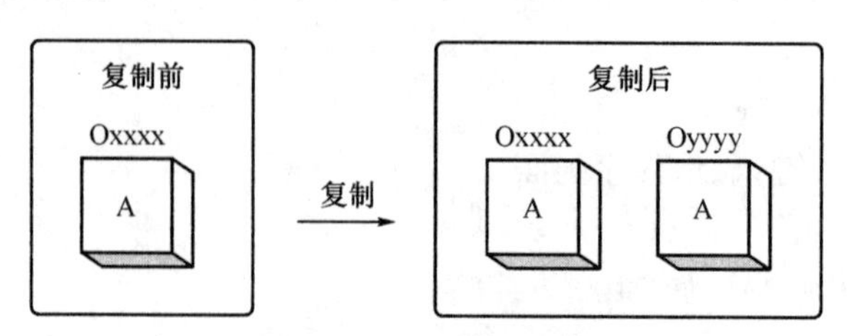

图 5.24　完整程序的复制

由复制操作建立的程序除程序号外均与原程序一样。

复制整个程序的步骤(见图 5.25)：

(1) 进入 EDIT 方式。

(2) 按功能键<PROG>。

(3) 按软键<OPRT>。

(4) 按菜单继续键。

(5) 按软键<EX-EDT>。

(6) 检查被复制程序的画面是否被选中，并按软键<COPY>。

(7) 按软键<ALL>。

(8) 输入新程序号(用数字键)，并按<INPUT>键。

(9) 按软键<EXEC>。

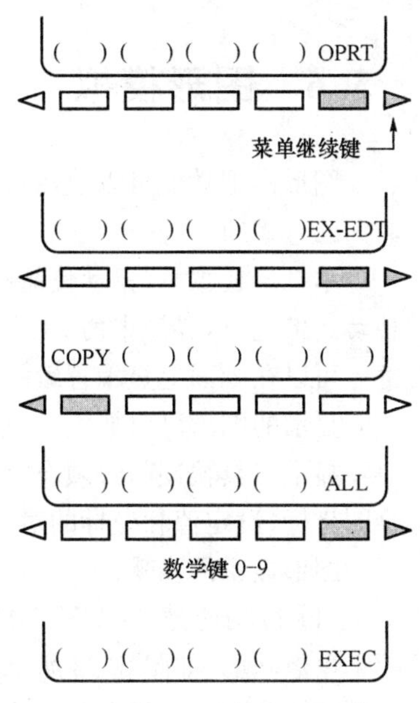

图 5.25　复制一个完整程序的步骤

2) 复制程序的一部分

通过复制部分程序可建立一个新程序。

在图 5.26 中，用复制程序号为 XXXX 的程序的 B 部分建立了程序号为 YYYY 的新程序。复制操作后，指定的编辑范围的程序保持不变。

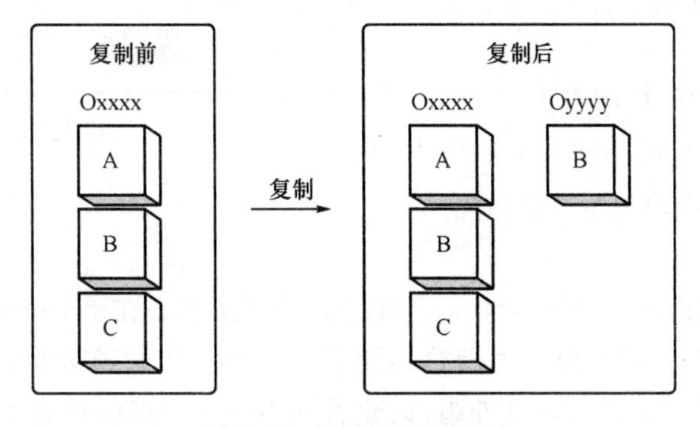

图 5.26　部分程序的复制

复制部分程序的步骤(见图 5.27)：

(1) 执行前面 1)中的第(1)～第(6)步。

(2) 将光标移到要复制范围的开头，并按软键<CRSR>。

(3) 将光标移到要复制范围的终点，并按软键<CRSR>或<CTTM>(在后一种情况复制范围是到程序的终点而与光标位置无关)。

(4) 输入新程序的号码(用数字键)，并按<INPUT>键。

(5) 按软键<EXEC>。

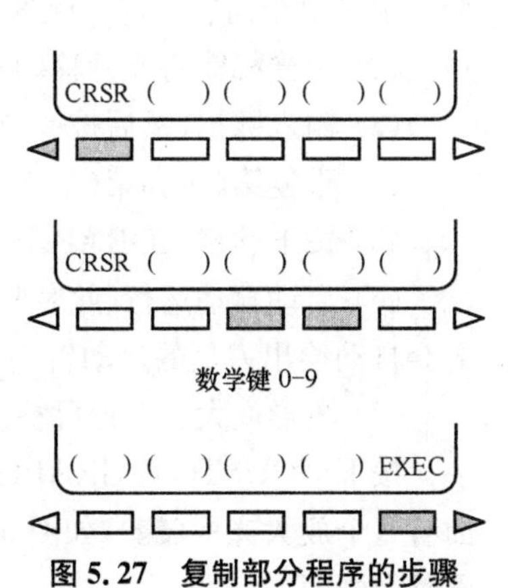

图 5.27　复制部分程序的步骤

5.6　图形模拟

图形模拟功能可以显示自动运行的移动轨迹。

注意事项：

本机床模拟时，驱动使能钥匙开关一定要置于关闭状态，即处于机械锁住状态，否则机床会移动。但此时，程序中的M、T功能仍然有效，如刀架仍换刀，主轴仍会启动正反转等。

可以在画面上显示程编的刀具轨迹，通过观察屏显的轨迹以检查加工过程。

显示的图形可以放大/缩小。

显示刀具轨迹前必须设定画图坐标(参数)和绘图参数。开始画图前用参数No. 6510设定绘图坐标，设定值和坐标的对应关系见图5.31所示。

图形显示的步骤：

(1) 按功能键<CUSTOM GRAPH>，则显示绘图1参数画面，如图5.28所示，如果不显示该画面，按软键<G. PRM>，其中各参数含义如下：

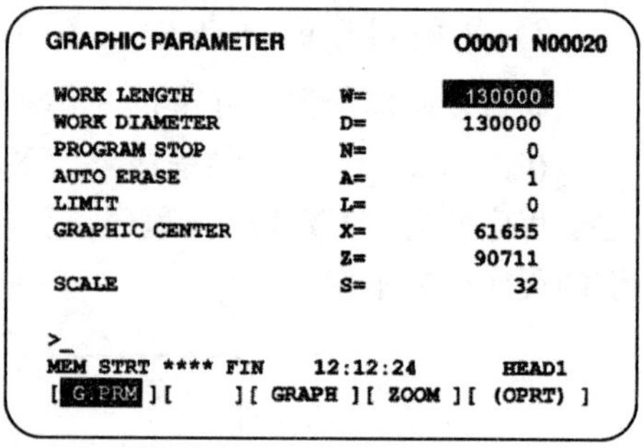

```
GRAPHIC PARAMETER                    O0001 N00020

WORK LENGTH          W=      130000
WORK DIAMETER        D=      130000
PROGRAM STOP         N=           0
AUTO ERASE           A=           1
LIMIT                L=           0
GRAPHIC CENTER       X=       61655
                     Z=       90711
SCALE                S=          32

>_
MEM STRT **** FIN    12:12:24       HEAD1
[ G.PRM ][      ][ GRAPH ][ ZOOM ][ (OPRT) ]
```

图5.28　绘图参数画面

WORK LENGTH：工件长度。用于设定模拟图形的显示长度，要大于加工工件的长度。

WORK DIAMETER：工件直径。用于设定模拟图形的显示直径。

PROGPAM STOP：程序停止位。

AUTO ERASE：自动消除。参数设为1时，已模拟显示的图形会在下次模拟时自动消除。

LIMIT：限制。

GRAPHIC CENTER：图形显示中心。用于设置图形中心在整个画面的中心位置。

SCALE：显示比例。用于设置图形显示比例的大小。该数值设得越大，图形会显示得越大，但太大时图形会移动显示到屏幕外边，只能看到中心一点点或什么也看不到。太小时图形会显示得很小而看不清。此参数一般设为100即可。

(2) 用光标箭将光标移动到所需设定的参数处。

(3) 输入数据，然后按<INPUT>键。

(4) 重复第(2)和第(3)步，直到设定完所有需要的参数。

(5) 按下软键<GRAPH>。

(6) 启动自动运行(此时驱动使能钥匙开关一定要置于关闭状态，否则机床会移动)，画面上会自动绘出刀具的运动轨迹，如图5.29所示。

(7) 图形放大。图形可整体或局部放大。

按下<CUSTOM GRAPH>功能键，然后按下<ZOOM>软键，以显示放大图。放大图画面有2个放大光标(■)，如图5.30所示。用这两个放大光标定义的对角线的矩形区域被放大到整个画面。

(8) 用光标键 ↑ ↓ ← → 移动放大光标，按<HI/LO>软键启动放大光标的移动。

(9) 为使原来图形消失，按<EXEC>键。

(10) 恢复前面的操作，用放大光标定义的绘图部分被放大。

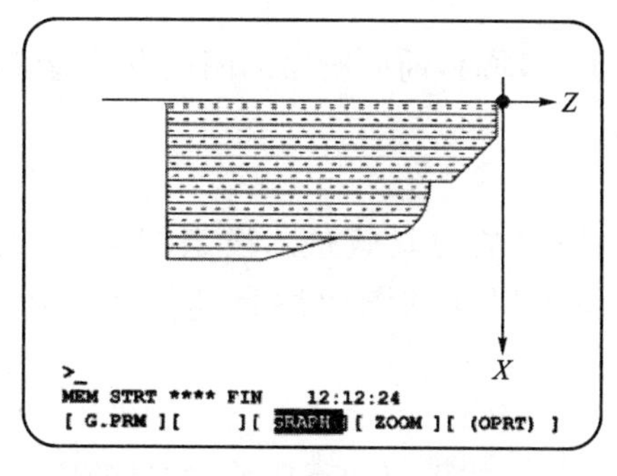

图 5.29　刀具移动轨迹显示画面

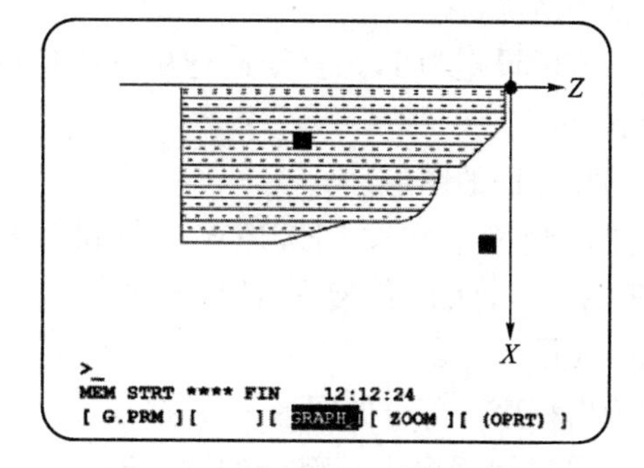

图 5.30　图形放大设置显示画面

(11) 为显示原始图形，按<NORMAL>软键，然后开始自动运行。

(12) 空运行。机床按参数设定的速度移动而不考虑程序中指定的进给速度。该功能用于工件从工作台上卸下时检查机床的运动，在模拟时可以提高执行速度。

在自动运行期间和模拟期间，按机床操作面板上空运行开关"DRN"，以激活该功能，使其有效。机床则按参数设定的进给速度移动，可用快速移动开关来改变进给速度。

说明：

①设定绘图坐标系

参数 No. 6510 用于设定图形功能时的绘图坐标系，设定值和绘图坐标系之间的关系如图 5.31 所示，使用双轨迹控制时，可以为每个刀架选择不同的绘图坐标系。

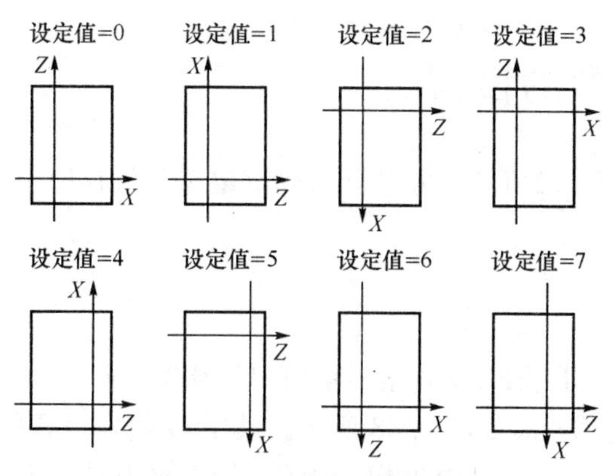

图 5.31　设定绘图坐标系

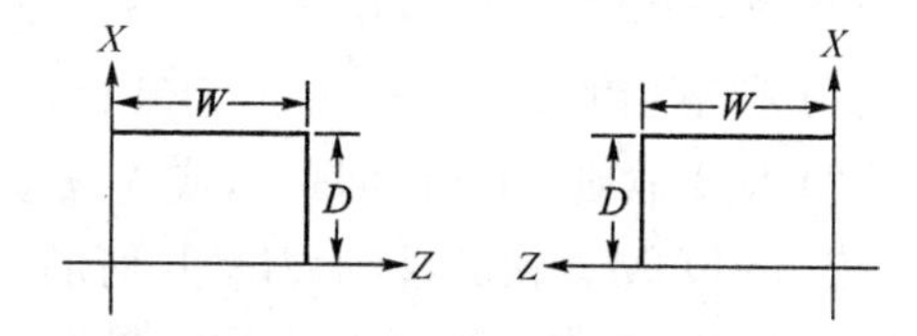

图 5.32　定义工件长度和工件直径

②绘图参数

绘图参数可定义工件长度(W)和工件直径(D)，如图 5.32 所示。

③图形中心(X,Z)，绘图比例(S)

显示画面的中心坐标和绘图比例，系统可以自动计算画面的中心坐标，以使按工件长度(WORK LENGTH)和工件直径(WORK DIAMETER)设定的图形能在整个画面上显示出来。因此，通常用户无须设定这些参数。图形中心的坐标在工件坐标系定义。比例(SCALE)的单位为 0.001%。

④程序停止(N)

当对程序的一部分进行绘图时，须设定结束程序段的顺序号，图形出来后，该参数中设定的值被自动取消(清除为 0)。

⑤自动清除(A)

如果该值设定为1,当自动运行从复位状态重新启动时,前面所绘的图被自动清除,然后又重新绘制。

⑥删除前面的图形

在图形画面上按<REVIEW>软键以删除原来的刀具轨迹。设定图形参数:AUTO ERASE(A)=1,从而使复位时启动自动运行,清除以前的图形后自动执行程序(AUTO ERASE=1)。

⑦绘出程序一部分的图形

当需要显示程序中一部分的图形时,在循环操作方式下启动程序前,通过顺序号检索,找到绘制的起始段,并且在图形参数 PROGRAM STOP N=中,设定结束程序段的顺序号。

注意事项:

绘图画面中,快速移动的刀具轨迹用虚线显示,直线和圆弧插补指令的轨迹用实线显示。因此,在模拟过程中要仔细观察刀具路径是否正确,快速移动和切削进给是否合乎工艺要求,是否会干涉或过切。不要只看结果而不注重模拟过程,否则很容易出现问题,如过切或干涉,甚至会撞刀等。

模拟过程中,刀具也会自动换刀,此时要检查程序中的刀具号是否和刀架上的实际刀具号相一致。如果不一致,要修改程序中的刀具号或更换刀具。

模拟过程中,为了快速显示图形,一般会启动空运行开关,以缩短模拟时间。但模拟后,自动加工时,一定要关闭空运行开关,否则,自动加工时就会按空运行的速度,很容易撞刀。

5.7　刀具参数与刀具补偿参数的设置

在手动操作状态,按下功能键<OFFSET SETING>,可以显示或设定刀具偏移值。此屏幕用于显示和设定刀具偏移值和刀尖半径补偿值。

显示和设定刀具偏置和刀尖半径补偿值的步骤:

(1) 按下功能键<OFFSET SETING>。

(2) 按下软键<OFFSET>,或连续按下<OFFSET>直至显示出刀具补偿画面。

按<GEOM>软键,显示刀具几何形状偏置画面,如图5.33所示。其中G代表刀具号,即第几把刀,如G1表示程序中的T01号刀,G11表示程序中的T11号刀。R表示刀具的刀尖半径。T表示刀位号,即刀具刀尖在刀补时的刀位位置,可设参数0到9。

按<WEAR>软键,显示刀具磨耗偏置画面,如图5.34所示。该参数一般设置为0,或在对刀之前预设为0。它主要是用在大批量生产时,加工了一些零件后,刀具磨损而导致所加工的零件尺寸不符合所要求的尺寸误差而进行补偿。另外一个主要用途是当对刀不太准确时所加工的零件有误差,可用此参数进行刀具参数补偿,该参数值和刀具几何形状偏置参数值相加减的差值成为新的补偿值。

(3) 用翻页键和光标键移动光标至所需设定或修改的补偿值处,或输入所需设定或修改的补偿值的补偿号,并按下软键<NO. SRH>。

(4) 为设定补偿值,输入一个值,并按下软键<MEASUR>或<INPUT>。

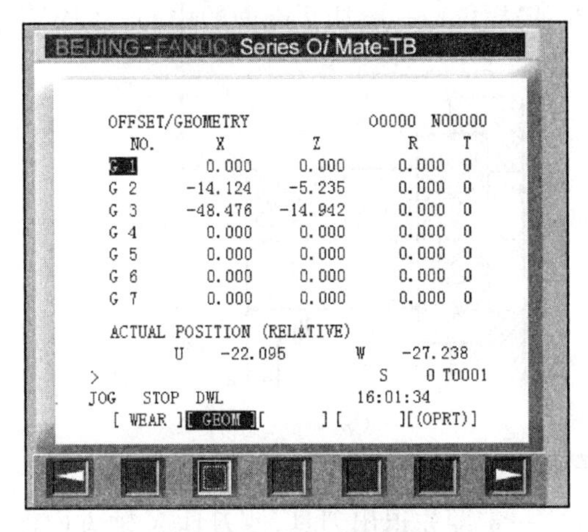

图 5.33 刀具几何偏置

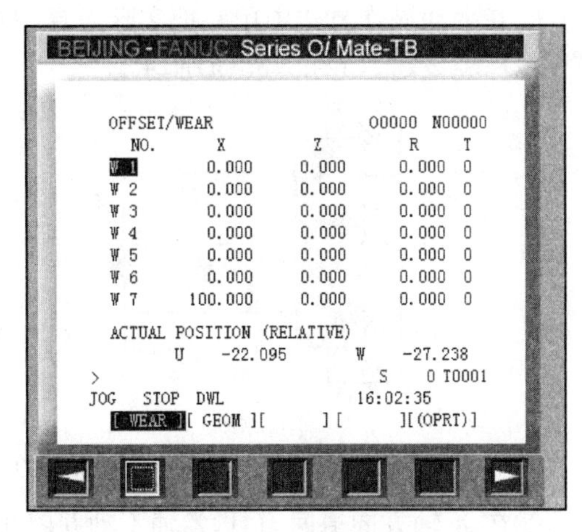

图 5.34 刀具磨耗偏置

5.8 对刀操作

刀具对刀是机床操作过程中的关键环节,也是最难和最容易出错的一个环节。对刀的好坏和刀具参数设置的正确与否,不仅直接影响零件的加工精度和生产效率,在某种情况下还会关系到人身安全以及机床和刀具的安全。因此对刀时,不能犯原则性的错误,如没有先回机床参考点或刀具参数输错位置,而且要仔细认真。

下面详细说明手动对刀、MDI 试切补偿和工件原点偏移。

5.8.1 手动对刀

手动对刀之前的准备工作:一要确定机床已经正常回过机床参考点,且没有进行机床模拟和机床机械锁定。二要清空刀具磨耗参数偏置中的所有所对刀具的数值,否则该数值会影响对刀参数。三是要检查各工件坐标系(G53 ~ G59)所设参数是否为零。本节所介绍的对刀方法是不需要设置 G53 ~ G59 的,而程序中也不使用 G50 和 G54 ~ G59 编程。本方法是利用机床开机默认坐标系 G53,以机床回零参考点为基准,所有的刀具偏置值都是指刀具刀尖和机床回零参考点之间的差值,刀具刀尖相对于刀架中心的长度补偿和半径补偿已全部包含在内,不再另外考虑。

具体步骤如下:

(1) 选刀。在手动连续进给 JOG 方式选取所要设置刀偏值的刀具,对第一把刀一般先对外圆刀。直接按"TOOL"按钮换取所要的刀具(此时刀具要远离工件和尾座顶针),按下"TOOL"换刀按钮不要松开,刀架会不停地旋转,直至选到所要的刀具再松开按钮。也可以在 MDI 方式以刀号的方式换刀(如 T0101),按循环启动按钮"START"启动刀架自动换刀。

(2) 启动主轴。在 MDI 方式设定一转速(如:M03 S600),按循环启动按钮"START"启动主轴。或者在已设主轴转速模拟量的情况下,直接按主轴正转按钮 CW(切勿反转)。

(3) 切削工件并设置刀偏值。将编程时用的刀具参考位置(标准刀具的刀尖或转塔中心等)与加工中实际使用刀具的刀尖位置之间的差值设定为刀偏值。直接输入到刀偏存储器中。将工作状态旋钮拨至手动连续进给 JOG 或手轮 HAND 方式。

(4) Z 方向对刀。

Z 方向刀具偏移量的直接输入步骤:

①在手动操作方式中用一把实际刀具(T01)切削表面 A,一般切至端面的中心。假定工件坐标系已经设定,如图 5.35(a)所示。

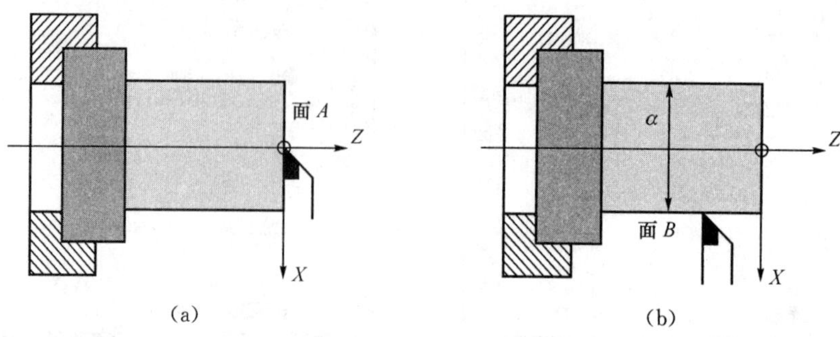

图 5.35　刀具偏值设置示意图

②在 X 轴方向退回刀具,Z 轴不动并停止主轴。一定要先退出刀具,使刀具 X 轴方向离开工件后才能停止主轴,否则易损伤刀具和工件。

③用下述方法设置指定刀号的 Z 向测量值。

a. 按功能键＜OFFSETSETING＞和软键＜OFFSET＞显示刀具补偿屏幕。按＜GEOM＞软键,显示刀具几何形状偏置画面。一定要先选择＜GEOM＞软键,切勿在 WEAR 模式(刀具磨耗偏置画面)下直接输入数据。

b, 将光标移动至欲设定的偏移号处。如设置 1 号刀 T0100 的刀偏值,则将光标移至 G1(代表 T01 号刀的刀偏值)处,如图 5.36(a)所示。

c. 按地址键＜Z＞进行设定。Z 字母一定不能省。否则按＜MEASURE＞键测量时,会提示出错报警语法错误,此时按＜RESERT＞复位键取消报警。

d. 键入实际测量值 0。因为端面处就是工件零点,刀尖 Z 方向和工件零点重合,因此只需输入 0,没有坐标偏移。

e. 按下软键＜MEASURE＞,测量刀尖和工件零点的偏移值。

将测量值 0 与编程的坐标值之间的差值作为偏移量被输入指定的刀偏号,如图 5.36(b)所示。此时 G1 中 Z 方向的刀偏值为－330.271,它其实就是机床回零后,T01 号刀刀尖从机床零点移动到工件零点的 X 轴的绝对坐标值。

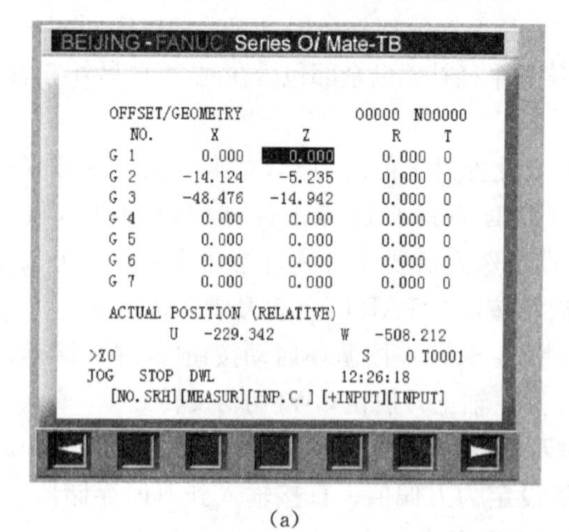

(a)

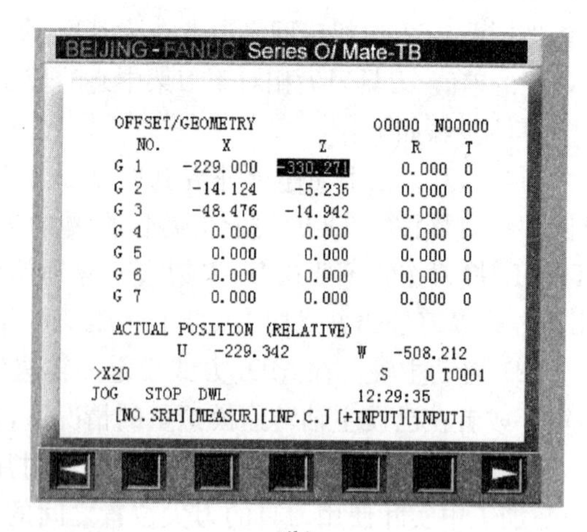

(b)

图 5.36　对刀参数设置画面

(5) X 方向对刀。

X 方向刀具偏移量的直接输入步骤：

①在手动操作方式中用一把实际刀具(T01)切削表面 B，一般在 Z 方向切深为 20 mm 即可，如图 5.35(b)所示。

②Z 轴退回，而 X 轴不动并停止主轴。一定要 Z 轴退回而 X 轴不动，否则必须重新切削。一定要在 Z 轴完全退离工件后才能停止主轴，为了测量方便和换刀，一般要退离工件端面 100 mm 左右。

③测量表面 B 的直径 a。

④按地址键 X 进行设定。

⑤键入实际测量值。如直径为 20 mm 时输入 20。

⑥按下软键<MEASURE>测量。如图 5.36(b)所示。

此时 G1 中 X 方向的刀偏值为−229.0，它其实就是机床回零后，T01 号刀刀尖从机床零点移动到工件零点的 X 轴的绝对坐标值。

(6) 对所有使用的刀具重复以上步骤，则其刀偏量可自动计算并设定。

5.8.2 MDI 试切和磨损设置

对刀完成后，为了检验对刀方法和刀具参数是否正确，首先在 MDI 方式进行试切，然后根据试切后所测的误差值进行刀具磨损偏置设置。具体方法如下：

1) MDI 方式粗定位

为了检验对刀方法的正确与否，要先进行刀具的粗定位检验。也就是在 MDI 方式下编一小段程序，使刀具移动到远离工件端面的某一位置，然后用直尺来测量刀尖与端面的距离，看是否和程序中所编程的坐标基本相符。具体方法如下：

(1) 用手动操作方式使刀具远离工件端面。

(2) 在 MDI 方式输入如下一段程序，以 T01 号刀为例。

```
T0101
G98 G00 X20 Z100
```

(3) 先将手动倍率开关调至左边较小位置处，以防止因速度太快或对刀方法不正确而导致的撞刀。然后按循环启动按钮“START”，机床开始运动到程序中的编程位置。

(4) 用直尺大概测量刀尖和工件端面中心的距离。Z 方向是否为 100 mm，X 方向是否为 20 mm。如果基本相同说明对刀方法是正确的，可以继续进行下面的操作，否则要重新对刀，以防撞刀。

2) MDI 方式试切削

在上一步的基础上进行实际切削工件。由于 Z 方向对刀时输入的是 0，基本上没有人为的测量误差，而 X 方向有卡尺的测量误差和读数误差，一般误差比较大，因此试切主要是 X 方向即外圆试切。具体方法如下：

(1) 在 MDI 方式输入如下一段程序，仍以 T01 号刀为例，且外圆直径为 19 mm。

```
T0101
M03 S600
G98 G00 X18.8  Z10
G01 Z-20 F80
```

G00 X100 Z100

由于MDI方式下输入的程序行数有限，一般最多不超过6行，切削后可以手动退刀和停止主轴。

(2) 将手动倍率开关调至左边较小位置处，按循环启动按钮“START”，机床开始运动并切削工件。此时要注意观察，一有问题或不对的倾向，马上将倍率开关调至0或按＜RESET＞复位键，停止机床运动。

(3) 在主轴停止的情况下，测量外圆直径尺寸。

3) 刀具磨损偏置设置

在上一步的基础上，如果测量得到的外圆直径尺寸大于所设尺寸 ϕ18.8 mm，比如为 ϕ18.9 mm，则在刀具磨损偏置表G1的 X 方向中输入－0.1。如果测量得到的外圆直径尺寸小于所设尺寸 ϕ18.8 mm，比如为 ϕ18.7 mm，则在刀具磨损偏置表G1的 X 方向中输入＋0.1。具体过程如下：

(1) 按下功能键＜OFFSET SETING＞。

(2) 按下软键＜OFFSET＞，再按＜WEAR＞软键，显示刀具磨耗偏置画面，如图5.37所示。

(3) 将光标移至W1处的 X 轴磨耗参数处，直接输入－0.1或＋0.1(不要加字母X)，按下软键＜INPUT＞。若按下软键＜INPUT＞，则输入值替换原有值。若按下软键＜＋INPUT＞，则输入值与当前值相加。

此时，刀具磨损补偿画面设定的测量值和刀具几何形状偏置之间的差值成为新的补偿值。此种方法可以保证较高的精度，基本能满足零件公差要求。

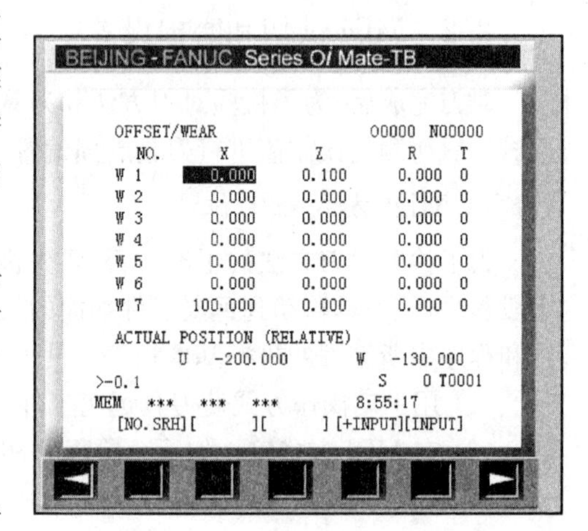

图5.37　刀具磨损偏置设置画面

5.8.3　工件原点偏移设置

工件原点偏移屏幕主要用来显示和设定各工件坐标系(G54～G59)的工件原点偏移和外部工件原点偏移值。

1) 显示和设定工件原点偏移值的步骤

(1) 按下功能键OFFSETSETING。

(2) 按下软键＜WORK＞，显示工件坐标系设定屏幕，如图5.38所示。

(3) 工件原点偏移值的画面有几页，通过以下方法显示所需的页面。

①按翻页键＜PAGEUP＞或＜PAGEDN＞。

②输入工件坐标系号(0外部工件原点偏移，1～6工件坐标系G54～G59)，按下操作选择软键＜NO.SRH＞。

③移动光标到所需改变的工件原点偏置量处，如G54坐标系的 Z 坐标。

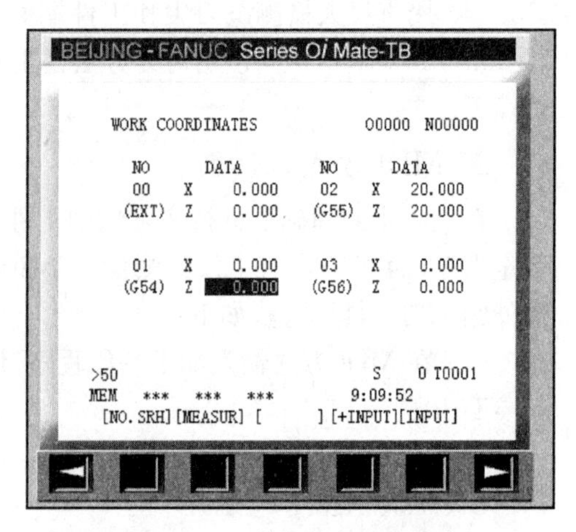

图5.38　工件坐标系设定屏幕

④用数字键输入所需值(如 50),然后按下软键<INPUT>,输入的值被指定为工件原点偏移值。或者用数字键输入所需值,按下软键<+INPUT>,则输入值与原有值相加。

⑤重复④和⑤以改变其他偏移值。

对于前面所讲的对刀方法,该工件坐标系设定功能可以更改工件零点。比如,加工第一个零件时,毛坯伸出的长度为 80 mm。加工下一个零件时,毛坯伸出的长度为 100 mm。为了不再重新对刀,可以在 G54 坐标系的 Z 坐标中输入 20 mm,零件的加工程序中编入 G54,工件零点就可以自动移出 20 mm。

如果在新的工件零点与旧的工件零点的相对位置不便测量或想精确定位的情况下,可以用下面测量工件零点偏移的方法实现。

2) 测量工件零点偏移的直接输入

该功能用于补偿编程的工件坐标系和实际工件坐标系之间的误差。工件坐标系原点偏移的测量值可以在此画面输入,以使指令值与实际尺寸一致。

选择新的坐标系以使编程坐标系与实际坐标系一致。

测量工件原点偏移的输入步骤如下:

(1) 工件形状如图 5.39 所示,手动切削表面 A;

(2) 沿 X 轴移动刀具,但不改变 Z 坐标,然后停止主轴;

(3) 测量表面 A 和编程的工件坐标系原点之间的距离 β;

(4) 按下功能键<OFFSETSETING>;

(5) 按下软键<WORK>,显示工件原点偏移屏幕;

(6) 将光标定位在所需设定的工件原点偏移上;

(7) 按下所需设定偏移的轴的地址键(本例中为 Z 轴);

(8) 输入测量值 β,然后按下<MEASUR>软键;

(9) 手动切削表面 B;

(10) 沿 Z 轴移动刀具但不改变 X 坐标,然后主轴停止;

(11) 测量表面 A 的直径 a,然后在 X 上输入直径。

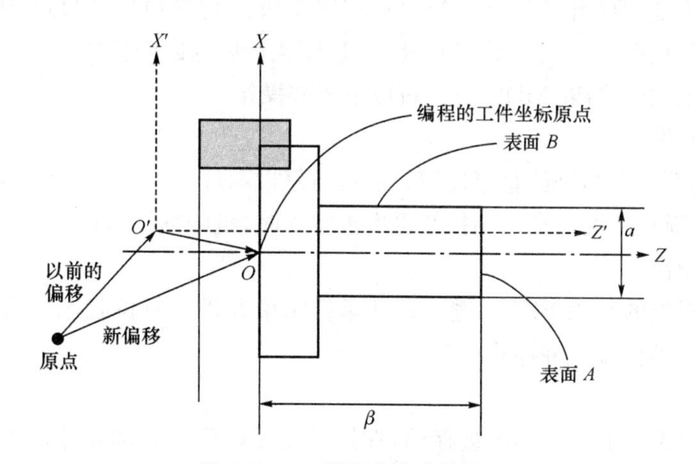

图 5.39　工件原点偏移的输入

5.9　MDI 运行方式

本数控机床的自动运行主要有存储器运行、MDI 运行和 DNC 运行。

MDI 运行：执行从 MDI 面板输入的程序的运行方式。

DNC 运行：用外部输入/输出设备上的程序控制机床的运行方式。

存储器运行：执行存储在 CNC 存储器中的程序的运行方式。

在 MDI 运行方式下，用 MDI 面板上的键在程序显示画面可编制最多 6 行的程序段（与普通程序的格式一样），然后执行。MDI 运行适用于简单的测试操作。

MDI 运行操作步骤：

(1) 选择 MDI 操作模式。

(2) 按下 MDI 操作面板上的<PROG>功能键，选择程序画面。

(3) 按下软键<MDI>，显示如图 5.40 所示的窗口画面。系统会自动加入程序号 O0000。

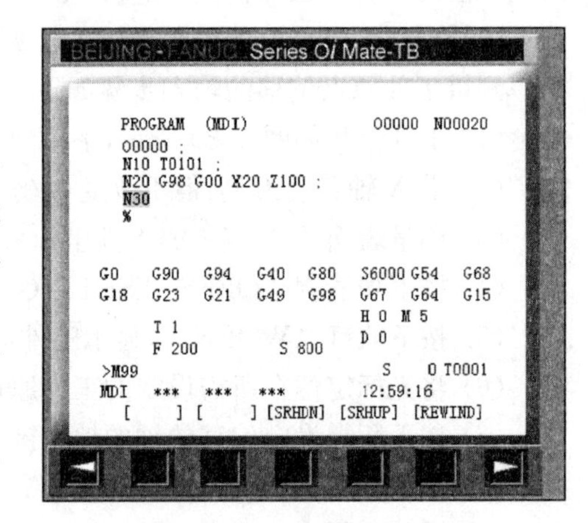

图 5.40　MDI 操作模式

用通常的程序编辑操作编制一个要执行的程序。在程序段的结尾加上 M99，可在程序执行结束之后返回到程序的开头。在 MDI 方式中建立的程序，字的插入、修改、删除、字检索、地址检索以及程序检索都是有效的。

(4) 要完全删除在 MDI 方式中建立的程序，可使用下述任一方法。

① 输入地址 O，然后按下 MDI 面板上的<DELETE>键。

②按下<RESET>键。

(5) 为了执行程序，须将光标移动到程序头（从中间点启动执行也可以）。按操作者面板上的循环启动按钮，于是程序开始运行。当执行程序结束语句（M02 或 M30）或者执行 ER（%）后，程序自动清除并且运行结束。用 M99 指令，程序执行后返回到程序的开头。

(6) 为了中途停止或结束 MDI 运行，按以下步骤操作：

①停止 MDI 操作

按机床操作者面板上的进给暂停按钮。进给暂停指示灯亮而循环启动指示灯灭，机床处于暂停状态。当操作面板上的循环启动按钮再次被按下时，机床继续运行。

②结束 MDI 操作

按下 MDI 面板上的<RESET>键。自动运行结束并进入复位状态。当在机床运动中执行了复位命令后，运动会减速并停止。

说明：

在 MDI 方式中编制的程序不能被存储，在执行完后程序被自动删除。程序的行数必须能在一页屏幕上完全放得下，一般程序最多可有 6 行。如果编制的程序超过了指定的行数，%（ER）将被删除（防止插入和修改）。

5.10 空运行方式

机床按参数设定的速度移动而不考虑程序中指定的进给速度，该功能用于工件从工作台上卸下时检查机床的运动，如图 5.41 所示。

在自动运行期间，按机床操作面板上的空运行开关，机床按参数设定的进给速度移动。可用快速移动开关来改变进给速度。此时的移动速度比较快，要注意机床与刀具的安全。

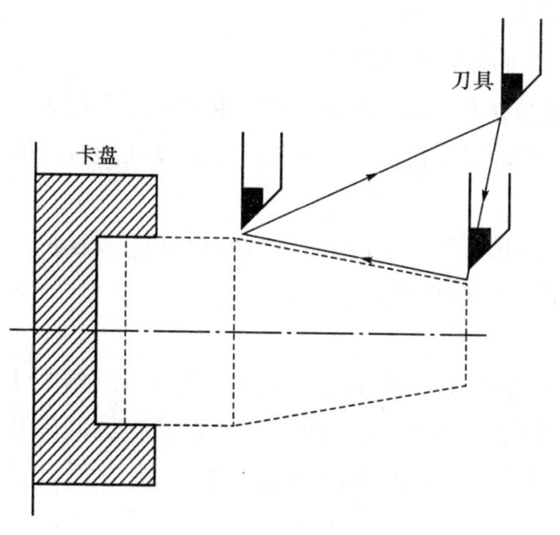

图 5.41 空运行示意图

5.11 自动加工方式(MEM)

程序预先存储在存储器中。当选定了这些程序中的一个并按下机床操作面板上的循环启动按钮后，程序自动启动运行，并且循环启动灯(LED)点亮。

在自动运行中，机床操作面板上的进给暂停按钮被按下后，自动运行被临时中止。再次按下循环启动按钮后，自动运行又重新进行。

当 MDI 面板上的＜RESET＞键被按下后，自动运行被终止并进入复位状态。

在执行存储器运行之前，要检查一下控制面板，特别是空运行按钮一定要点灭使其无效，否则自动加工时所有的进给全部以 G00 的速度执行，极易撞刀。另外，倍率开关要先拨到最左边的低倍率处(如 2%)，刀架移近工件时如有不对的趋势(如车端面时，刀具过了端面仍朝卡盘方向移动而不停止)，可以立刻将倍率开关拨到 0，机床就会停止运动而避免事故发生。在加工过程中，特别是加工第一个样品时一定要仔细观察，如有问题要立刻按紧急停止＜EMERGENCY＞按钮或＜RESET＞复位按钮。

存储器运行操作步骤：

(1) 选择存储器运行 MEMERY ➲ 模式。

(2) 从存储的程序中选择一个程序。其步骤如下：

①按下键＜PROG＞，显示程序屏幕。

②按下软键＜PRGRM＞。

③按下地址键＜O＞。

④使用数字键输入程序号。

⑤按下<O-SRH>软键。

(3) 按下操作面板上的循环启动按钮,启动自动运行,并且循环启动灯(LED)点亮。当自动运行结束时,循环启动灯灭。

(4) 在中途停止或者取消存储器运行,其步骤如下:

①停止存储器运行

按下机床操作面板上的进给暂停<PAUSE>按钮,进给暂停指示灯<LED>亮,循环启动指示灯灭。机床响应如下:

a. 当机床正在移动时,进给减速并停止。

b. 当M,S,或T功能被执行时,M,S,或T功能完成之后机床停止。

在进给暂停指示灯亮期间按下机床操作面板上的循环启动按钮,机床运行重新开始。

②结束存储器运行

按下MDI面板上的<RESET>键,自动运行结束并进入复位状态。当在机床移动过程中执行复位操作时,移动会减速然后停止。

③指定一个停止命令

停止命令包括M00(程序停止),M01(选择停止)以及M02和M30(程序结束)。

a. 程序停止M00:执行了有M00指令的程序段之后存储器停止运行。当程序停止后,所有存在的模态信息保持不变,与单程序段运行一样。按下循环启动按钮后自动运行重新启动。

b. 选择停止M01:存储器运行时,在执行了含有M01指令的程序段之后,存储器运行也会停止。这个代码仅在操作面板上的选择停止开关处于通的状态时有效。

c. 程序结束M02,M30:当读到M02或者M30时,存储器运行结束并进入复位状态。

④单段运行

按单程序段开关"SBK",启动单程序段方式。在单程序段方式,当循环启动按钮被按时,执行程序中的一个程序段,然后机床停止。在单程序段方式中用执行一段程序来检查程序。按循环启动按钮<START>,执行下一个程序段,程序段执行完后机床停止。

注意事项:

机床在运行过程中,特别是刀具仍在工件表面时不要停止主轴旋转和任意按<RESET>复位键停止自动加工。如果没有特殊情况,一定要等刀具离开工件后才停止自动加工。

在执行暂停的过程中,为了测量工件必须要停止主轴旋转,在安全的状态下才能进行测量等工作。此时,按循环启动按钮<START>之前,一定要先启动主轴旋转,才能进行工件的切削。

5.12 与计算机进行数据传送方式(通信与DNC)

DNC运行方式(RMT)是自动运行方式的一种,是在读入外部设备上的程序的同时,执行自动加工(DNC运行)。这样的一个外部程序可由RS232接口输入控制系统,当按下<START>按钮(程序运行开始)之后,立即执行该程序,且一边传送一边执行加工程序,这种方法称为DNC直接数控加工。为了使用DNC运行功能,需要预先设定有关RS232的参数,计算机和数控系统之间的通信协议要一致。

通信之前需要预先设定有关 RS232 的参数，计算机和数控系统之间的通信协议要一致。主要通信参数有数据位数、波特率、奇偶(EVEN)校验等。

5.12.1　通信接口参数的设置

输入/输出的相关参数可在 ALL IO 画面上设定。用此画面输入/输出时，参数的设定与运行方式无关。具体画面如图 5.42 所示，其参数可以直接输入或修改。

```
READ/PUNCH (PARAMETER)                    O1234 N12345

I/O CHANNEL              1     TV CHECK          OFF
DEVICE NUM.              0     PUNCH CODE        ISO
BAUDRATE              4800     INPUT CODE        ASCII
STOP BIT                 2     FEED OUTPUT       FEED
NULL INPUT (EIA)        NO     EOB OUTPUT (ISO)  CR
TV CHECK (NOTES)        ON

(0:EIA 1:ISO)>1_
MDI  ****  ***  ***  ***                12:34:56
(      )( READ )( PUNCH )(      )(      )
```

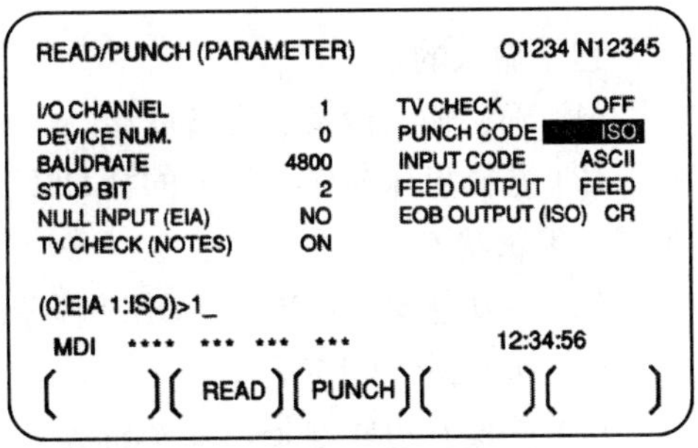

图 5.42　输入/输出参数设定

其中各参数含义如下：

(1) I/O CHANNEL(I/O 口通道)

该参数主要用来选择输入/输出设备或选择前台的输入/输出设备。可设置的参数范围是：0～2，5，10。其中，0 和 1 表示 RS232 串行口 1；2 表示 RS232 串行口 2；5 表示数据服务器接口；10 表示 DNC2 接口。

当我们使用 RS232 串行口 1 进行数据的输入/输出时，此参数可设为 0 或 1。

(2) DEVICE NUM(设备号)

单机通信时可以使用默认值 0。

(3) BAUDRATE(波特率)

波特率参数设定值与实际波特率大小对照表如表 5.1 所示。

表 5.1　波特率参数设定值与实际波特率大小对照表

设定值	1	2	3	4	5	6	7	8	9	10	11	12
波特率(bps)	50	100	110	150	200	300	600	1 200	2 400	4 800	9 600	19 200

波特率大小一般选择 9 600 bit/s，即该参数设定值为 11。

(4) STOP BIT(停止位)

参数范围是：0～1。0 表示 1 位停止位，1 表示 2 为停止位。

(5) TV CHECK(TV 检查)

0 进行检查，1 不检查。

(6) PUNCH CODE(输出代码)

输出代码形式有 ISO 和 EIA 代码。二者只能选其一。

(7) EOB OUTPUT(ISO)(符号代码输出)

主要是选择程序中的 LF 和 CR 符号是否输出。可以选择 LF 输出或 CR 输出，或者二者都输出。

以上参数的设置还要和计算机通信软件的参数设置相一致，才能进行正常的通信。

5.12.2　DNC 运行

DNC 运行步骤如下：

(1) 检索要执行的程序(文件)。外部程序的开头须设成如下系统能接受的格式：%；：9999(9999 为程序名的数字，不要加程序地址 O)。

(2) 按机床操作面板上的“DNC”开关，设定 RMT 方式。然后按循环启动按钮＜START＞。

于是选定的文件被执行，直至全部结束。

程序通信画面如图 5.43 所示。

在执行 DNC 运行之前，要确认程序和刀具参数等都已正确无误，机床移动速度倍率开关要先调小，加工之后确认无误后再调到正常速率。

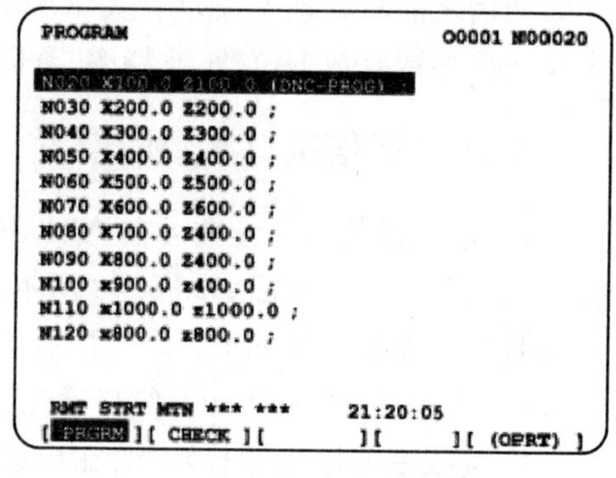

图 5.43　MDI 操作模式

5.12.3　程序的计算机输入

程序输入的步骤：

(1) 确认输入设备已准备就绪。

(2) 选择机床操作面板上的“EDIT”旋钮开关，处于程序编辑状态。

(3) 按功能键<PROG>，出现程序内容显示画面或程序目录画面。

(4) 按软键<OPRT>。

(5) 按最右边软键 ⊳ (菜单继续键)。

(6) 在输入地址 O 后，给程序指定一个程序号。当此处不指定程序号时，就指定计算机上使用的程序号。

(7) 按软键<READ> 和<EXEC>。程序被输入而且由第(6)步指定的程序号分配给程序。

5.12.4　程序的计算机输出

程序输出的步骤：

(1) 确认输出设备已准备就绪。

(2) 选择机床操作面板上的“EDIT”旋钮开关，处于程序编辑状态。

(3) 按功能键<PROG>，出现程序内容显示画面或程序目录画面。

(4) 按软键<OPRT>。

(5) 按最右边软键 ⊳ (菜单继续键)。

(6) 输入地址 O。

(7) 输入程序号。如果输入－9999，则存储器中的全部程序被输出。

为了同时输出多个程序，指定程序号范围如下所示：

O△△△△，O□□□□

即从程序号△△△△到程序号□□□□的程序都被输出。

(8) 按软键<PUNCH>和<EXEC>。指定的程序被输出。

5.12.5　CF 卡使用方法

1) CF 卡在线加工方法

①在操作面板上按下软键“OFFSETTING”——设定——将 I/O 通道改成“4”；

②将 138-#7 参数改为“1”；

③面板上按下“DNC”在线加工方式；

④将存储卡插入卡槽，按下面板上的软键“PROG”(程序软键)——按下屏幕下最右端的扩展键，直到出现“DNC-CD”为止——按下 DNC-CD——画面会出现“文件名”的字样，找到所需

要的程序，输入程序前面的文件序号，按下“F 设定”——按下“DNC-ST”——按下循环启动——再切换到“PROG”画，就可以看见程序了。

2) CF 卡拷贝程序方法

①首先打开机床控制面板参数设定界面，确认 I/O 通道设定数值为“4”，如图示界面。

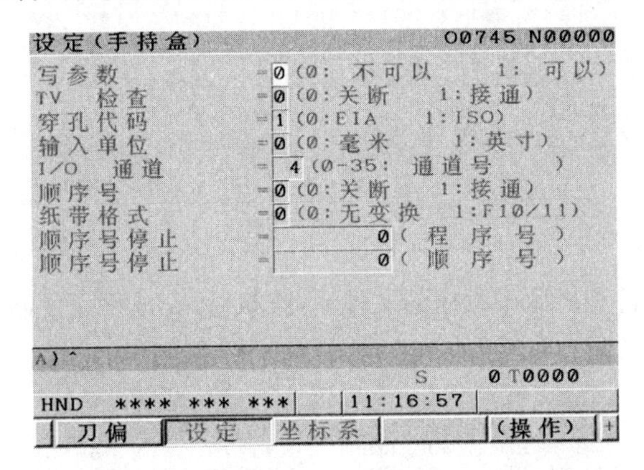

②修改 3301 参数 HDC 为“1”；

参数　O0754 N00000
MDI/EDIT
03301 HDC H16
1 0 0 0 0 0 0 0
03321 0
03322 0
03323 0
03324 0
03325 0
03326 0
03327 0
A)_
S 0 T0000
编辑 **** *** *** 09:55:23
参数　诊断　系统　(操作)

③将存储卡插入卡槽后，按下面板上的软键“PROG”(程序软键)——按下屏幕下最右端的扩展键，直至出现卡软键。

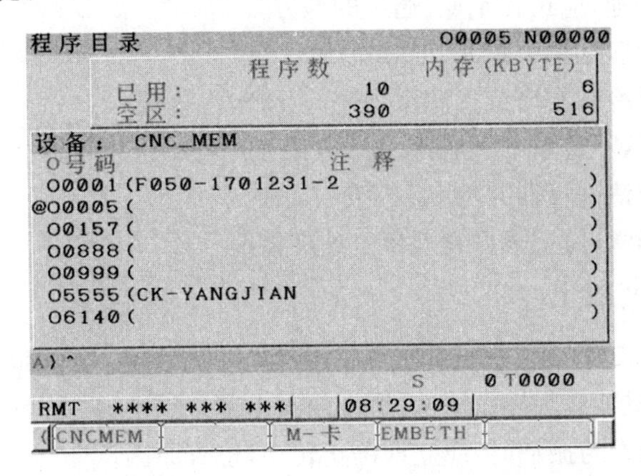

④按软件 M-卡，进入卡存储界面。

输入/输出（程序）　O0852 N00000
号. 文件名　大小　日期
*0001 PMC1.000　131200　2011-06-15
0002 SRAM_BAK.001　1704576　2011-06-15
0003 HDCPY000.BMP　308278　2011-06-15
0004 HDCPY001.BMP　308278　2011-06-15
[程序]
O6140 O6141 O6144 O6143 O6142 O6148
O0888 O0666 O6145 O0123 O0456 O0789
O0001 O0002 O0741 O0333 O0005 O0003
O0012 O5556 O5555 O0099 O0066 O0345
输入　文件号. =
程序号. =
A)^
S　0 T0000
编辑 **** *** ***　10:05:47
CF设定　O设定　取消　执行

⑤选择CF卡中文件和机床中程序的文件名，按执行，完成程序复制。

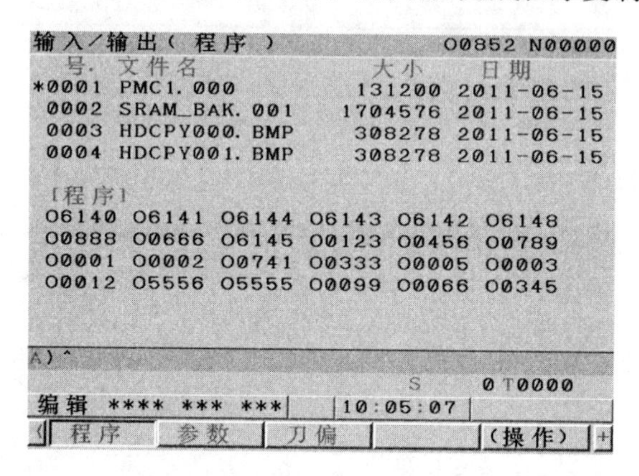

5.13　机床的维护与保养

1）一般维护与保养注意事项

(1) 机器放置位置应避免阳光直射，并应远离热源及灰层多的地方，以免损害精度。

(2) 安装机器的场地，应选在干燥、通风的地方。

(3) 机器安装位置应远离大吊车、电焊机等。

(4) 机器避免靠近冷却水塔或过滤水塔边，以防水汽侵蚀。

(5) 添加润滑油时，不可拿下过滤网。

(6) 结束工作后应清洗机器并将电源关闭。

(7) 如发现机器异常，应记录异常现象及处理情况。

2）每日维护与保养工作

(1) 每日启动机器之前，须巡视各部之油位，若油量低于油位之标准时，应立即按规定补充。

(2) 每日收工后，机器必须擦拭清洗，滑动面漏出部分须上油。

(3) 操作中发现噪音与振动时，应立即停止转动，检查原因。

(4) 如果发现工件尺寸或表面粗糙度有变异时，应立即停机查看原因，并作适当的处理。

3）每周的维护与保养工作

(1) 清洗CNC控制箱的吸风过滤网及风扇。

(2) 清洗整台机器及操作区与油压区周围。

(3) 检查操作面板的旋钮是否松动,如果松动可用起子或小扳手锁紧。

(4) 检查并确认各安全警报系统、各极限开关及液面开关是否正常。

4) 每月维护与保养工作

(1) 清除机器夹缝中的灰尘、铁屑及机件上的污垢。

(2) 检查 X 轴、Y 轴、Z 轴滑轨润滑情形。

(3) 检查润滑油箱的干净程度。

(4) 检查各电源接头是否牢固,各固定螺丝有无松动,各开关的接点是否良好。

(5) 更换切削液避免管路阻塞。

5) 每半年的维护与保养工作

(1) 检查油压源或气压源的压力是否设定在适当的范围。

(2) 更换油压油及滤清器。

(3) 更换润滑油及滤清器。

(4) 检查各轴的参考点位置。

(5) 更换齿轮箱油。

(6) 检测 X 轴、Y 轴、Z 轴的往返精度、定位精度等,并予以校正。

6) 每年的维护与保养工作

(1) 依照新机器的安装方法,重新校验机器水平。

(2) 依照电脑数值控制机器的精度检验方法,检查各项精度,不符合者应予以调整。

(3) 检查紧急开关是否正常,务必确实检查紧急时是否有效。

5.14 数控车床的安全操作注意事项

(1) 数据车床开机顺序是:先开总电源,数控系统上电正常显示后释放急停开关,再按“复位”键。

(2) 数控车床关机顺序是:先按“复位”键,再按下“急停”开关,最后关闭总电源。

(3) 工件是否确实夹紧,主轴转动是否平衡;高速运转时,加工物或刀具是否会松落飞出(注意压力及夹持方式是否稳固)。

(4) 刀具是否确实锁紧。刀具位置是否适当。CNC 车床上装置内孔刀时,后面不能伸出太长,以免旋转时碰到刀架本体;换刀时,应注意刀具不要撞到工件、夹具及机械外罩。

(5) 核对程式内容是否正确,特别注意 X 轴、Y 轴、Z 轴之正负符号及小数点是否正确。查看刀具补正值是否正确。

(6) G50 或 G92 坐标设定后的出发点位置是否正确。

(7) 机床回零时,一般要先回 X 方向,再回 Z 方向,防止刀架碰到机床尾座或顶针。

(8) 试切削后,修改程序时要确实核对小数点、正负号,并用单节操作,以免因该错误而产生撞机。

(9) 开始执行时,应检查程序是否回到程序起始的正确位置。

(10) 中途停机,在开始执行时,应注意其位置是否在正确的出发点位置。

(11) 数控车床在模拟时空运行开关已打开,以加快模拟速度。此时要确认机床驱动电源已经关闭,否则极易撞刀。

(12) 模拟完之后,如需对刀或加工,必须要先回机床零点。

(13) 自动加工时机床驱动电源打开,此时要确认空运行开关已关闭,否则切削速度会很快,刀具与工件都会损坏。

(14) 加工零件,启动前应把进给倍率旋钮放在2%的位置,按下“循环起动”,观察刀架的运动,如刀具轨迹正确,适当增大进给倍率,让程序继续运行,如果程序有错刀具轨迹不正确就有撞刀的危险,应立即将倍率旋钮转到0,保证加工过程的安全,避免撞刀。正常切削后,再把进给倍率开关放在100%倍率。

(15) 在利用G71~G73循环加工指令进行粗、精加工时,粗加工完如果换刀进行精加工,则要对精加工刀重新设置正确的起刀点。

6 数控铣削工艺与编程基础

铣削是机械加工中最常用的方法之一。数控铣床可以进行铣削、镗削、钻削、攻丝等加工，不仅适于加工盘、盖板、箱体、壳体类零件，还适于加工各种形状复杂的曲线、曲面轮廓以及模具型腔等平面或立体零件。对于非圆曲线、空间曲线和曲面的轮廓铣削加工，数学处理比较复杂，一般要借助计算机用 CAD/CAM 软件来实现。经济型二轴联动数控铣床只能进行二维平面零件和简单曲面零件的轮廓加工，三轴以上联动的数控铣床可以加工难度大的复杂曲面轮廓的零件与模具。

数控铣床的数控装置具有多种插补方式，它们都具有直线插补和圆弧插补功能，有的还具有极坐标插补、抛物线插补、螺旋线插补等多种插补功能。编程时要合理地选择这些功能，充分利用数控铣床、加工中心的多种功能，如刀具半径补偿、长度补偿和固定循环、坐标转换等功能进行加工，以提高编程效率、加工效率和精度。

6.1 数控铣削工艺基础

6.1.1 铣刀的种类和用途

常见铣刀的种类和用途如图 6.1 和图 6.2 所示。

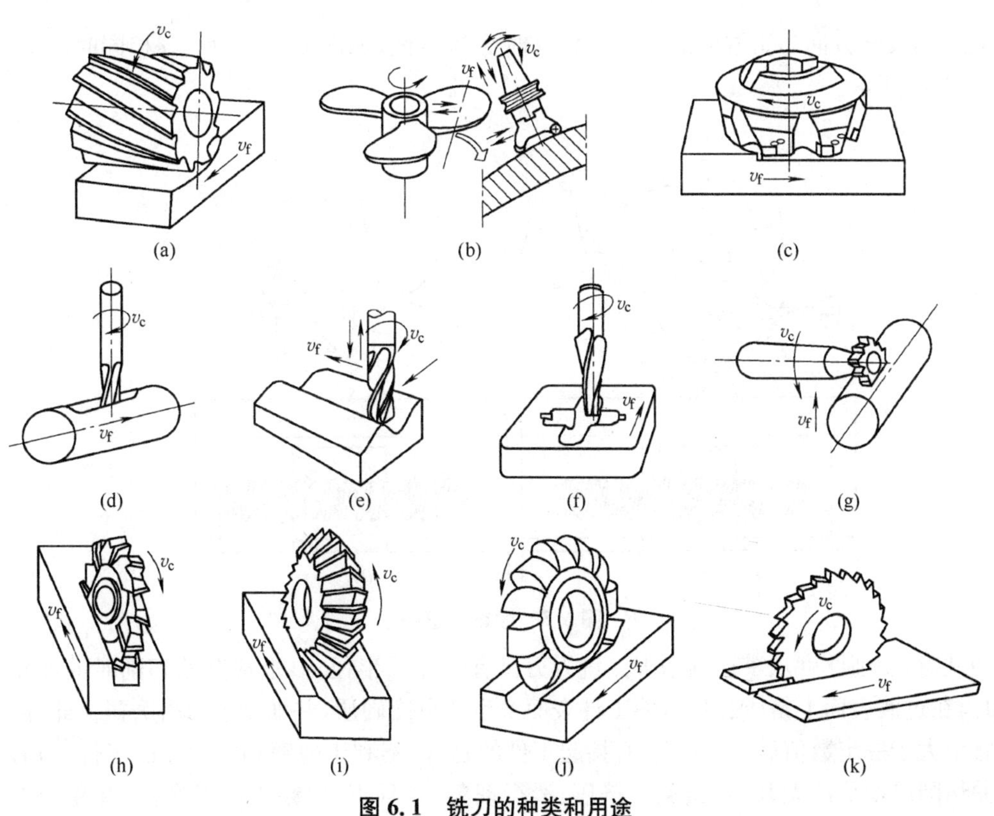

图 6.1 铣刀的种类和用途

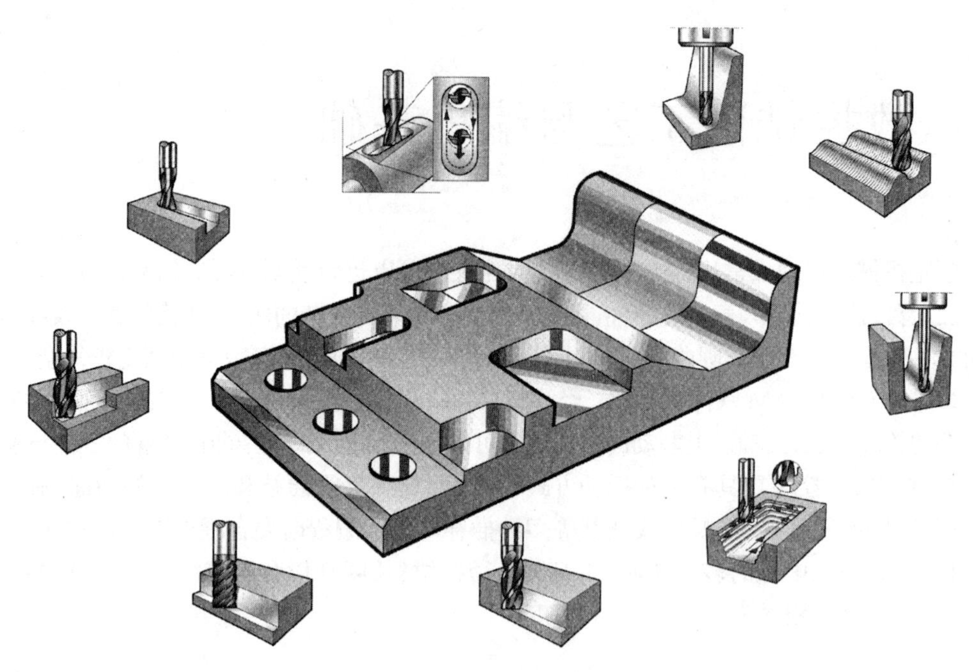

图 6.2　常用立铣刀的各种用途

6.1.2　铣削方式

铣削方式通常可分为圆周铣方式和端面铣方式。

1) 圆周铣方式中的顺铣和逆铣

铣刀的旋转方向与工件的进给方向相反时称为逆铣，如图 6.3(a)所示；相同时称为顺铣，如图 6.3(b)所示。

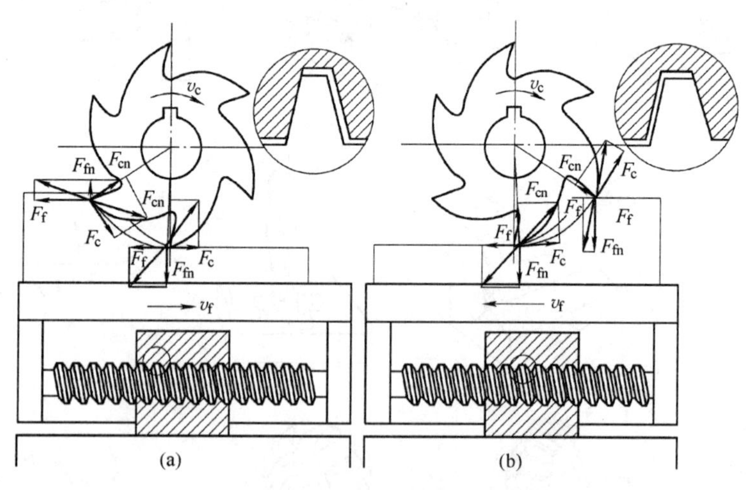

图 6.3　顺铣和逆铣

逆铣时，切削厚度从零逐渐增大。铣刀刃口有一钝圆半径 r_n，造成开始切削时的前角为负值，刀齿在过渡表面上挤压、滑行，使工件表面产生严重冷硬层，并加剧了刀齿磨损。此外，当瞬时接触角大于一定数值后，F_{fn} 向上，有抬起工件的趋势，不利于薄壁和刚性差的工件。顺铣时，刀齿的切削厚度从最大开始，避免了挤压、滑行现象；并且 F_{fn} 始终压向工作台，有利于工件夹紧,可提高铣刀寿命和加工表面质量。但当工件表面有硬皮层时,若采用顺铣,刀齿首先切入表面硬皮层,加快刀齿磨损,故不宜采用顺铣。

普通铣床由于进给运动丝杆副的间隙问题,为了铣削平稳,避免工作台窜动,通常采用逆铣。而数控机床进给运动采用滚珠丝杠副传动,滚珠丝杠副可以彻底消除间隙,甚至进行预紧,因而不存在间隙引起工作台窜动的问题。针对顺铣的种种优点,数控铣削加工应尽可能采用顺铣。以便提高铣刀寿命和加工表面的质量。

2) 顺铣和逆铣的选择技巧

当工件表面无硬皮,机床进给机构无间隙时,应选用顺铣方式安排进给路线。因为采用顺铣加工后,零件已加工表面质量好,刀齿磨损小。精铣时,尤其是零件材料为铝镁合金、钛合金或耐热合金时,应尽量采用顺铣。

当工件表面有硬皮,机床的进给机构有较大间隙时,应选用逆铣,按照逆铣安排进给路线。因为逆铣时,刀齿是从已加工表面切入,不会崩刃;机床进给机构的间隙不会引起振动和爬行。

在立式加工中心上采用立铣刀加工,由于受机床结构的影响,在切削加工时刀具会产生弹性弯曲变形。当用立铣刀顺铣时,刀具在切削时会产生"让刀"现象,即"欠切";当用立铣刀逆铣时,刀具在切削时会产生"啃刀"现象,即"过切"。这种现象在刀具直径越小、刀杆伸出越长时越明显。因此在选择刀具时应尽量选较大直径。针对这种情况,编程时,如果粗加工采用顺铣,则可以不留精加工余量;而粗加工采用逆铣,则必须留精加工余量,以防止"过切"引起的工件报废。

3) 使用立铣刀时,顺铣与逆铣的判断方法与技巧

在加工中心和数控铣床上时,根据国际标准,都是按照刀具相对于静止的工件做运动的原则来编写加工程序。而实际加工时,是刀具在旋转,装夹在工作台上的工件进给。容易使人混淆不清。为了方便记忆,顺铣和逆铣可以归纳为:当铣削工件外轮廓时,沿工件外轮廓顺时针方向进给、编程即为顺铣,沿工件外轮廓逆时针方向编程、进给即为逆铣,如图 6.4 所示;当铣削工件内轮廓时,沿工件内轮廓逆时针方向进给、编程即为顺铣,沿工件内轮廓顺时针方向编程、进给即为逆铣,如图 6.5 所示。

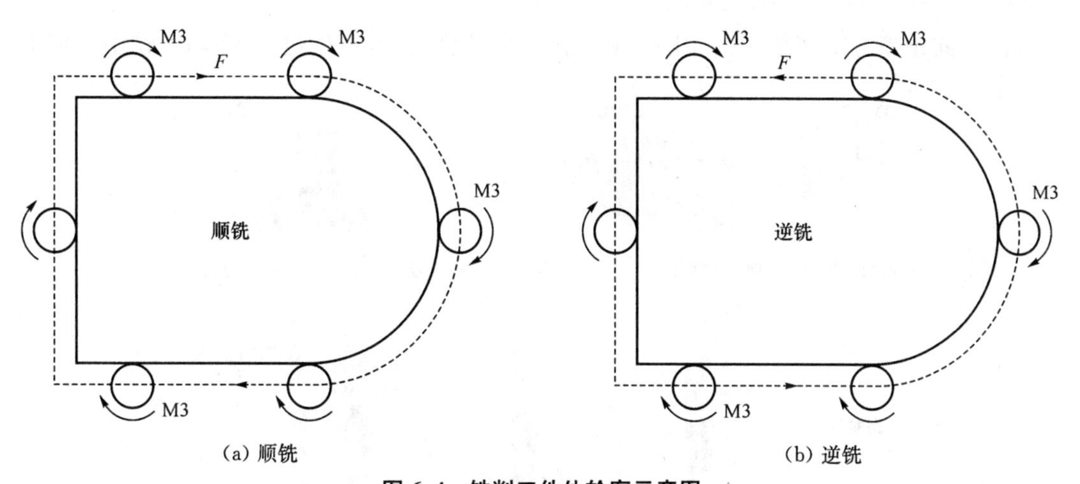

图 6.4 铣削工件外轮廓示意图

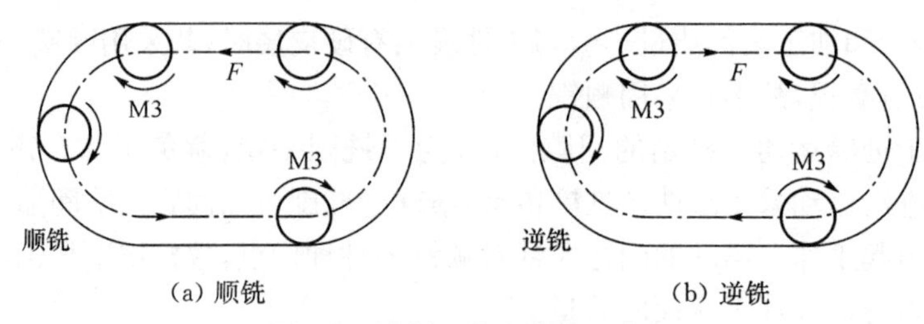

(a) 顺铣　　(b) 逆铣

图 6.5　铣削工件内轮廓示意图

4) 使用端面铣刀时，顺铣与逆铣的选择技巧

端面铣时，根据面铣刀相对于工件安装位置的不同，也可分为逆铣和顺铣。

(1) 端面对称铣削

如图 6.6(a)所示，面铣刀轴线位于铣削弧长的中心位置，上面的顺铣部分等于下面的逆铣部分，称为对称端面铣削。适用于加工短宽或较厚的工件，不宜加工狭长或较薄的工件。

(2) 端面不对称铣削

如图 6.6(b)所示，当逆铣部分大于顺铣部分，称为不对称逆铣。图 6.6(c)中的顺铣部分大于逆铣部分，则称为不对称顺铣。图中切入角 δ 与切离角 δ_1，凡位于逆铣一侧为正值，而位于顺铣一侧为负值。

由前面的分析我们知道，图 6.6 中所示端面铣刀的三种切削情况中，对刀具破损的影响是图 6.6(b)影响最大，图 6.6(c) 影响最小。

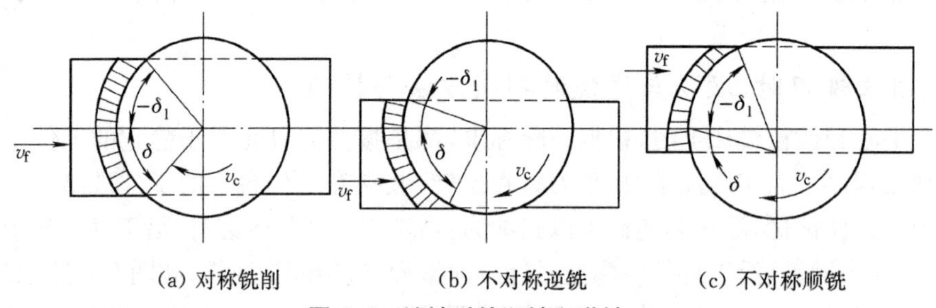

(a) 对称铣削　　(b) 不对称逆铣　　(c) 不对称顺铣

图 6.6　端铣时的顺铣和逆铣

5) 不同走刀路径切削情况分析

Z 向负向走刀方式在拐角处切削力和切削方向急剧改变，产生过切；在高速铣中特别不合适，如图 6.7 所示

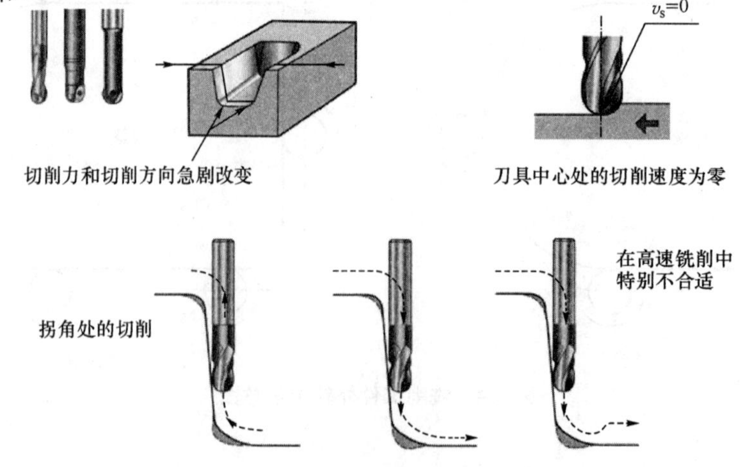

图 6.7　有 Z 向负向走刀路径的切削方式

而采用在 XY 平面中走刀，切削力变化很小，不产生过切现象，如图 6.8 所示。

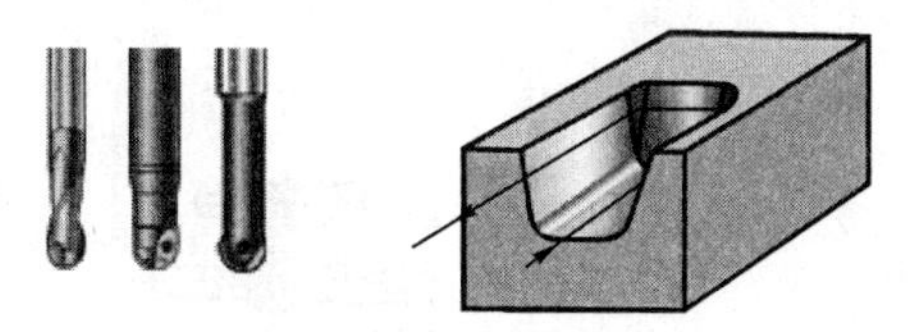

图 6.8 在 XY 平面中走刀

(1) 不同类型的铣刀对腔体内壁加工残余量的影响不同，圆角铣刀好于普通尖角铣刀，如图 6.9 所示。

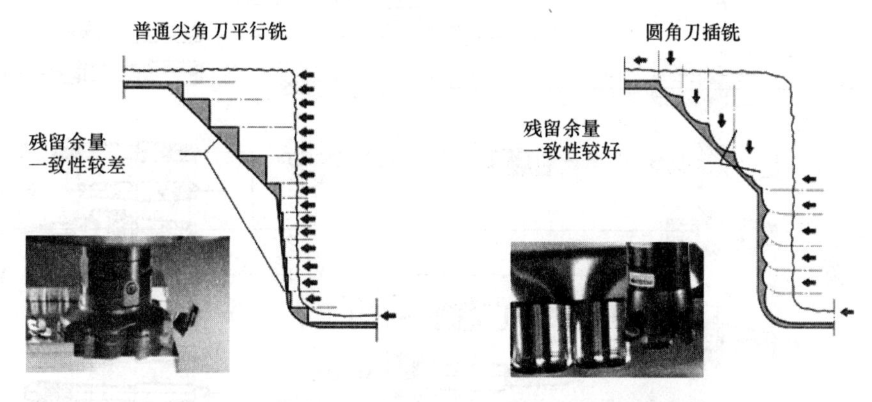

图 6.9 不同类型的铣刀对腔体内壁加工残余量的影响

(2) 由于 Z 向下刀刀具中心切削速度为零，对刀具有损伤，为了改善 Z 向进刀的切削性能，应采用坡度下刀和螺旋下刀的进刀方式，如图 6.10 所示。

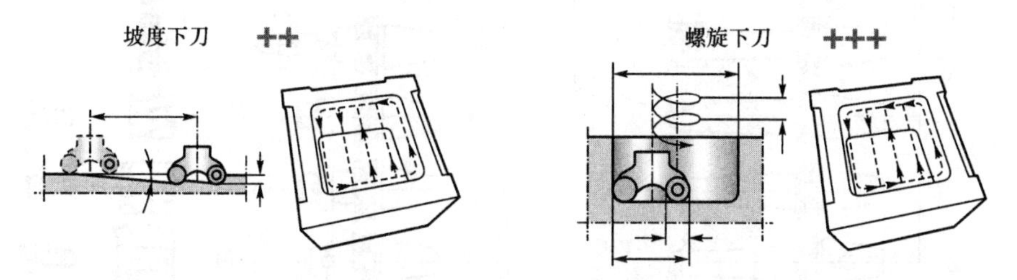

图 6.10 坡度下刀和螺旋下刀的进刀方式

6.1.3　铣刀刀柄类型

铣刀刀柄类型如图 6.11 所示。

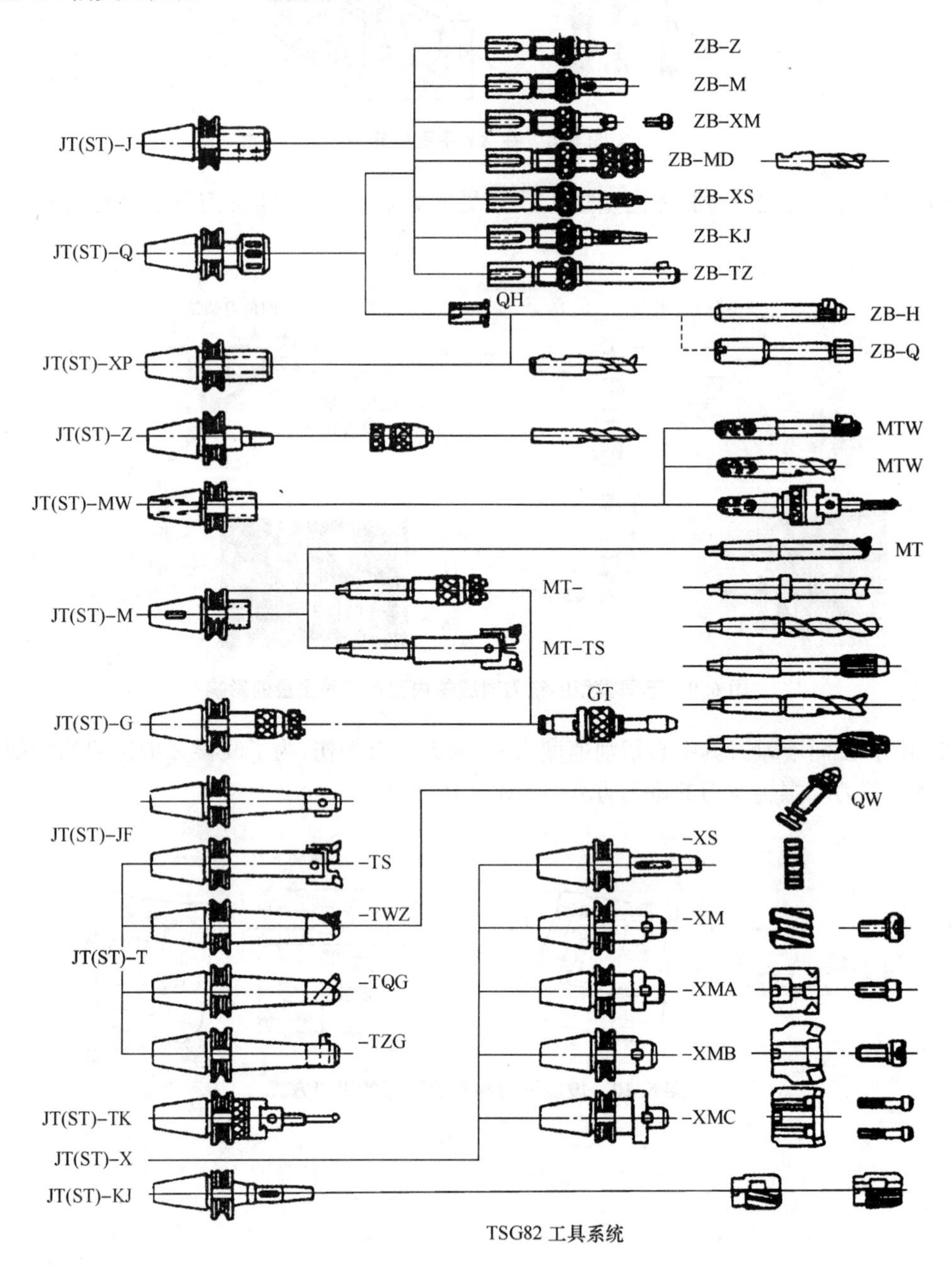

图 6.11　铣刀刀柄类型

6.2　数控铣削编程基础

6.2.1　坐标系

机床坐标系的概念已在第 1.2 节数控机床的坐标系统中有介绍，以下针对铣床坐标系再加以说明。

1）机床坐标系

机床坐标系是机床上固有的机械坐标系，在机床出厂前已设定好。机床通电后，通过返回机械零点建立机床坐标系，回到零点时屏幕上显示的当前刀具在机床坐标系中的坐标值均为零。机床坐标系的零点通常设在坐标轴的极限位置上，如图 6.12 所示。刀具移动的一些特殊位置，如换刀位置，通常也在零点。一般情况下用手动返回参考点，建立机床坐标系。机床坐标系的零点就是机床零点，也称为机械零点，它是数控系统计算、检验、测量等的基准。

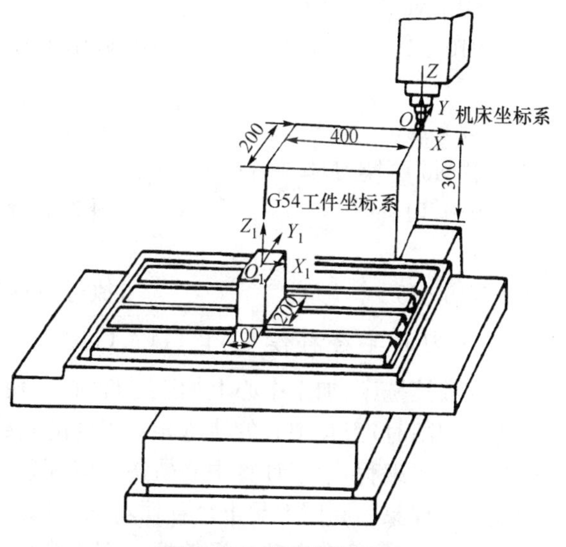

图 6.12 机床坐标系

2）工件坐标系

工件坐标系用零点偏置代码 G54～G59 设定，工件坐标系需预先通过对刀的方式得到编程零点相对机床零点的值，并在机床的零点偏置设定参数中设定，然后在程序中用零点偏置(G54～G59)指定。用户可以一次设定 6 个工件坐标系，操作时首先将工件安装在工作台上，然后让机床返回原点，建立机床坐标系。具体操作为分别测量每个需设定的工件坐标原点相对机床坐标系的偏置，其偏置值即为工件坐标原点偏置，将所测得的各工件坐标原点偏置输入到数控系统中与之对应的零点偏置数据存放寄存器中，数控系统将记忆这些数据，当程序中出现 G54～G59 代码时，系统调用其中的数据，则对应的工件坐标系将有效。图 6.13 中 EXOFS 偏置量在 FANUC 系统中称为外部零点偏置值，在 SIEMENS 中对应的该偏置量称为基本偏置，ZOFS1～ZOFS6 为 G54～G59 的零点偏置值。

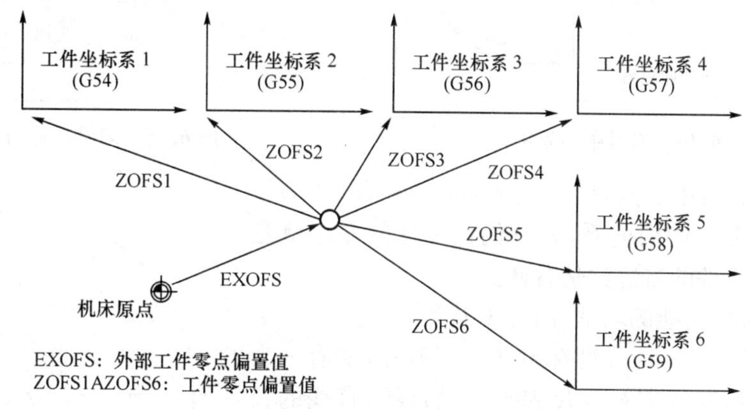

图 6.13 机床坐标系与工件坐标系

6.2.2 刀具补偿

1）刀具号 T

在加工中心上加工零件，通常要用到多把刀具。用编程指令 T 可以预选或调用刀具。T 后面的数字表示刀具号，如 T1、T2、…、T12、…。是用 T 指令直接更换刀具还是仅仅进行刀具预选,在机床数据中设定。

换刀编程举例

不用 M06 更换刀具

N10 T1　　;调用 1 号刀具

…

N70 T40　　;调用 40 号刀具

用 M6 更换刀具

N10 T14　　;预选 14 号刀具

…

N15 M6　　;执行刀具更换,T14 有效

2) *刀具半径补偿* G41、G42、G40

在数控铣床、加工中心上加工零件时,所使用的刀具直径有一定的大小,不可能为零,用铣刀进行切削时,刀具中心的轨迹相对工件的轮廓就必须偏移一个刀具的半径。若按刀具中心轨迹数据进行编程,手工计算中心轨迹很麻烦且容易出错,更严重的是刀具对工件有可能产生过切或少切现象。利用刀具半径补偿功能,只要在程序中给出指令 G41(左偏)或 G42(右偏)以及偏置号 D,刀具便会自动地沿轮廓走刀方向,往左或往右偏置一个刀具半径,如图 6.14 所示。而编程人员在编程时,则可以直接以工件的标注尺寸(零件轮廓)作为编程轨迹进行编程,不需要计算偏置轮廓的数据,使编程便易。

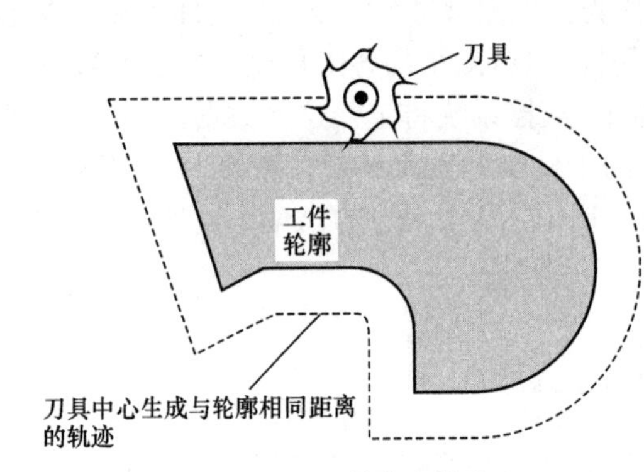

图 6.14　刀具中心轨迹

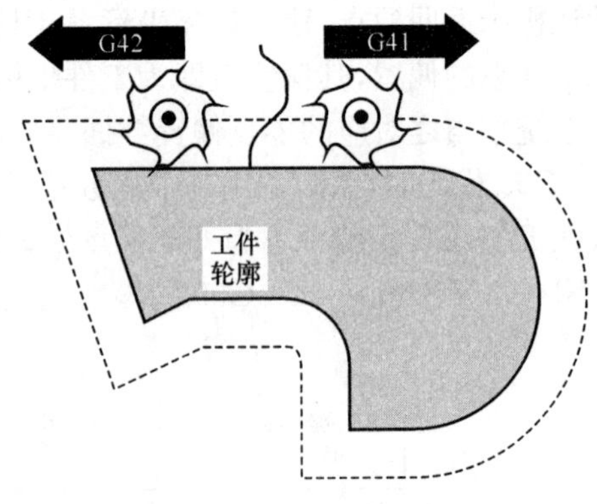

图 6.15　刀具左补、右补

图 6.15 中刀具中心偏置——左补(G41)和右补(G42)的判断:沿着走刀方向向前看,刀具偏在零件的左边就是左补,刀具偏在零件的右边就是右补。

刀具半径补偿功能的取消,用 G40 代码。

刀补的建立与取消:从没有刀补到有刀补,要有一个建立刀补的过程,建立刀补的过程是一段直线,直线的长度必须大于刀具半径,才能保证不发生过切现象。在零件加工过程中,建立刀补前屏幕显示的是刀具中心坐标,建立刀补后显示的是零件轮廓坐标。

为了保证零件的轮廓加工精度,在使用刀补时尽量沿切线方向过渡切入、切出。如图 6.16 所示的铣削内圆槽时,用一与圆槽相切的圆弧 *BC*、*CE* 过渡切入、切出。即从

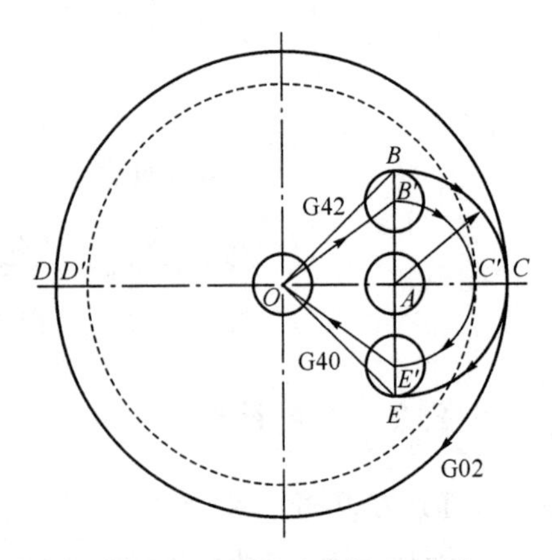

图 6.16　切线方向切入、切出

O 点到 B 点建立刀补，刀具中心自动偏置到 B'，BC 过渡切入；顺时针走圆弧 CDC，CE 过渡切出，这样避免圆槽 DC 的内壁在 C 点产生接刀痕。

只有在线性插补时，即刀补指令必须跟在直线段(G00)或(G01)上时，才可以进行 G41/G42 的选择，否则会因出现语法错误而报警。从图 6.17 中也可以看出，建立刀补时必须用直线段过渡建立/取消。

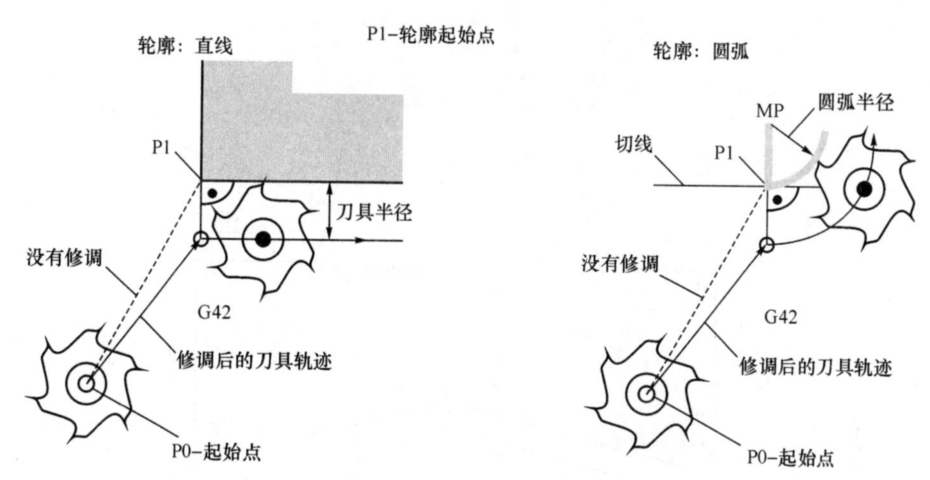

图 6.17　建立、取消刀补过程

刀具半径补偿号 D

D 为刀具半径数据存放的寄存器号，用于指定刀具的偏置值，如图 6.18 所示。

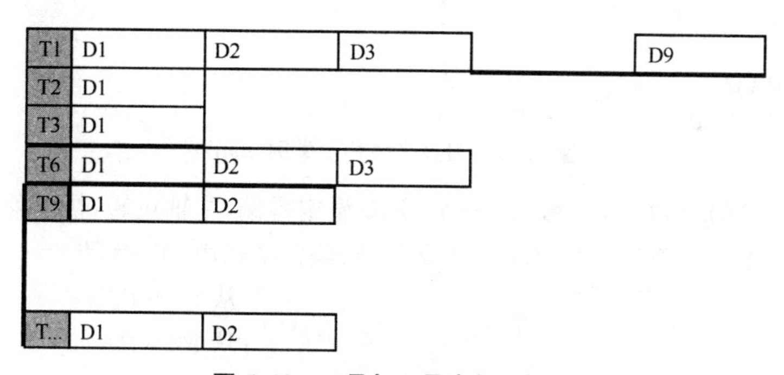

图 6.18　刀具与刀具半径补偿号

在 SIMENS 系统中，一把刀具可以匹配从 1 到 9 几个不同补偿的数据组(一把刀具用不同的补偿号可以设定多个不同的补偿半径值)。

如果没有编写 D 指令，则 D1 自动生效。如果编程 D0，则刀具补偿值无效。

刀具调用后，刀具长度补偿立即生效；如果没有编程 D 号，则 D1 值自动生效。半径补偿必须与 G41/G42 一起执行。

在 FANUC 系统中补偿号有 99 个，从 D1 到 D99。每一把刀都可以使用任一个 D 补偿号，或一把刀匹配几个 D 补偿号，实现零件的粗精加工。

刀具半径补偿用法举例：建立刀补、刀补偏置、取消刀补的路径。

用刀具补偿功能编写图 6.19 所示轮廓的加工程序，用 SIMENS 系统编写指令。

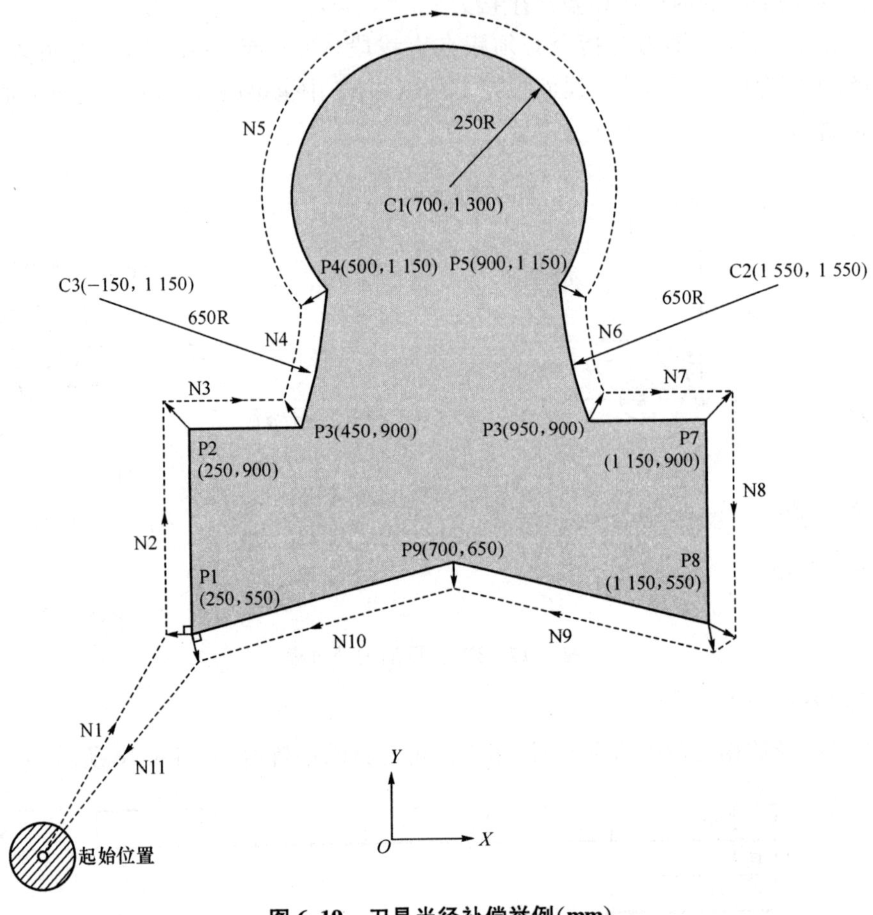

图 6.19　刀具半径补偿举例(mm)

N0 G54 S800 M03 G90 G17 G00 X0 Y0 Z10 设定零偏，主轴正转，快速移到起始位置

N1 G01 G41 X250 Y550 D1 F150…建立刀补，偏置半径由 D1 指定

N2 Y900　　;从 P1～P2

N3 X450　　;从 P2～P3

N4 G3 X500 Y1150 CR=650　　;从 P3～P4

N5 G2 X900 CR=−250　　;从 P4～P5

N6 G3 X950 Y900 CR=650　　;从 P5～P6

N7 G1 X1150　　;从 P6～P7

N8 Y550　　;从 P7～P8

N9 X700 Y650　　;从 P8～P9

N10 X250 Y550　　;从 P9～P1

N11 G0 G40 X0 Y0　　;取消刀补

【例 6.2.1】 换刀指令用法，不用 M6 换刀，只用 T 指令。

N5 G17　　;确定待补偿的轴

N10 T1　　;T1 刀具的 D1 中的值生效

N15 G0 Z…　　;在 G17 平面中，Z 是刀具长度补偿

```
N50 T4 D2              ;刀具换成 4 号,刀具 4 的 D2 中的值生效
…
N70 G0 Z…D1            ;刀具 4 的 D1 中的值生效
```

用 M6 更换刀具

```
N5 G17                 ;确定待补偿的轴
N10 T1                 ;预选刀具
…
N15 M6                 ;更换刀具,刀具 1 的 D1 表格中的值生效
N16 G0 Z…              ;在 G17 平面中,Z 是刀具长度补偿
…
N20 G0 Z…D2            ;刀具 1 中 D2 值生效
N25 T4                 ;刀具预选 T4,仍然是使用 T1 刀具,D2 中的值有效
…
N55 D3 M6              ;更换刀具,T4 刀具的 D3 中的值生效
…
```

3) **刀具长度补偿 G43,G44,G49**

通常加工一个工件要使用多把刀具,每把刀具都有不同的长度,如图 6.20 所示。当所用刀具都使用一个零点偏置代码,为使加工出的零件符合要求,应预先确定基准刀具,测量出基准刀具的长度和其他每把刀具的长度差(作为刀具长度偏置值),如图 6.21 所示,并把此偏置值设定在数控系统的刀具数据存放寄存器中。实际操作时通过对刀确定基准刀具在工件坐标系中的位置,Z 方向对刀数值设置在零点偏置中(即零点偏置代码中 Z 值非 0),然后换上其他刀具依次对刀,测出其在工件坐标系中的偏置值,并记录在对应的寄存器中。在程序中通过 G43 正补偿,通过 G44 负补偿及用偏置号 H 指定刀具长度补偿,用 G49 取消刀具长度补偿。

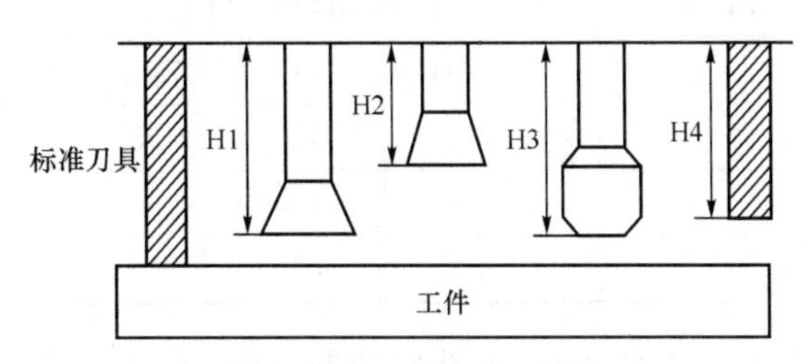

图 6.20 不同长度的刀具

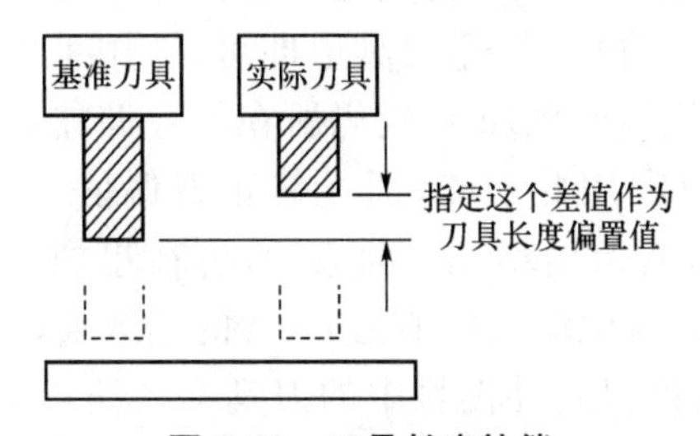

图 6.21 刀具长度补偿

如图 6.22所示为钻孔加工,H1 寄存器中存放刀具长度偏置值－4,H0 表示取消刀具长度补偿。刀具长度补偿编程举例:钻三个孔。H1＝－4(刀具长度偏置值),见图 6.22。

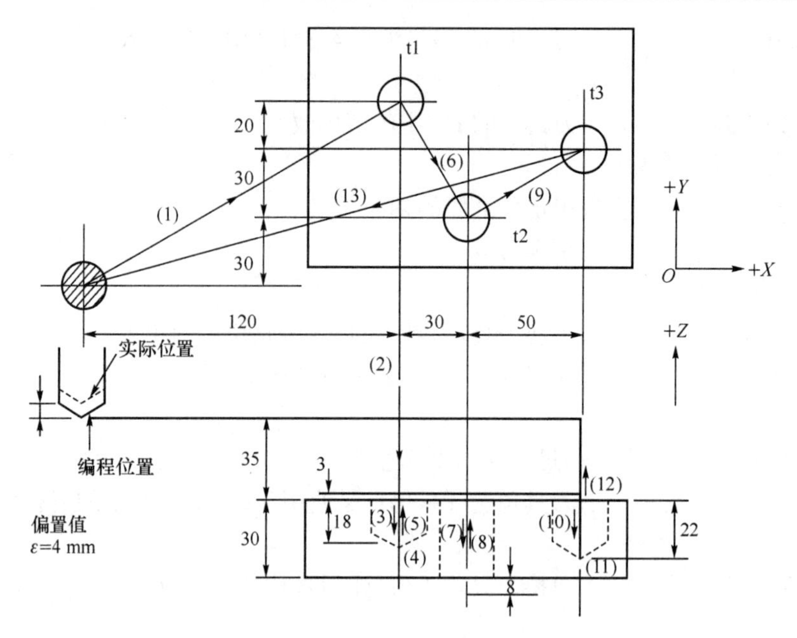

图 6.22　刀具长度偏置应用举例

钻三个孔的程序见表 6.1。

表 6.1　钻三个孔的程序

程　序		步　骤	
N0 T1 D1 G54 M3S600		N8 G00 Z41；	(8)
N1 G91 G00 X120 Y80；	(1)	N9 X50 Y30；	(9)
N2 G43 Z−32 H1；	(2)	N10 G01 Z−25；	(10)
N3 G01 Z−21 F100；	(3)	N11 G04 X1.5；	(11)
N4 G04 X1.5；	(4)	N12 G00 Z57 H0；	(12)
N5 G00 Z21；	(5)	N13 X−200 Y−60；	(13)
N6 X30 Y−50；	(6)	N14 M30；	
N7 G01 Z−41；	(7)		

刀具半径补偿除有上述的半径、长度补偿功能之外，还可以灵活运用刀具半径补偿功能做加工过程中的其他工作。如当刀具磨损半径变小后，用磨损后的刀具值更换原刀具值即可，即用手工输入方法将磨损后的刀具半径值输入到原 D 代码所在的存储器中即可，而不必修改程序。也可以利用此功能，通过修正刀偏值，完成粗、精加工。如图 6.23 所示，若留出精加工余量 Δ，可在粗加工前给指定补偿号的刀具半径存储器中输入数值为 $r+\Delta$ 的偏置量（r 为刀具半径）；而精加工时，程序调用另一个刀具补偿号，该刀具补偿号中的刀具半径偏置量输入为 r，通过调用不同的补偿号完成粗、精加工。同理，通过改变偏置量的大小，可控制零件轮廓尺寸精度，对加工误差进行补偿。

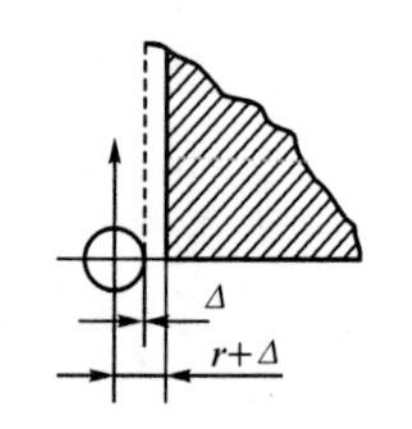

图 6.23　粗、精加工

多把刀具选用一个零点偏置代码使用刀具长度补偿，也可以用以下的方法进行，将程序中所用的零点偏置代码中的 Z 值设定为 0，每把刀具的长度值在对刀时都设定在补偿号 H 的长度寄存器中，调用刀具时指定对应的 H 号。

当所使用的刀具数少于零点偏置代码数时，每把刀具使用一个零点偏置代码，Z 方向对刀数值设置在零点偏置中，刀具参数寄存器中的刀具长度都为 0，这时就不需使用刀具长度补偿。

6.2.3　数控铣削常用指令

1）直线插补 G01（见图 6.24）

刀具以直线路径从起点移动到目标位置，以地址 F 下编程的进给速度运行。具有三轴以上的机床，在规定的联动轴数以内的坐标轴可以同时运动，即联动。

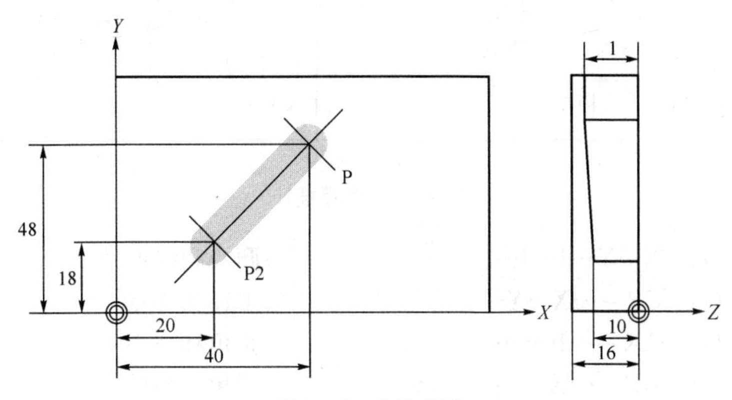

图 6.24　直线插补

【例 6.2.2】

```
N00 T1 D1 G54            ;调用 1 号刀具，零点偏置用 G54 设定
N05 S500 M03             ;主轴正转，500 r/min
N10 G0 G90 X40 Y48 Z5    ;刀具快速移动到 P1，3 轴联动
N15 G1 Z—12 F100         ;进刀到 Z—12，进给率为 100 mm/min
N20 X20 Y18 Z—10         ;刀具 3 轴联动，移行到 P2
N25 G0 Z100              ;快速抬刀到 Z100
N30 X—20 Y80
N35 M2                   ;程序结束
```

2）圆弧插补 G02、G03（见图 6.25～图 6.32）

刀具沿圆弧轮廓轨迹从起点移动到终点。

G02　顺时针方向；　　G03　逆时针方向

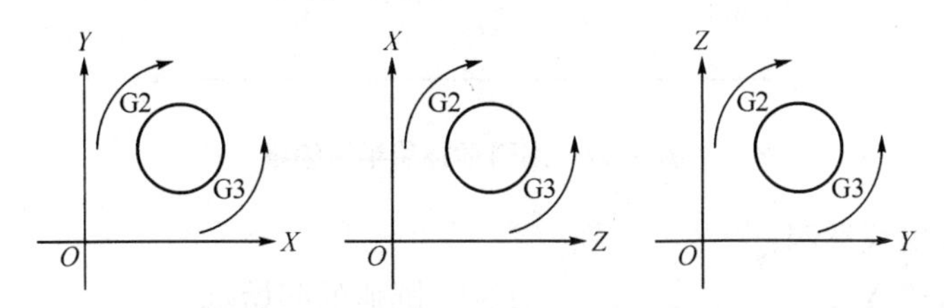

图 6.25　顺时针圆弧和逆时针圆弧

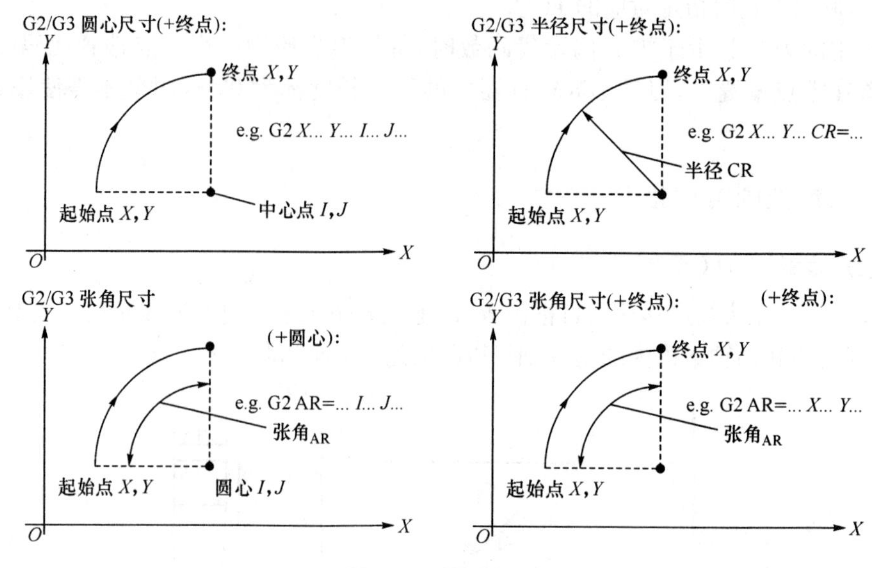

图 6.26　圆弧插补

格式：G2/G3　X…Y…I…J…　　;圆心和终点

G2/G3　CR=…X…Y…　　;半径和终点

G2/G3　AR=…I…J…　　;张角和圆心

G2/G3　AR=…X…Y…　　;张角和半径

G2/G3　AR=…RP…　　;极坐标圆心和半径

半径编程举例：

N10 G01 X1 Y1　　;圆弧起点

N20 G2 X2 Y2 CR=－　　;半径值负，圆弧大于半圆

或

N30 G2 X2 Y2 CR=＋　　;半径值正，圆弧小于或等于半圆

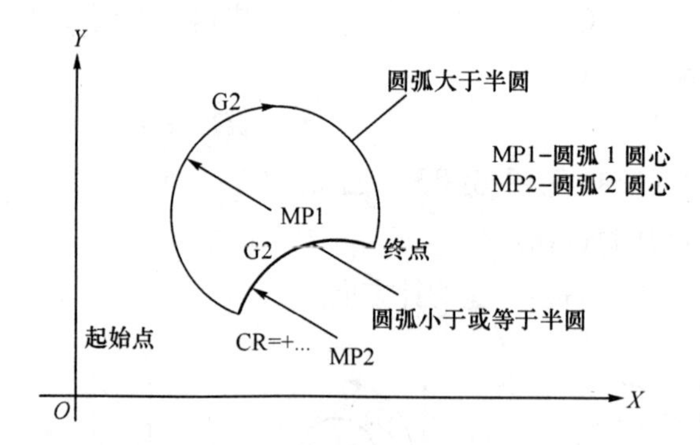

图 6.27　圆弧插补用半径编程

圆心和终点的编程举例：

N5 G90 G1 X30 Y40　　;N10 圆弧的起始点

N10 G2 X50 Y40 I10 J－7　　;终点和圆心

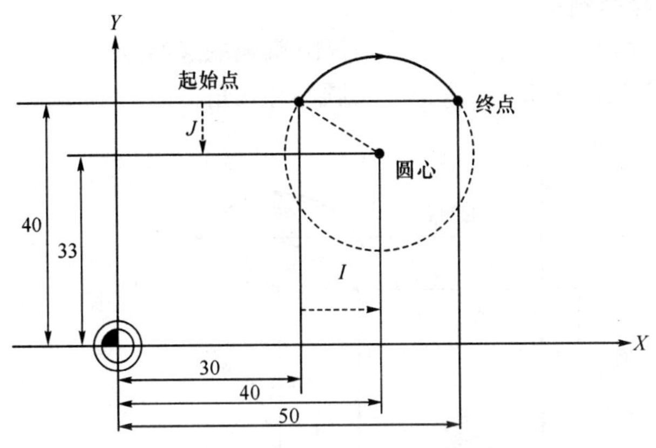

图 6.28 圆心和终点的圆弧插补

终点和半径的编程举例：

N5 G90 G1 X30 Y40 ;N10 圆弧的起始点

N10 G2 X30 Y40 CR=12.207 ;终点和半径

注：CR=—…中的符号会选择一个大于半圆的圆弧段。

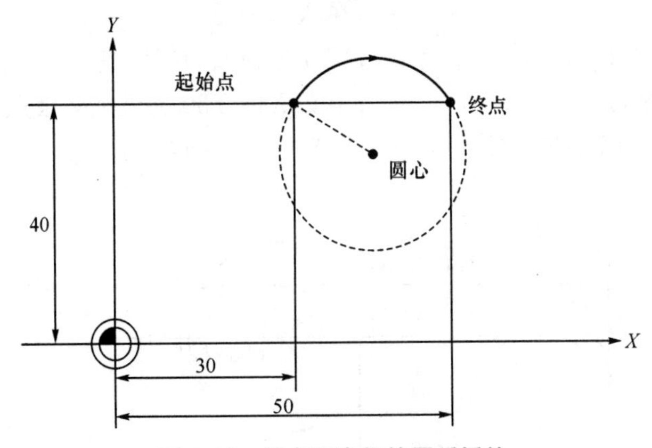

图 6.29 终点和半径的圆弧插补

终点和张角的编程举例：

N5 G90 G1 X30 Y40 ;N10 圆弧的起始点

N10 G2 X50 Y40 AR=105 ;终点和张角

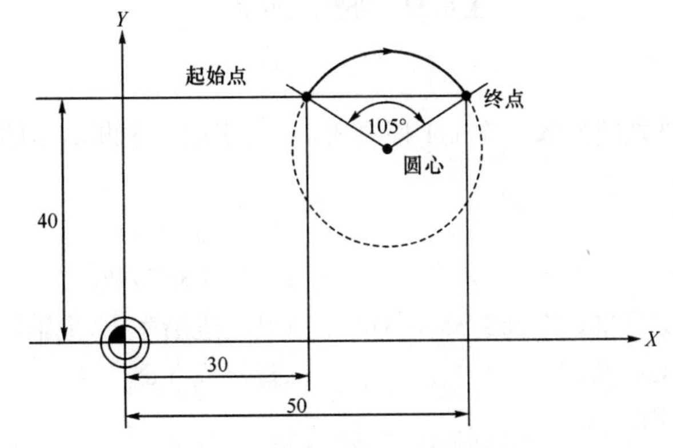

图 6.30 终点和张角的圆弧插补

圆心和张角的编程举例：

N5 G90 G1 X30 Y40 ;N10 圆弧的起始点

N10 G2 I10 J−7 AR=105 ;圆心和张角

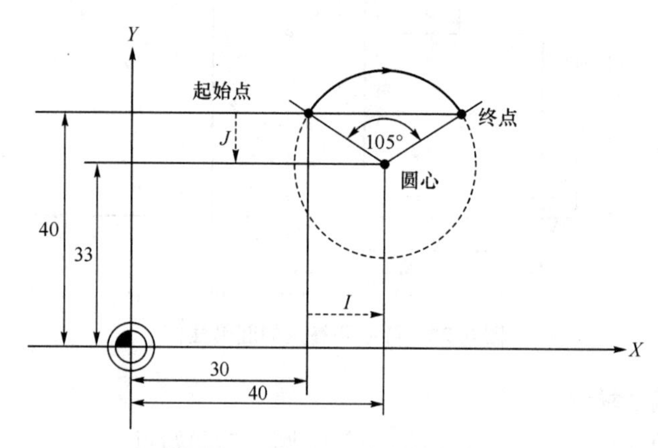

图 6.31 圆心和张角的圆弧插补

极坐标编程举例：

N1 G17 ;在 X/Y 平面

N5 G90 G0 X30 Y40 ;N10 为圆弧的起始点

N10 G111 X40 Y33 ;定义 X40 Y30 为极坐标极点

N15 G2 RP=12.207 AR=21 ;极坐标圆弧插补

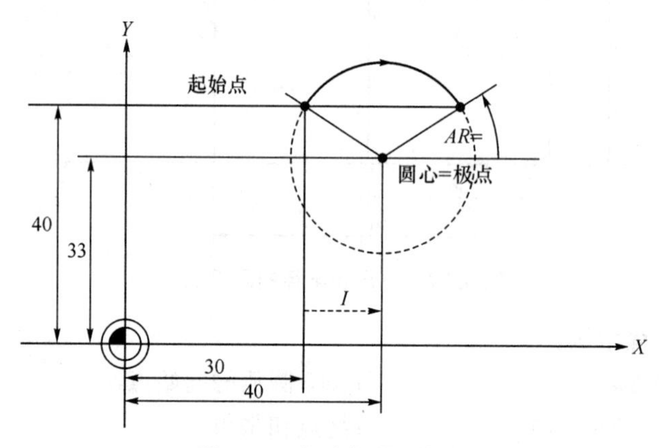

图 6.32 极坐标圆弧插补

3）暂停 G04

通过在两个程序段之间插入一个 G4 程序段，可以使加工中断给定的时间，比如割退刀槽。单程序段有效。

编程格式： G4 F ;暂停时间（s）

G4 S ;暂停主轴转数

编程举例： N5 G1 F200 Z−50 S300 M3 ;设定进给率 F，主轴转速 S

N10 G4 F2.5 ;暂停 2.5 s

N20 Z70

N30 G4 S30 ;主轴暂停 30 r，相当于在 S=300 r/min

和转速修调 100%时暂停 $t=0.1$ min

N40 X ;进给率和主轴转速继续有效

注:G4 S…只有在受控主轴情况下才有效(当转速给定值同样通过 S…编程时)。

4) 准确定位/连续路径加工 G9,G60,G64

针对程序段转换时不同的性能要求,802D 提供一组 G 功能准备代码用于进行最佳匹配的选择。比如,有时要求坐标轴快速定位;有时要求按轮廓编程对几个程序段进行连续路径加工。

```
G60        ;准确定位——模态有效
G64        ;连续路径加工
G9         ;准确定位——单程序段有效
G601       ;精准确定位窗口
G602       ;粗准确定位窗口
```

G60 或 G9 功能生效时,当到达定位精度后,移动轴的进给速度减小到零。如果一个程序段的轴位移结束并开始执行下一个程序段,则可以设定下一个模态有效的 G 功能:G601 精准确定位窗口,所有的坐标轴都到达"精准确定位窗口"(机床数据中设定值)后,开始进行程序段转换。

G602 为粗准确定位窗口,当所有的坐标轴都到达"粗准确定位窗口"(机床数据中设定值)后,开始进行程序段转换。在执行多次定位过程时,"准确定位窗口"如何选择将对加工运行总时间影响很大。精确调整需要较多时间(见图 6.33)。

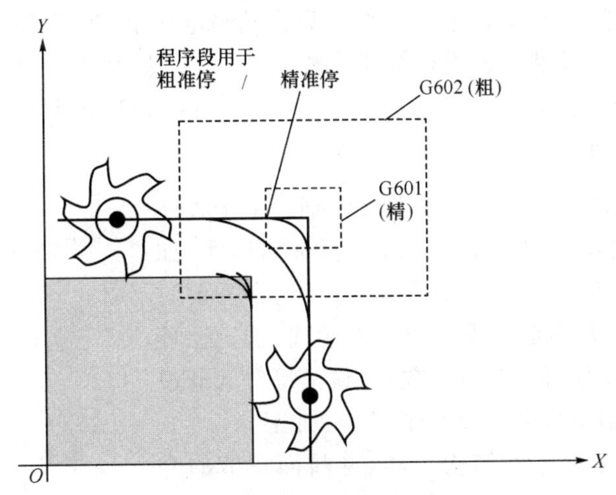

图 6.33 准确定位窗口

举例:

```
N5 G602           ;粗准确定位窗口
N10 G0 G60 Z      ;准确定位,模态方式
N20 X  Y          ;G60 继续有效
…
N50 G1 G601       ;精确定位有效
N80 G64 Z         ;转换到连续路径方式
…
N100 G0 G9 Z      ;准确定位,单程序段有效
```

连续路径加工方式的目的就是在一个程序段到下一个程序段转换过程中避免进给停顿,并

使其尽可能以相同的轨迹速度(切线过渡)转换到下一个程序段,且还能以可预见的速度过渡执行下一个程序段的功能(见图 6.34)。

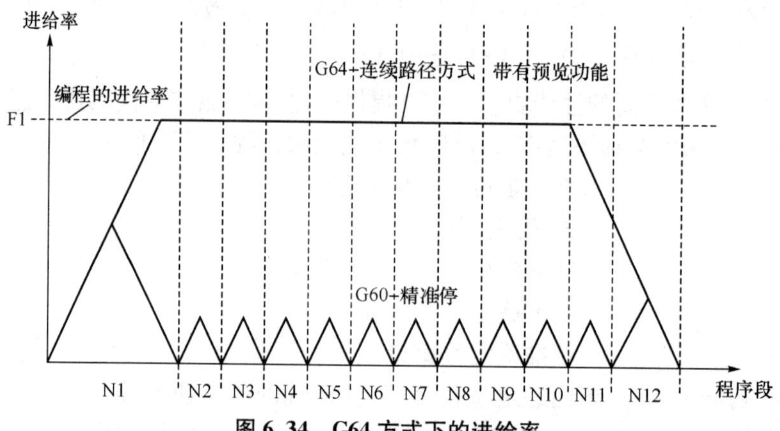

图 6.34　G64 方式下的进给率

在有拐角的轨迹过渡时(非切线过渡)有时必须降低速度,从而保证程序段转换不发生速度的突然变化,或者加速度的改变受到限制(如果 SOFT 有效)。

举例:　N10 G64 Gl X…　　;连续路径加工
　　　N20 Y…　　;继续
　　　N180 G60…　　;转换到准确定位

在 G64 连续路径加工方式下,控制系统预先自动确定几个 NC 程序段的速度,接近切线过渡的情况下,可以连续几个程序段进行加速或减速。若加工路径由几个较短的位移组成,使用连续路径加工方式则能达到编程的进给率进行进给。如在 CAM 的曲面加工中。

5)子程序及其调用

原则上讲主程序和子程序之间并没有区别。用子程序编写经常重复进行的加工,比如某一确定的轮廓形状,如图 6.35 所示。子程序位于主程序中适当的地方,在需要时进行调用、运行。加工循环是子程序的一种形式,加工循环包含一般通用的加工工序,例如钻削、攻丝、铣槽等等。通过给规定的计算参数赋值就可以实现各种具体的加工。

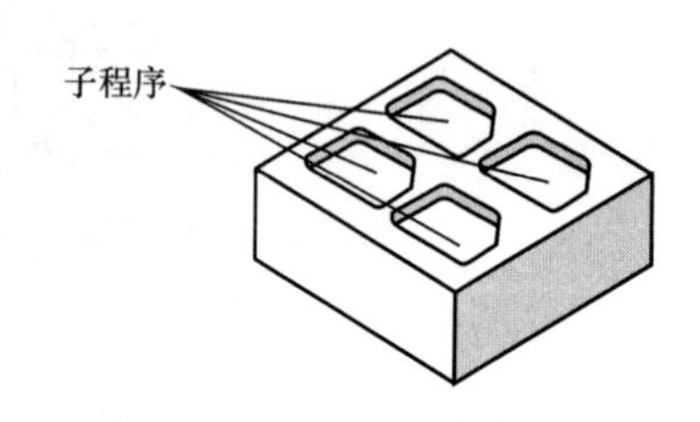

图 6.35　一个工件加工中 4 次使用子程序

子程序的结构与主程序的结构一样(见前面章节的介绍),在子程序中也是在最后一个程序段中用 M2 结束程序运行,子程序结束后返回主程序,如图 6.36 所示。

程序结束,除了用 M2 指令外,还可以用 RET 指令结束子程序。RET 要求占用一个独立的程序段。用 RET 指令结束子程序、返回主程序时不会中断 G64 连续路径运行方式。用 M2 指令则会中断 G64 运行方式,并进入停止状态。

子程序程序名规定:必须以字母 L 开头,其后面的值可以有 7 位。L 之后的每个零均有意义,不可省略。例:L128 并非 L0128 或 L00128。

嵌套深度:子程序不仅可以从主程序中调用,也可以从其他子程序中调用,这个过程称为子程序的嵌套。子程序的嵌套深度可以为 8 层。八级程序界面运行过程见图 6.37。

注释:在使用西门子加工循环进行加工时,最多使用 4 级程度。

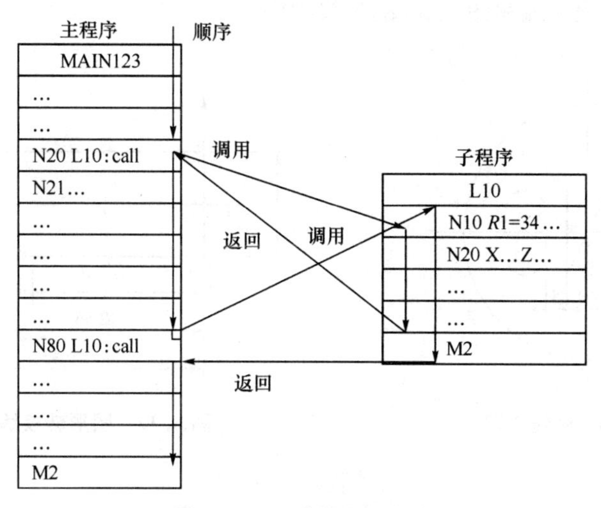

图 6.36 两次调用子程序

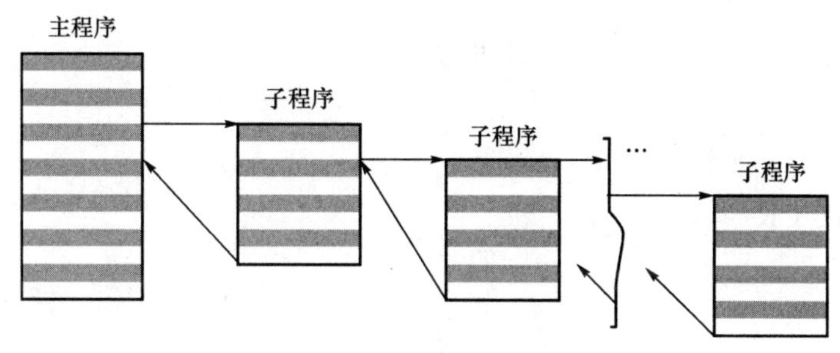

图 6.37 子程序嵌套界面

6.2.4 编程举例

编程举例 1:编写如图 6.38 所示的图形的刻线程序。

刻线工程序见表 6.2。

表 6.2 刻线程序

KX1. MPF	;程序号 KX1	N55 G0Z5	;抬刀
N00 T1D1 G54	;调 1 号刻线刀	N65 X−10Y5	
N05 M03S1500	;主轴正转,1500 r/min	N70 G1Z−0.5F100	
N10 G90G0X30Y0Z5	;快速定位	N75 L20	;调用 L20 子程序
N15 G1Z−0.5F100	;Z 向进刀	N80 G0Z50	
N20 G2X30Y0I−30J0	;走 R30 的圆	N85 M30	;主程序结束
N25 G0Z5	;抬刀		
N30 G0X20Y5	;快速定位	L20. SPF	;子程序 L20,刻 C 字
N35 G1Z−0.5F100	;进刀	N00 G91	
N38 L20	;刻 C 字	N05 G3X−10Y01−5J0F160	
N40 G0 X5 Y10	;刻 N 字	N10 G1Y−10	
N42 G1 Z−0.5 F100		N15 G3X10Y0I5J0	
N40 Y−10F160		N20 G0Z5	
N45 X−5Y10		N25 G90	
N50 Y−10		N30 M2	;子程序结束

编程举例 2:用子程序编写图 6.39 的刻线程序。

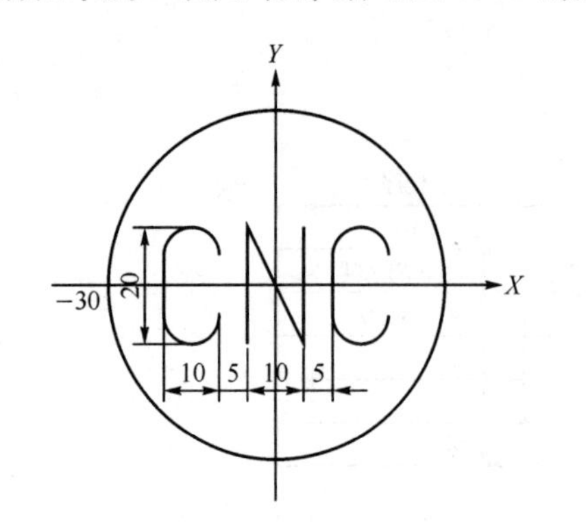

图 6.38　刻线练习

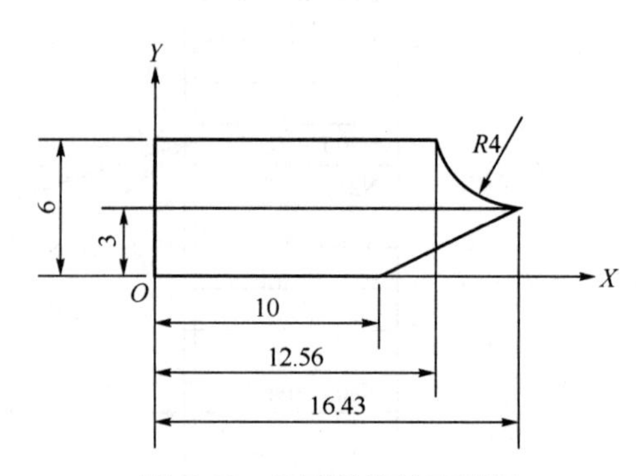

图 6.39　图形转换练习用图

```
L10.SPF                    ;子程序号 L10
G90 G0X0 Y0                ;移动到起点
Z5
G1 Z-0.5 F100              ;Z 向进刀
X10 Y0 F160
X16.43 Y3
G2 X12.56 Y6 CR=4
G1 X0 Y6
X0 Y0
G0 Z5                      ;抬刀
M02                        ;子程序结束
```

编程举例 3:毛坯尺寸 80 mm×80 mm×15 mm,粗加工后留 0.5 mm 余量精加工,刀具直 16 mm。零点设在对称中心,夹具用台虎钳,如图 6.40 所示。

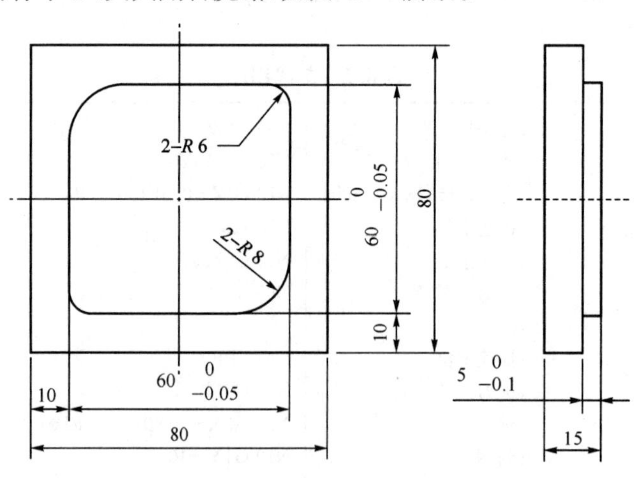

图 6.40　凸台

```
XTT.MPF                         ;程序号 XTT
N00 T1D1 G54                    ;D1 中设定刀具半径为 8.5 mm
N05 M3S700                      ;主轴正转 700 r/min
N10 G90G0X−50Y−50               ;移动到起刀点
N15 Z5
N20 G1Z−5.05F160                ;进刀
N25 G42G1X−30Y−30               ;N25～N70 句为粗加工程序,建立刀补,右补。
N30 G1X22Y−30                   ;编程零件轮廓
N35 G3X30Y−22 CR=8
N40 G1X30Y24
N45 G3X24Y30 CR=6
N50 G1X−22Y30
N55 G3X−30Y22 CR=8
N60 G1X−30Y−24
N65 G3X−24Y−30 CR=6
N70 G40G1X−20Y−50               ;取消刀补
N75 G0X−50Y−50
N80 G42G1X−30Y−30 D2            ;N80～N135 句为精加工程序,建立刀补,右补。
N85 G1X22Y−30                   ;D2 中设定刀具半径值为 8,编程零件轮廓
N90 G3X30Y−22 CR=8
N95 G1X30Y24
N100 G3X30Y−22 CR=8
N105 G1X30Y24
N110 G3X24Y30 CR=6
N115 G1X−22Y30
N120 G3X−30Y22 CR=8
N125 G1X−30Y−24
N130 G3X−24Y−30 CR=6
N135 G40G1X−20Y−50              ;取消刀补
N140 G0Z50                      ;抬刀
N145 M30                        ;程序结束
```

7 SIEMENS 828D(802D)系统数控铣床编程

第 6 章介绍了数控铣削编程的基本知识,本章就 SIEMENS 828D(802D)数控系统的编程特点和编程方法进行介绍。

7.1 SIEMENS 828D 系统指令代码

SIEMENS 828D 系统指令代码见表 7.1～表 7.3 所示。

表 7.1 SIEMENS 828D 准备功能 G 指令及扩展功能代码表

代 码	功 能	说 明
G0	快速移动	组 1
G1*	直线运行	
G2	顺时针圆弧/螺旋线	
G02.2	顺时针方向渐开线	
G3	逆时针圆弧/螺旋线	
G03.2	逆时针方向渐开线	
G33	螺纹插补	
G17*	*XY* 平面	组 2
G18	*XZ* 平面	
G19	*YZ* 平面	
G90*	绝对编程	组 3
G91	相对编程	
G22	工作区域限制,保护区 3"开"	组 4
G23*	工作区域限制,保护区 3"关"	
G93	时间倒数进给率(r/min)	组 5
G94*	进给率(mm/min,in/min)	
G95	旋转进给率(mm/r,in/r)	
G70	英制输入系统	组 6
G71*	英制输入系统	
G40*	取消铣刀半径补偿	组 7
G41	轮廓左侧补偿	
G42	轮廓右侧补偿	
G43	启用正向刀具长度补偿	组 8
G44	启用负向刀具长度补偿	
G49*	关闭刀具长度补偿	

续表 7.1

代 码	功 能	说 明
G500*	取消可设定零点偏置	组 14
G54～G59	零点偏置	
G153	按程序段方式取消可设定零点偏置,包括基本偏置	
G61	准停模态有效	组 15
G62	自动拐角倍率	
G63	攻丝模式	
G64	连续路径方式	
G290	选择西门子模式	组 31
G291	选择 ISO 语言模式	
	扩展功能	
TRANS	可编程偏置(写存储器)	单程序段有效
ROT	可编程旋转	同上
SCALE	可编程比例系数	同上
MIRROR	可编程镜像	同上
ATRANS	附加的可编程偏置	同上
AROT	附加的可编程旋转	同上
ASCALE	附加的可编程比例系数	同上
AMIRROR	附加的可编程镜像	同上
BRISK	轨迹跳跃加速	加速特性 模态有效
SOFT	轨迹平滑加速	
FFWOF*	预控关闭	预控模 态有效
FFWON	预控打开	
WALIMON*	工作区域限制生效	工作区域限制 模态有效
WALLIMOF	工作区域限制取消	

带*的 G 功能都由 NC 在接通控制系统或复位时来确定。

表 7.2 辅助功能代码表

代 码	功 能	说 明
M00	程序停止	
M01	程序有条件停止	
M02	程序结束	
M30	程序结束并返回加工起始点	
M17	子程序结束	
M03	主轴顺时针旋转	
M04	主轴逆时针旋转	
M05	主轴停转	
M06	更换刀具	

表 7.3　固定循环指令表

指令	功能	编程举例
CYCLE81	钻削、钻中心孔	
CYCLE82	钻中心孔	例：
CYCLE83	钻深孔	N5 RTP=10 RFP=5…　赋值
CYCLE840	带补偿夹具攻丝	N10 CYCLE81(RTP,RFP,…)单程序段
CYCLE84	刚性攻丝	
CYCLE85	绞孔 1(镗孔 1)	例：
CYCLE86	镗孔(镗孔 2)	N5 RTP=10 RFP=5…　赋值
CYCLE87	绞孔 2(镗孔 3)	N10 CYCLE82(RTP,RFP,…)单程序段
CYCLE88	带停止钻孔 1(镗孔 4)	
CYCLE89	带停止钻孔 2(镗孔 5)	例：
CYCLE90	螺纹铣削	N10 CALL CYCLE83(…)单程序段
HOLES1	钻排孔	
HOLES2	钻分布圆孔	例：
SLOT1	铣圆弧槽	N10 CALL SLOT1(…)单程序段
SLOT2	铣圆形槽	
POCKET3	铣矩形槽	例：
POCKET4	铣圆槽	N10 CALL CYCLE71(…)单程序段
CYCLE71	铣端面	
CYCLE72	轮廓铣削	
LONGHOLE	铣加长孔	

注：SIEMENS 802D 系统指令代码与以上列出的 SIEMENS 828D 系统指令代码格式相同、功能相同。

7.2　SIEMENS 828D 系统常用指令介绍

7.2.1　绝对量和增量的混合编程 G90、G91、AC、IC

前面章节中已经介绍过 G90 和 G91 分别用于绝对坐标和增量坐标的编程方式，在位置数据不同于 G90/G91 的设定时，可以在程序段中通过 AC/IC 以绝对坐标和增量坐标的方式进行混合设定。

指令格式：X=AC(…)　　;某轴以绝对尺寸输入，程序段方式

X=IC(…)　　;某轴以增量尺寸输入，程序段方式

编程举例：

```
N10 G90 X20 Z90          ;绝对坐标
N20 X75 Z=IC(-32)        ;X 仍然是绝对坐标，Z 是增量坐标
…
N180 G91 X40 Z20         ;转换为增量坐标
N190 X-12 Z=AC(17)       ;X 是增量坐标，Z 是绝对坐标
```

7.2.2　圆弧插补指令

圆弧插补见图 7.1、图 7.2。

指令格式：

```
CIP X…Y…I1=…J1=…      ;CIP 通过中间点的圆弧插补，即 3 点确定圆弧
CT X…Y…               ;切线过渡圆弧，终点坐标 X…Y…
```

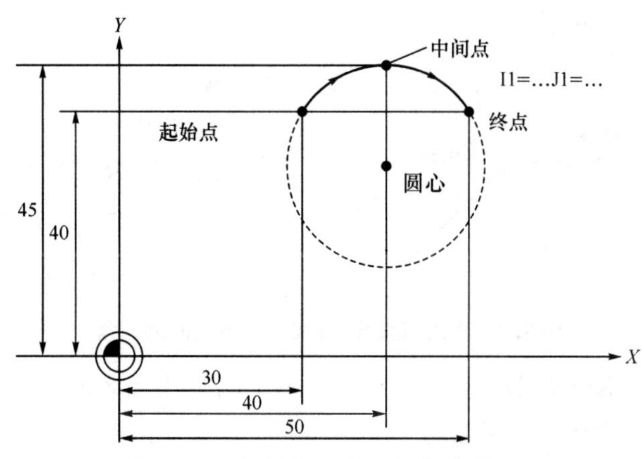

图 7.1 已知终点和中间点的圆弧插补

N10 G90 G0 X30 Y40 ;N10 圆弧的起始点

N20 CIP X50 Y40 I1=40 J1=50 ;终点和中间点

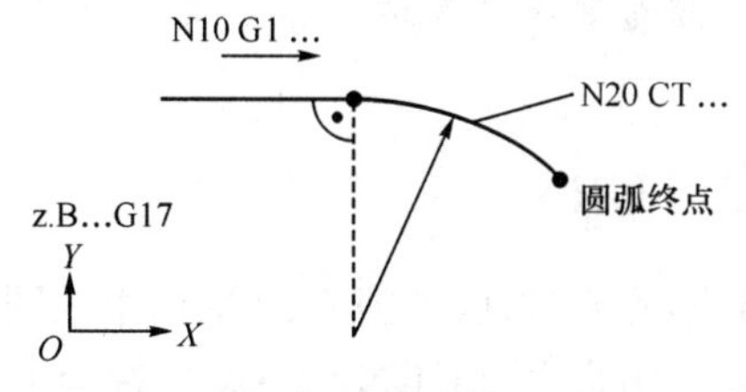

图 7.2 圆弧与前面的轨迹切向连接

N10 G1 X20 F300 ;走直线

N20 CT X…Y… ;当前圆弧切于前一段圆弧

7.2.3 倒角和倒圆角

在一个轮廓拐角处(直线轮廓之间、圆弧轮廓之间以及直线轮廓和圆弧轮廓之间)可以插入倒角或圆角,指令 CHF=…或者 RND=…与加工拐角的轴运动指令一起写入到程序段中(见图 7.3、图 7.4)。

指令格式:CHF=… ;插入倒角,数值:倒角长度

RND=… ;插入圆角,数值:倒圆角半径

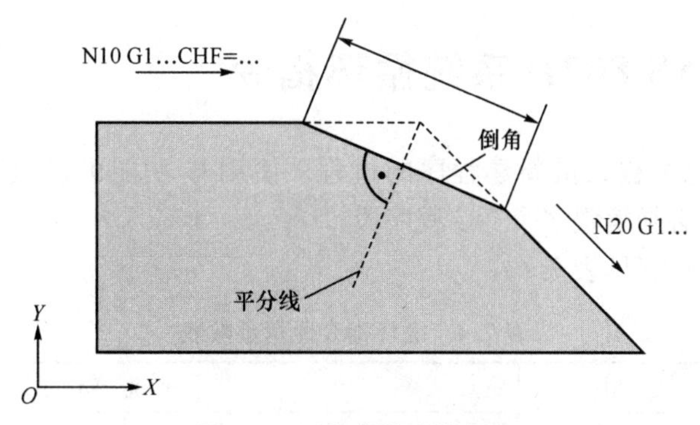

图 7.3 两段直线之间倒角

编程举例:N10 G1 X…CHF=5 ;倒角 5 mm

N20 X…Y…

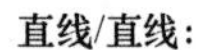

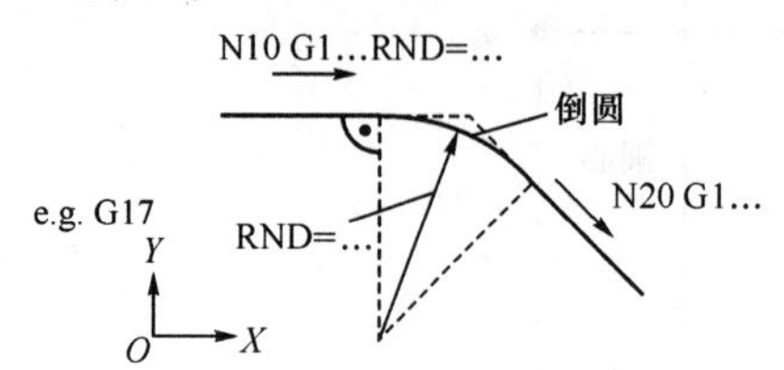

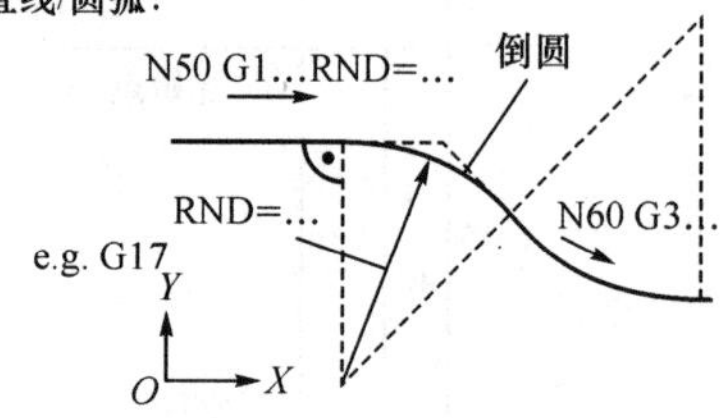

图 7.4　直线与直线,直线与圆弧之间倒圆角

编程举例:N10 G1 X…RND=8　　　　;倒圆,半径 8 mm

N20 X…Y…

…

N50 G1 X…RND=7.3　　　　;倒圆,半径 7.3 mm

N60 G3 X…

注:如果连续编程的程序段超过 3 段没有运行指令或更换平面,则不倒角/倒圆。

7.2.4　螺旋插补 G3/G2、TURN

螺旋插补是由两种运动组成:在 G17,G18 或 G19 平面中的圆弧运动和垂直该平面的直线运动。用指令 TURN=…编程螺旋的整圈圈数(见图 7.5)。

图 7.5　螺旋插补

指令格式:G2/G3 X…Y…I…J…TURN=…　　;终点和圆心

G2/G3 CR=…X…Y…TURN=…　　;圆半径和终点

G2/G3 AR=…I…J…TURN=…　　;张角和圆心

G2/G3 AR=…X…Y…TURN=…　　;张角和终点

G2/G3 AP=…RP=…TURN=…　　;极坐标角度和半径

编程举例:N10 G17　　　　;*X*/*Y* 平面,*Z*——垂直于该平面

N20 G0 X0 Y50 Z50

N30 G1 X0 Y50 F300　　　　;回起始点

N40 G3 X0 Y0 Z34 I0 J−25 TURN=3;螺旋整圈数 3

7.3　SIEMENS 802D 系统循环指令

固定循环可以简化编程人员新建程序的过程。使用 G 功能可以执行频繁出现的加工步骤;在没有固定循环时必须编程多个 NC 程序段。

循环指令通用参数表(见表 7.4)。

表 7.4　循环指令通用参数表

参　数	类　型	说　明
RTP	实数	返回平面(绝对值)
RFP	实数	参考平面(绝对值)

续表 7.4

参 数	类 型	说 明
SDIS	实数	安全间隙(无符号输入)
DP	实数	最后深度(绝对值)
DPR	实数	相当于参考平面的最后深度(无符号输入)
DTB	实数	最后钻孔或铣槽深度时的停顿时间(断屑),时间为秒
DTS	实数	起始点处和用于排屑的停顿时间
VARI	整数	加工类型:断屑=0;排屑=1
NUM	整数	孔或槽的数量
CPA	实数	圆弧圆心(绝对值),平面的第一轴
CPO	实数	圆弧圆心(绝对值),平面的第二轴
RAD	实数	圆周孔圆心的分布圆半径(无符号输入)
STA1	实数	起始角度
INDA	实数	增量角度
FFD	实数	深度方向进给的进给率
FFP1	实数	表面加工进给率
MID	实数	深度方向的每次进给量(无符号输入,最大的一次)
_LENG	实数	槽长,带符号从拐角测量
_WID	实数	槽宽,带符号从拐角测量
_CRAD	实数	拐角半径(无符号输入)
_PA	实数	槽参考点(绝对值),平面的第一轴
_PO	实数	槽参考点(绝对值),平面的第二轴
_MID	实数	深度方向的每次进给量(无符号输入,最大的一次)
_FAL	实数	槽边缘的精加工余量(无符号输入)
_FALD	实数	槽底的精加工余量(无符号输入)
_FFP1	实数	端面加工进给率
_FFD	实数	深度进给进给率
_MIDA	实数	在平面的连续加工中的最大进给宽度
_RAD1	实数	插入时螺旋路径的半径(相当于刀具中心点路径)
_DP1	实数	沿螺旋路径插入时每转(360 度)的插入深度

钻孔类循环

钻孔类循环在调用前,切削刀具必需移动到指定位置,如果在循环中没有定义进给率、主轴转速和旋转方向的值,则必须在之前的程序中给定。

通常通过选择平面 G17、G18 或 G19 并激活可编程的偏移来定义进行加工的当前的工件坐标系。钻孔轴始终是垂直于当前平面的坐标系的轴。公用参数的意义见表 7.4 和图 7.6。

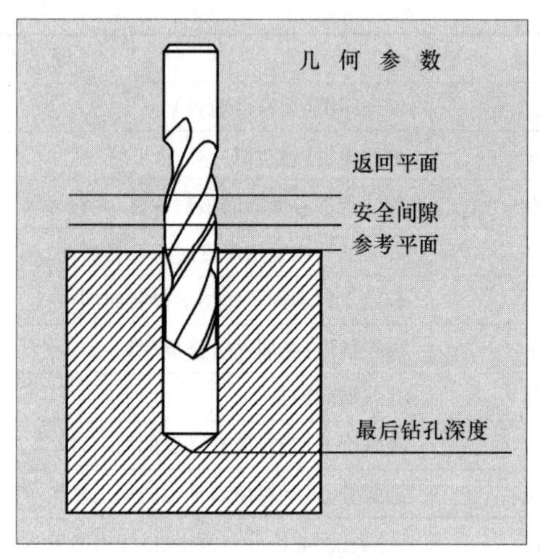

图 7.6　通用参数意义

7.3.1　钻孔循环指令

1) 钻孔、中心孔 CYCLE81(见表 7.5)

指令格式:

CYCLE81(RTP,RFP,SDIS,DP,DPR)。

表 7.5　CYCLE81 参数意义说明

参　数	类　型	说　明
RTP	Real	返回平面(绝对)
RFP	Real	参考平面(绝对)
SDIS	Real	安全间隙(无符号输入)
DP	Real	最后钻孔深度(绝对)
DPR	Real	相当于参考平面的最后钻孔深度(无符号输入)

功能:在指定位置,钻孔到指定深度,然后快速退到返回平面(见图 7.7)。

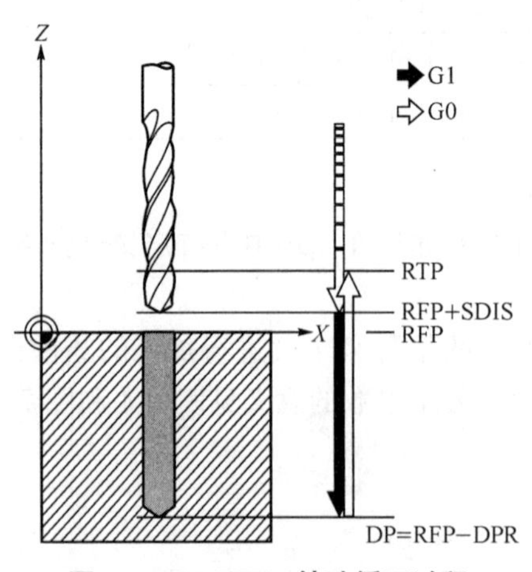

图 7.7　CYCLE81 钻孔循环过程

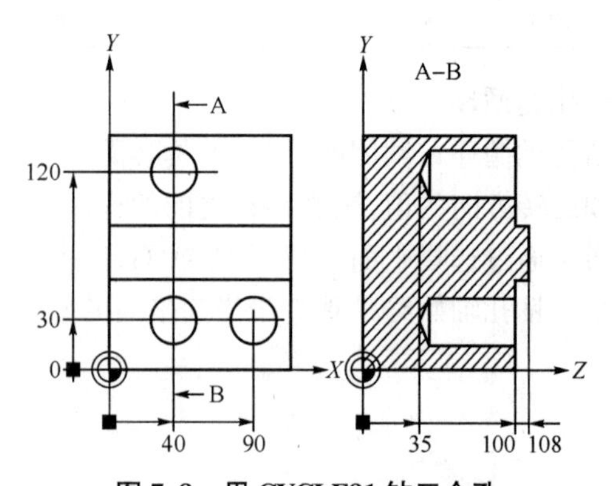

图 7.8　用 CYCLE81 钻三个孔

编程举例:利用循环(CYCLE81)钻削图 7.8 所示的三个深 65 mm 的孔,钻孔轴为 Z 轴。

```
N10  T3 D3 G54                       ;调用3号刀,补偿号D3,零点偏移G54
N20  S500 M3 F200                    ;主轴正转500 r/min,进给率200 mm/min
N30  G0 G90 X40 Y120                 ;绝对坐标,快速定位到初始钻孔位置
N40  Z110                            ;快速移动到返回平面
N50  CYCLE81(110,100,2,35)           ;调用钻孔循环,钻一个65 mm的深孔
N60  Y30                             ;移到下一个钻孔位置
N70  CYCLE81(110,102,  ,35)          ;无安全间隙调用循环,钻孔
N80  X90                             ;移到下一个位置
N90  CYCLE81(110,100,2,  ,65)        ;循环使用相对值的最后钻孔深度,钻孔
N100  M02                            ;程序结束
```

2) 钻孔 CYCLE82

指令格式:CYCLE82(RTP,RFP,SDIS,DP,DPR,DTB)。

参数意义说明:DTB——在孔底的停顿时间(断屑),时间为秒。

注:其他参数意义与CYCLE81相同。

功能:同CYCLE81,且在孔底可以设定暂停时间。

编程举例:使用CYCLE82,*XY*平面中的X24 Y15处钻一个深27 mm的单孔,在孔底停顿2 s,钻孔轴为*Z*轴,安全间隙4 mm(见图7.9、图7.10)。

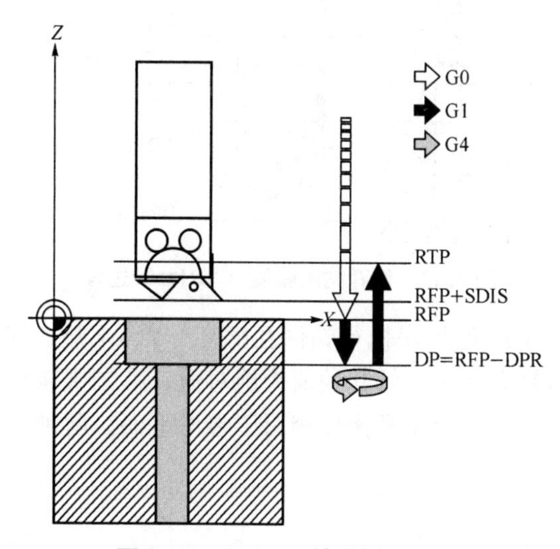

图7.9 CYCLE82钻孔循环过程

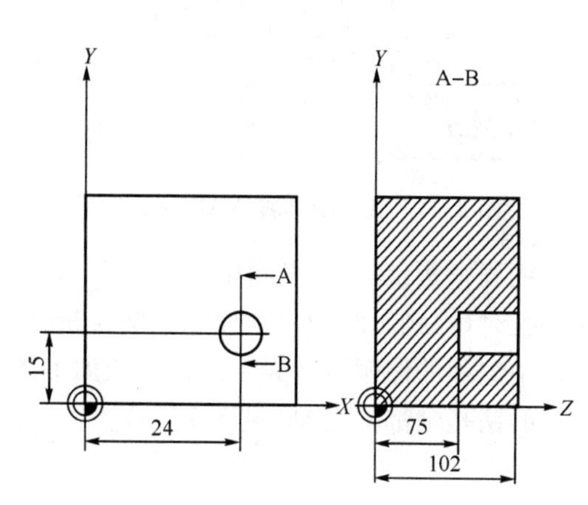

图7.10 CYCLE82钻孔

```
N10 T10 D2 G55                       ;调用10号刀具,补偿号D2,零点偏移G55
N20 S300 M3 F200                     ;主轴正转,300 r/min,进给率200 mm/min
N30 G0 G90 X24 Y15 Z110              ;快速定位到钻孔起始位置
N40 CYCLE82(110,102,4,75,  ,2)       ;调用循环,孔深75 mm(绝对值),安全间隙4 mm
N50 M2                               ;程序结束
```

3) 钻深孔 CYCLE83(见表7.6)

指令格式:CYCLE83(RTP,RFP,SDIS,DP,DPR,FDEP,FDPR,DAM,DTB,DTS,FRF,VARI)

表 7.6　CYCLE83 参数意义说明

参　数	类　型	说　明
FDEP	Real	起始钻孔深度(绝对值)
FDPR	Real	相当于参考平面的起始钻孔深度(无符号输入)
DAM	Real	递减量(无符号输入)
DTS	Real	起始点处用于排屑的停顿时间
FRF	Real	起始钻孔深度的进给率系数(无符号输入)范围 0.001 至 1
VARI	Int	加工类型:断屑=0;排屑=1

注:其他参数如表 7.4 所示。

功能:刀具以编程的主轴速度和进给率钻孔,钻孔过程中多次执行所定义的每次切削深度,直至钻到孔底。钻头可以在每次进给深度完以后返回参考平面+安全间隙用于排屑,或者每次退回 1 mm 用于断屑(见图 7.11、图 7.12)。

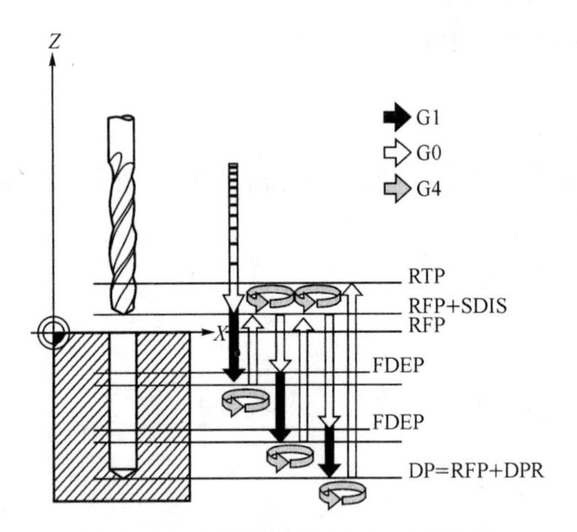

图 7.11　孔钻削排屑(VARI=1)过程

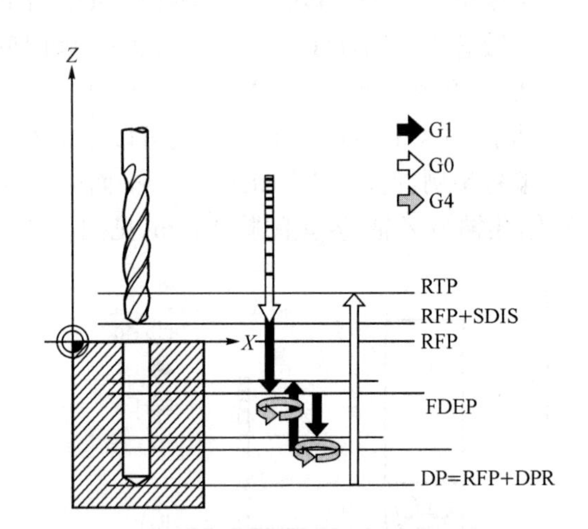

图 7.12　深孔钻削断屑(VARI=0)过程

编程举例:在 XY 平面中的 X80 Y120 和 X80 Y60 处程序执行钻深孔循环 CYCLE83。首次钻孔时,停顿时间为零且加工类型为断屑。最后钻孔和首次钻孔的值为绝对值。第二次循环调用中编程的停顿时间为 1 s,选择的加工类型是排屑,最后钻孔深度相对于参考平面。两种加工中的钻孔轴都是 Z 轴(见图 7.13)。

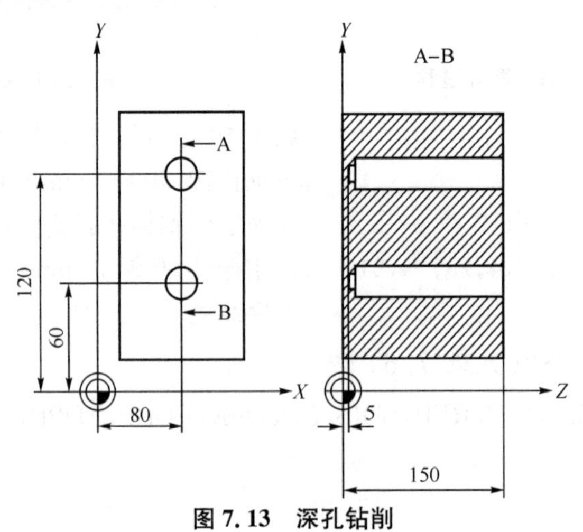

图 7.13　深孔钻削

```
N10  D1 T12 G55
N20  S500 M3 G90 F80
N40  G0 X80 Y120 Z155                              ;快速定位到钻孔起始位置
N50  CYCLE83(155,150,2,5,0,100,  ,20,0,0,1,0)      ;调用钻深孔循环,钻一个孔
N60  X80 Y60                                        ;快速定位到下一个钻孔位置
N70  CYCLE83(155,150,2,  ,140,  ,50,20,1,1,0.5,1)  ;调用钻深孔循环,钻一个孔
N80  G0 Z200 M30                                    ;程序结束
```

4）钻排孔 HOLES1

钻孔类型循环就是定义孔在平面中的分布位置,与钻孔循环指令一起组成排孔、分布圆孔的钻孔命令(见表 7.7)。

指令格式:HOLES1(SPCA,SPCO,STA1,FDIS,DBH,NUM)

表 7.7 参数意义说明

参 数	类 型	说 明
SPCA	Real	排孔中心线上参考点的第一轴坐标(横轴的绝对值坐标)
SPCO	Real	排孔中心线上参考点的第二轴坐标(纵轴的绝对值坐标)
STA1	Real	排孔中心线与平面第一坐标轴的角度,范围(−180°<STA1<=180°)
FDIS	Real	第一个孔到参考点的距离(无符号输入)
DBH	Real	孔间距(无符号输入)
NUM	Int	孔的数量

功能:用来钻削排孔。即沿直线分布的一系列等距孔,或网络孔。孔的类型由被调用的钻孔循环决定(见图 7.14)。

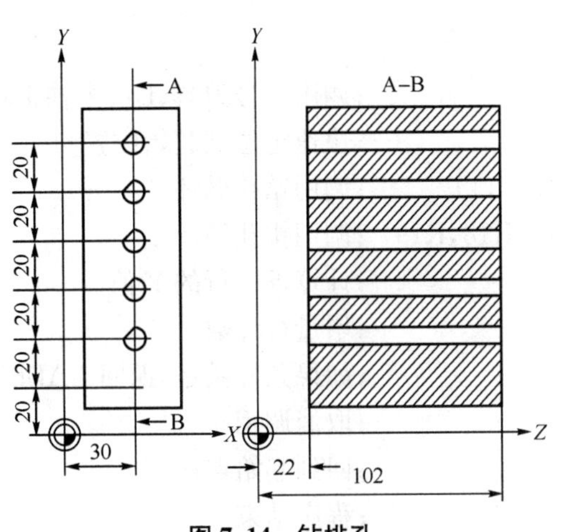

图 7.14 钻排孔

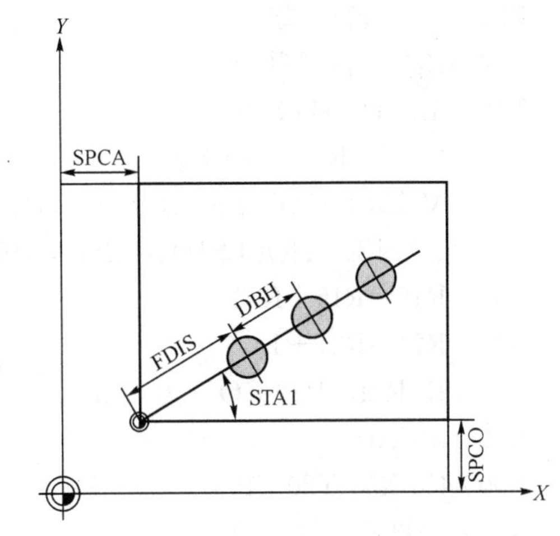

图 7.15 钻排孔示例

编程举例:

①排孔:加工 *XY* 平面中的 5 个螺纹排孔,孔间距都为 20 mm。排孔的起始点设定为 Y20 X30,第一孔距离此点 10 mm(见图 7.15)。首先使用 CYCLE82 进行钻孔,然后使用CYCLE84(无补偿夹具攻丝)进行攻丝。孔深为 80 mm(参考平面与最后钻孔深度间的距离)。

```
N10  T10 D1 M3 S500
N20  G90 G0 X30 Y40 Z10 F100                        ;快速定位到钻孔起始位置
```

```
N30   MCALL CYCLE82(105,102,2,22,0,1)                        ;钻孔循环的形式调用
N40   HOLES1(30,20,90,20,20,5)                               ;调用排孔循环
N50   MCALL                                                  ;取消形式调用
N60   T2 D2 M3 S200                                          ;换刀
N70   G0 X30 340 Z110                                        ;快速定位到攻丝起始位置
N80   MCALL CYCLE84(105,102,2,22,0,  ,3,  ,4.2,  ,300)       ;调用攻丝循环
N90   HOLES1(30,20,90,10,20,5)                               ;调用排孔循环
N100 MCALL                                                   ;取消调用
N110 M30                                                     ;程序结束
```

②钻网格孔:钻 5 行×5 列的网格孔,分布在 XY 平面中的孔、行间距都为 10 mm。网格的起始点在 X30 Y20 处(见图 7.16),程序中使用 R 作为循环的转换参数。

```
R10=102   ;参考平面
R11=105   ;返回平面
R12=2     ;安全距离
R13=75    ;钻孔深度
R14=30    ;参考点:平面第一坐标轴的排孔
R15=20    ;参考点:平面第二坐标轴的排孔
R16=0     ;起始角
R17=10    ;第一孔到参考点的距离
R18=10    ;孔间距
R19=5     ;每行孔的数量
R20=5     ;行数
R21=0     ;行计数
R22=10    ;行间距
N10   T10 D1 M3 S800                                  ;调用 1 号刀具、D1、主轴正转
N20   G1 X=R15 Z105 F300                              ;快速定位到起始位置
N30   MCALL CYCLE82(R11,R10,R12,R13,0,1)              ;调用钻孔循环
N40   LABEL1:HOLES1(R14,R15,R16,R17,R18,R19)          ;调用排孔循环
N50   R15=R15+R22                                     ;计算下一行的 Y 值
N60   R21=R21+1                                       ;增量行计数
N70   IF R21<R20 GOTOB LABEL1                         ;如果条件满足,返回 LABEL1
N80   MCALL                                           ;取消调用
N90   G0 X30 Y20 Z105                                 ;回到起始点
N100  M30                                             ;程序结束
```

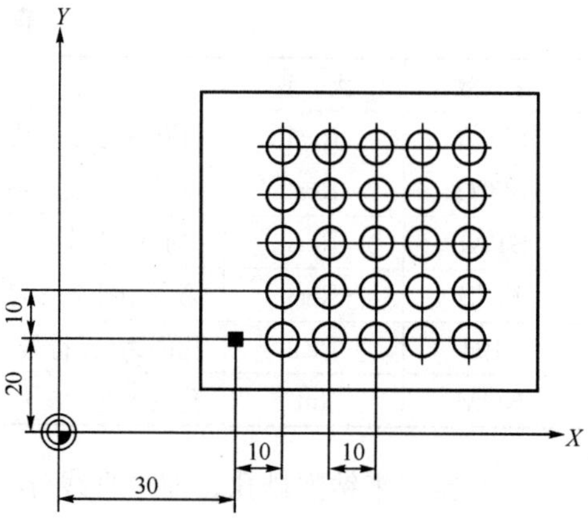

图 7.16　钻网格孔

5) 钻圆周孔 HOLES2(见表 7.8)

指令格式:HOLES2(CPA,CPO,RAD,STA1,INDA,NUM)。

表 7.8　参数意义说明

参　数	类　型	说　明
CPA	Real	圆周孔的中心点(绝对值),平面的第一坐标轴
CPO	Real	圆周孔的中心点(绝对值),平面的第二坐标轴
RAD	Real	圆周孔圆心的分布圆半径(无符号输入)
STA1	Real	起始角　　范围:－180＜STA1＜＝180 度
INDA	Real	增量角
NUM	Int	孔的数量

功能:用于加工圆周孔,加工平面必须在循环调用前定义,孔的类型由已经调用的钻孔循环决定(见图 7.17、图 7.18)。

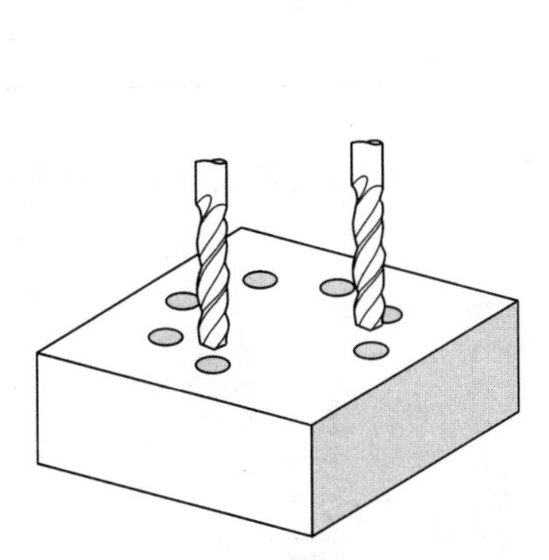

图 7.17　分布圆孔

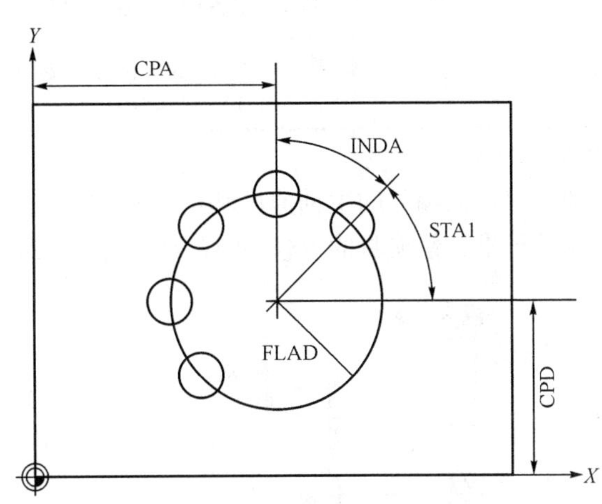

图 7.18　分布圆孔

编程举例:钻 4 个孔深为 30 mm 圆周孔,使用循环 CYCLE82 钻孔。最后钻孔深度定义成参考平面的相对值,圆周由平面中的中心点 X70 Y60 和半径 42 mm 决定,起始角是 33°,钻孔轴 Z 的安全间隙是 2 mm(见图 7.19)。

```
N10 G90 M3 S170 T10 D1 G54
N20 G17 G1 X50 Y45 Z2
                    ;定位到起始位置
N30 MCALL CYCLE82(2,0,2,  ,30,0)
                    ;调用 CYCLE82 钻孔循环
N40 HOLES2(70,60,42,33,90,4)
                    ;调用圆周孔循环
N50 MCALL           ;取消调用
N60 M30             ;程序结束
```

图 7.19　分布圆孔

7.3.2　攻丝循环指令

1) 带补偿夹具攻丝 CYCLE840(见表 7.9)

指令格式:CYCLE840(RTP,RFP,SDIS,DP,DPR,DTB,SDAC,MPIT,PIT)

表 7.9　CYCLE840 参数意义说明

参　数	类　型	说　明
DTB	实数	到达螺纹最终深度时的停顿时间(绝对值)
SDR	整数	退回时的旋转方向 值:0(旋转方向自动反向);3 或 4(用于 M3 或 M4)
SDAC	整数	循环结束后的旋转方向 值:3,4 或 5(即 M3,M4 或 M5)
ENC	整数	带/不带编码器攻丝 值:0=带编码器;1=不带编码器
MPIT	实数	螺距由螺纹尺寸定义(有符号);数值范围 3(用于 M3)…48(用于 M48);符号决定螺纹的螺旋方向:正值→RH,负值→LH
PIT	实数	螺距由数值定义(有符号);数值范围 0.001…2000.00 mm 符号决定螺纹的螺旋方向:正值→RH,负值→LH

其他参数见表 7.4。

功能:刀具以编程的主轴速度和进给率攻丝,直至到达所定义的最终螺纹深度。使用此循环,可以进行带补偿夹具的攻丝(见图 7.20、图 7.21)。

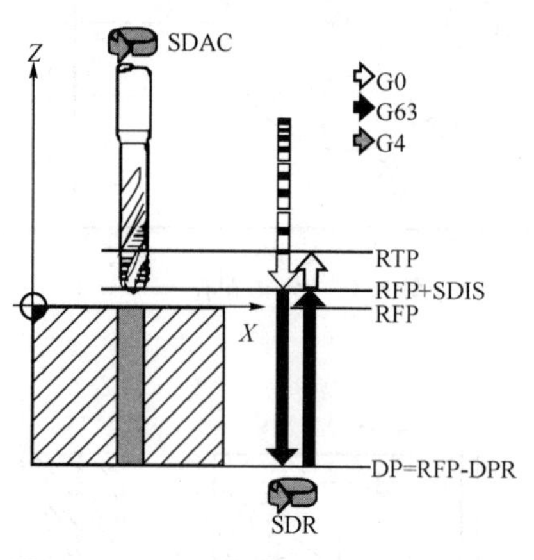

图 7.20　无编码器带补偿夹具攻丝过程

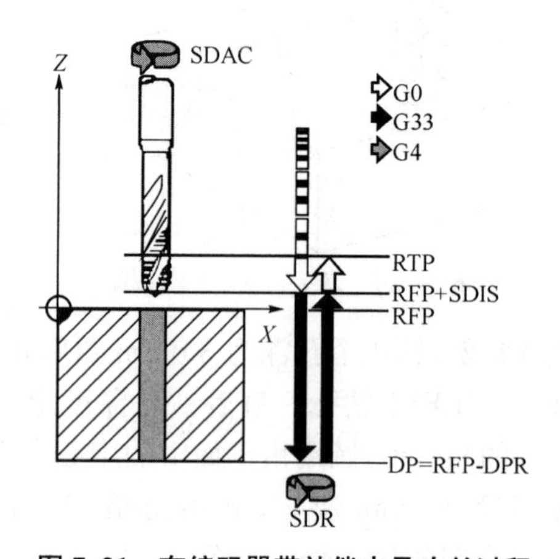

图 7.21　有编码器带补偿夹具攻丝过程

编程举例:在 *XY* 平面中的 X35,Y35 处进行无编码器攻丝,攻丝轴是 *Z* 轴。必须给旋转方向。

①无编码器攻丝:给参数 SDR 和 SDAC 赋值;参数 ENC 的值为 1,深度的值是绝对值。可以忽略螺距参数 PIT,加工时使用补偿夹具(见图 7.22)。

```
N10  G90 G0 T11 D1 S500 M3 G54
N20  G17 X35 Y35 Z60                        ;接近钻孔位置
N40  CYCLE840(59,59,  ,15,0,1,4,3,1,  ,)    ;循环调用:停顿时间为 1 s,退回旋转方
                                             向 M4,循环后旋转方向为 M3,无安全
                                             间隙,忽略 MPIT 和 PIT 参数
N50  M30                                    ;程序结束
```

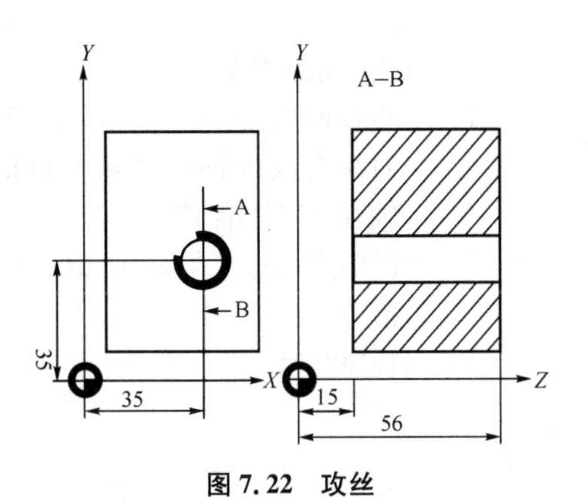

图 7.22 攻丝

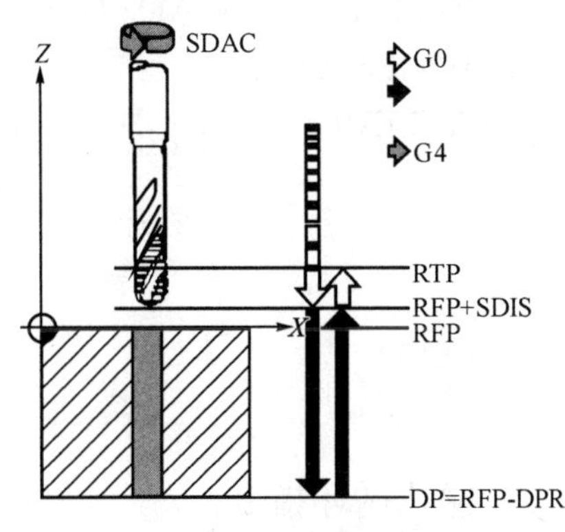

图 7.23 CYCLE84 刚性攻丝过程

②带编码器攻丝：在 XY 平面中的 X35，Y36 处攻一个螺纹孔（带编码器攻丝）。攻丝轴 Z 轴。必须定义螺距参数，旋转方向自动反向。加工时使用补偿夹具（见图 7.23）。

```
N10  G90 T11 D1 S500 M4
N20  G17 G0 X35 Y35 Z60                         ;接近钻孔位置
N30  G1 F200                                    ;决定进给路径和进给率
N40  CYCLE840(59,56,  ,15,0,0,4,3,0,0,3.5)      ;攻丝循环调用
N45  G0 Z100                                    ;抬刀
N50  M30                                        ;程序结束
```

2) 刚性攻丝 CYCLE84

指令格式：CYCLE84(RTP,RFP,SDIS,DP,DPR,DTB,SDAC,MPIT,PIT,POSS,SST,SST1)

参数意义说明：POSS：循环中定位主轴的位置（以度为单位）；SST：攻丝速度；SST1：退回速度；其他参数与 CYCLE840 相同。

功能：刀具以编程的主轴速度和进给率进行攻丝，直至最终螺纹深度（见图 7.24）。

注：只有 CYCLE84 用于镗孔操作时，主轴才进行位置控制。

编程举例：在 XY 平面中的 X30 Y35 处进行不带补偿夹具的刚性攻丝，攻丝轴是 Z 轴，未编程停顿时间，编程的深度值为相对值。必须给旋转方向参数和螺距参数赋值。被加工螺纹公称直径为 M5（见图 7.25）。

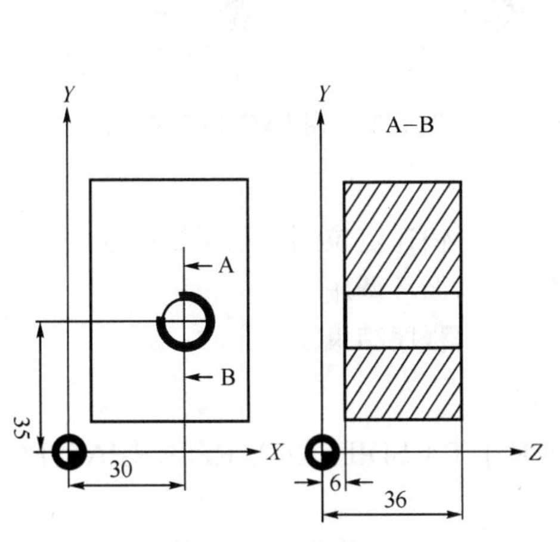

图 7.24 刚性攻丝

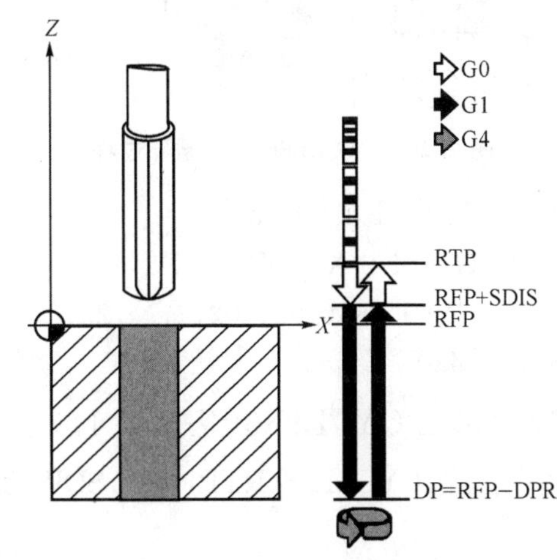

图 7.25 CYCLE85 绞孔循环过程

```
N10   G90 T11 D1 S600 M03 G54
N20   G17 X30 Y35 Z40                                ;接近钻孔位置
N30   CYCLE84(40,36,2, ,30,3, ,5, ,90,200,500)      ;循环调用:忽略 PIT 参数,未给绝
                                                      对深度或停顿时间输入数值,主
                                                      轴在 90°位置停止,攻丝速度是
                                                      200,退回速度是 500 mm/min
N35 G0 Z100                                          ;抬刀
N40   M30                                            ;程序结束
```

7.3.3　镗孔循环指令

1) 绞孔 1(镗孔 1)CYCLE85(见表 7.10)

指令格式:CYCLE85(RTP,RFP,SDIS,DP,DPR,DTB,FFR,RFF)

表 7.10　CYCLE85 参数意义说明

参　数	类　型	说　明
FFR	实数	进给率
RFF	实数	退出进给率

功能:绞孔或镗孔,刀具按编程的主轴速度和进给率绞孔直至孔底。进给和退出进给率分别由 FFR 和 RFF 的值定义(见图 7.26)。

编程举例:在 *ZX* 平面中的 Z70 X50 处铰孔,铰孔轴 *Y* 轴。循环调用中最后钻孔深度的值是作为相对值来编程的,未编程停顿时间,工件的上表面为 Y102(见图 7.27)。

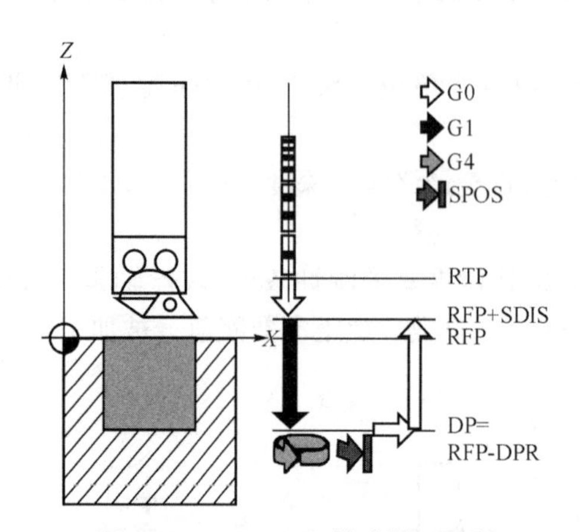

图 7.26　CYCLE86 镗孔循环过程

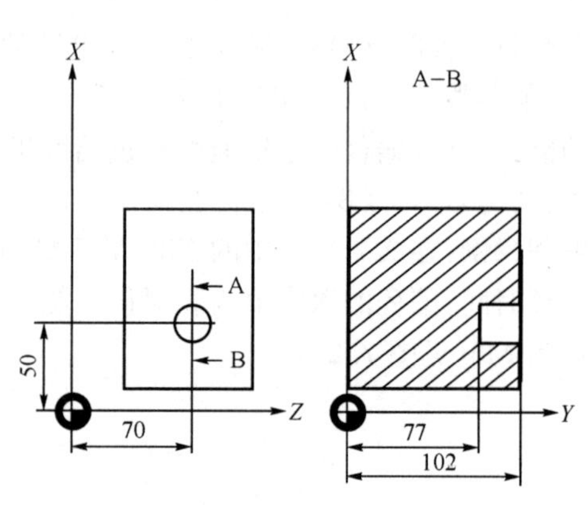

图 7.27　用 CYCLE85 绞孔

```
N10   T11 D1 S300 M03
N20   G18 Z70 X50 Y105                       ;快速定位到绞孔起始位置
N30   CYCLE85(105,102,2, ,25, ,300,450)     ;循环调用
N40   M30                                    ;程序结束
```

2) 镗孔 2 CYCLE86(见表 7.11)

指令格式:CYCLE86(RTP,RFP,SDIS,DP,DPR,DTB,SDIR,RPA,RPO,RPAP,POSS)

表 7.11 CYCLE86 参数意义说明

参 数	类 型	说 明
SDIR	整数	旋转方向 值:3(正转),4(反转)
RPA	实数	平面中第一主轴上的返回路径(增量,带符号输入)
RPO	实数	平面中第二主轴上的返回路径(增量,带符号输入)
RPAP	实数	镗孔轴上的返回路径(增量,带符号输入)

注:其他参数见表 7.4。

功能:镗孔,刀具按照编程的主轴速度和进给率镗孔直至孔底,到达孔底时,主轴准停,首先刀尖沿相反方向退出,然后快速抬刀到返回平面。实际使用时应注意刀尖的退出方向,以免撞刀。

编程举例:在 *XY* 平面中的 X70 Y50 处调用 CYCLE86。编程的最后镗孔深度值为绝对值。未定义安全间隙。在最后镗孔深度处的停顿时间是 2 s。工件上表面 Z110。在此循环中,主轴以 M3 旋转并停止在 45°位置。

```
N10  G0 G17 G90 F200 S300 M3
N20  T11 D1 Z112
N30  X70 Y50                                    ;快速定位到镗孔位置
N40  CYCLE86(112,110,  ,77,0,2,3,-1,-1,1,45)    ;调用循环
N50  M30                                        ;程序结束
```

3) 镗孔 3(铰孔 2)CYCLE87

指令格式:CYCLE87(RTP,RFP,SDIS,DP,DPR,DTB,SDIR)

功能:镗孔,刀具按照编程的主轴速度和进给率镗孔直至孔底,到达孔底时,进给停止、主轴停转。按 NC START 键,快速抬刀到达返回平面(见图 7.28)。

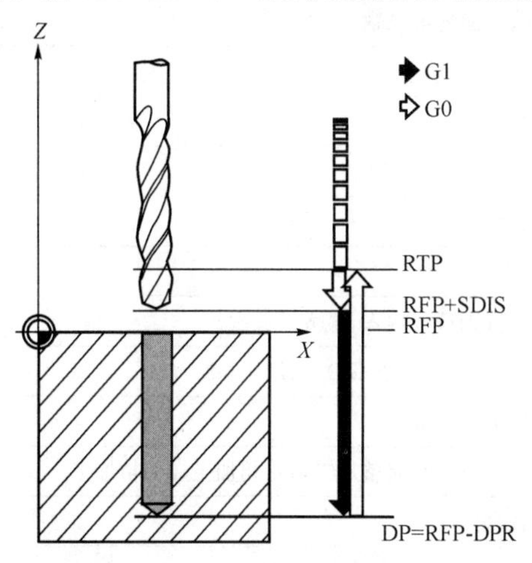

图 7.28 用 CYCLE87 镗孔(一)

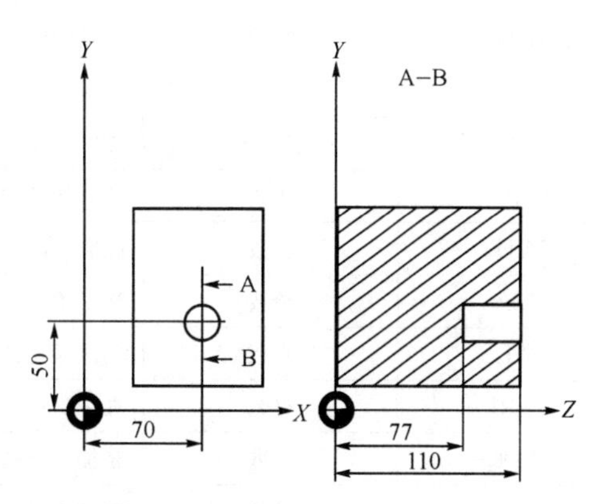

图 7.29 用 CYCLE86 镗孔(二)

参数说明:SDIR(旋转方向):值:3(即 M3);4(即 M4)。

编程举例:参见图 7.29。

```
N10 DP=77 SDIS=2              ;定义参数
N20 T3 D3 G55
N30 S300 M03 F200
N50 G0 X70 Y50Z113            ;快速定位
```

N60 CYCLE87(113,110,SDIS,DP, ,3) ;循环调用
N70 M02

4)镗孔 4 CYCLE88

指令格式:CYCLE88(RTP,RFP,SDIS,DP,DPR,DTB,SDIR)

功能(循环的编程参数及加工过程)与 CYCLE87 相同。

还可用于钻孔,在底部可暂停。

5) 镗孔 5 CYCLE89

指令格式:CYCLE89(RTP,RFP,SDIS,DP,DTB)

循环的编程参数及加工过程与 CYCLE87 相同,不同的是 CYCLE87 用 G00 快速从孔底抬到返回平面,而 CYCLE89 是用 G01 从孔底退到返回平面。

7.3.4 铣槽循环指令

1) 铣圆弧槽 SLOT1(见表 7.12)

指令格式:SLOT1(RTP,RFP,SDIS,DP,DPR,NUM,LENG,WID,CPA,CPO,RAD,STA1,INDA,FFD,FFP1,MID,CDIR,FAL,VARI,MIDF,FFP2,SSF)

表 7.12 参数意义说明

参 数	类 型	说 明
NUM	整数	槽的数量
LENG	实数	槽长(无符号输入)
WID	实数	槽宽(无符号输入)
CPA	实数	圆弧中心点(绝对值),平面的第一轴
CPO	实数	圆弧中心点(绝对值),平面的第二轴
RAD	实数	圆弧槽内切圆弧半径
STA1	实数	起始角度
INDA	实数	增量角度
FFD	实数	深度方向进给的进给率
FFP1	实数	端面加工的进给率
MID	实数	深度方向的每次进给量(无符号输入,最大的一次)
CDIR	整数	加工槽的铣削方向; 值:2(用于 G2),3(用于 G3)
FAL	实数	槽边缘的精加工余量(无符号输入)
VARI	整数	加工类型 值:0=完整加工,1=粗加工,2=精加工
MIDF	实数	精加工时的最大进给深度
FFP2	实数	精加工进给率
SSF	实数	精加工速度

功能:SLOT1 循环是一个综合的粗加工和精加工循环,用于加工环形排列槽,槽的纵向轴按放射状排列。槽宽大于刀具直径,从起始槽开始按顺序一个一个槽铣过去(见图 7.30)。

编程举例:加工 4 个圆形槽,尺寸为:长 30 mm,宽 15 mm,和深 23 mm,安全间隙是 1 mm,加工余量是 0.5 mm,铣削方向是 G2,最大进给深度是 6 mm(见图 7.31)。

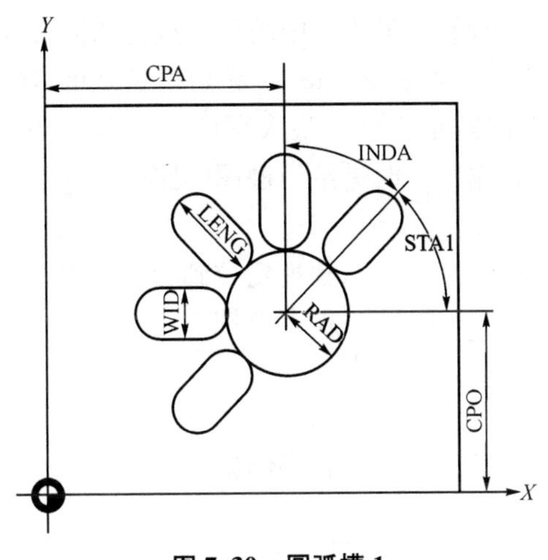

图 7.30 圆弧槽 1

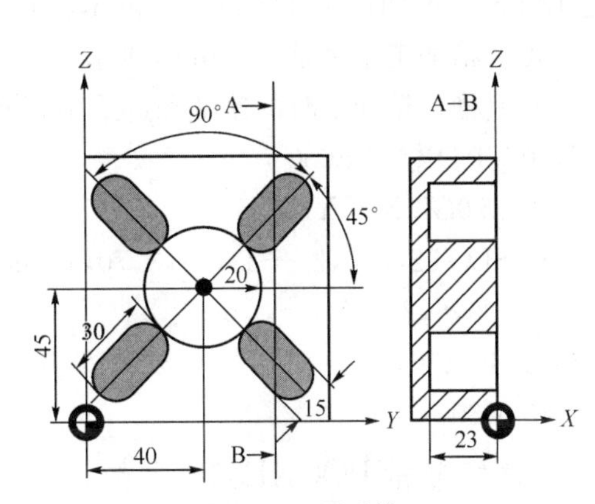

图 7.31 圆弧槽 2

```
N10 G17 G90 T1 D1 M3 S600 G54
N20 G0 X20 Y50 Z5                                   ;快速定位到起始位置
N30 SLOT1(5,0,1,-23,  ,4,30,15,40,45,20,            ;循环调用,参数 VARI,MIDF,FFP2
45,90,100,320,6,2,0.5,0,0)                          和 SSF 省略
N40 M30                                             ;程序结束
```

2) 铣圆弧槽 LONGHOLE

指令格式:LONGHOLE(RTP,RFP,SDIS,DP,DRP,NUM,LENG,CPA,CPO,RAD,STA1,INDA,FFD,FFP1,MID)

功能:用于加工环形排列槽,槽的纵向轴按放射状排列,与 SLOT1 循环加工槽的形状相似,区别在于该循环加工的槽宽度等于刀具的直径。参照 SLOT1 相同参数意义相同。

3) 圆周槽 SLOT2

指令格式:SLOT2(RTP,RFP,SDIS,DP,DPR,NUM,AFSL,WID,CPA,CPO,RAD,STA1,INDA,FFD,FFP1,MID,CDIR,FAL,VARL,MIDF,FFP2,SSF)

参数对应 SLOT1 循环中相同的参数其意义相同,其中参数 AFSL 为槽长的角度(无符号输入)。

功能:SLOT2 循环是一个综合的粗加工和精加工循环,使用此循环可以加工分布在圆上的圆周槽(腰形槽)(见图 7.32)。

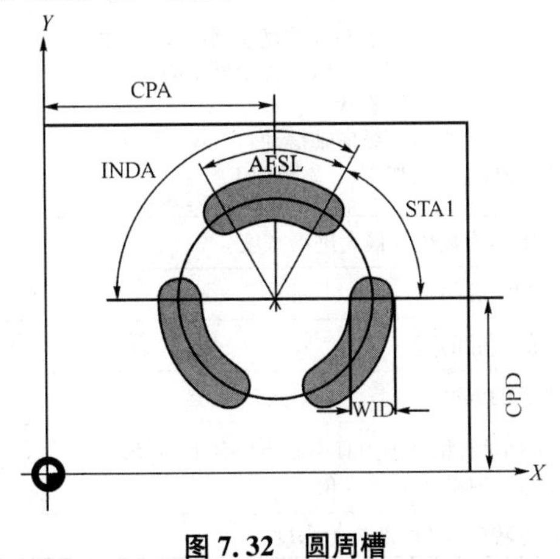

图 7.32 圆周槽

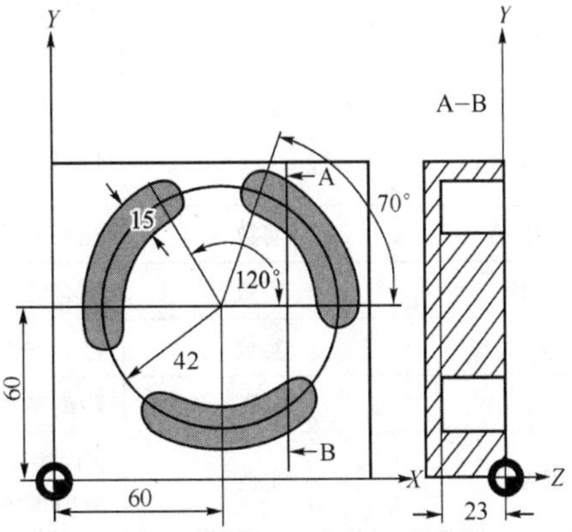

图 7.33 加工圆周槽

编程举例:加工分布在圆周上的 3 个圆周槽,该圆周在 *XY* 平面中的中心点是 X60 Y60,半径是 42 mm。圆周槽尺寸为:宽 15 mm,槽长角度为 70 度,深 23 mm。起始角是 0 度,增量角是 120 度。精加工余量是 0.5 mm,进给轴 *Z* 的安全间隙是 2 mm,最大深度进给为 6 mm。完整加工这些槽。精加工时的速度和进给率相同。执行精加工时进给至槽深(见图 7.33)。

```
N10 T1 D1 M3 S600
N20 G90G0 X60 Y60 Z5                                      ;快速定位到起始位置
N30 SLOT2(2,0,2,-23,  ,3,70,15,60,65,42,  ,120,          ;循环调用
100,300,6,2,0.5,0,  ,0,  ,)
N35 G0 Z50                                                ;抬刀
N40 M30                                                   ;程序结束
```

4) 铣矩形槽 POCKET3(见表 7.13)

指令格式:POCKET3(_RTP,_RFP,_SDIS,_DP,_LENG,_WID,_CRAD,_PA,_PO,_STA,_MID,_FAL,_FALD,_FFP1,_FFD,_CDIR,_VARI,_MIDA,_AP1,_AP2,_AD,_RAD1,_DP1)

表 7.13　参数意义说明

参　数	类　型	说　明
_DP	实数	槽深(绝对值)
_LENG	实数	槽长,带符号从拐角测量
_WID	实数	槽宽,带符号从拐角测量
_CRAD	实数	槽拐角半径(无符号输入)
_STA	实数	槽纵向轴和平面第一轴间的角度(无符号输入) 范围值:0<=STA<180 度
_MID	实数	最大进给深度(无符号输入)
_FAL	实数	槽侧面的精加工余量(无符号输入)
_FALD	实数	槽底的精加工余量(无符号输入)
_FFP1	实数	端面加工进给率
_FFD	实数	深度进给进给率
_CDIR	整数	铣削方向(无符号输入) 值:　0 顺铣;　1 逆铣; 　　2 用于 G02(走刀路径方向);　3 用于 G03
_VARI	整数	加工类型 TENS DIGIT　值:0 使用于 G0,垂直于槽中心 　　1 使用于 G1,垂直于槽中心 　　2 沿螺旋状 　　3 沿槽纵向轴摆动 UNITS DIGIT　值:1 粗加工;　2 精加工
_MIDA	实数	在平面的连续加工中作为数值的最大进给宽度
_AP1	实数	已有的不需要加工的空腔的长
_AP2	实数	已有的不需要加工的空腔的宽
_AD	实数	距离参考平面的空腔的深度
_RAD1	实数	Z 向进给螺旋路径的半径(相当于刀具中心点路径的半径) 或沿槽纵向轴摆动进给时的最大插入角
_DP1	实数	沿螺旋路径插入时每转(360 度)的进给深度

功能：该循环可以用于粗加工和精加工。精加工时，要求使用带端面齿的铣刀。深度进给始终从槽中心点开始并在垂直方向上执行(见图 7.34)。

说明：

(1) 加工类型：粗加工是用于对实心坯料的加工，其中包括粗加工和精加工。

(2) 加工类型：精加工用于对铸件已经粗加工过的毛坯，带有空隙的加工，空腔槽的尺寸可以用参数进行编程

(3) 正向进刀的方式有三种：

①垂直于槽的直接进刀方式。(刀具为端面刀刃通过中心的键槽铣刀)

②按螺旋路径的螺旋进刀。刀具可以使用三刃立铣和镶片式立铣刀。

③在槽中心轴上斜坡式来回摆动进刀。刀具可以使用三刃立铣刀和镶片式立铣刀。

④选用的刀具半径值必须小于拐角半径值。

编程举例：加工一个在 XY 平面内的矩形槽，长度为 60 mm，宽 40 mm，拐角半径是 8 mm 且深度为 17.5 mm，该槽和 X 轴的角度为零，槽边缘的精加工余量是 0.75 mm，槽底的精加工余量为 0.2 mm，参考平面的 Z 轴的安全间隙为 0.5 mm。槽中心点位于 X60，Y40，最大进给深度 4 mm，适用半径为 5 mm 的铣刀(见图 7.35)。

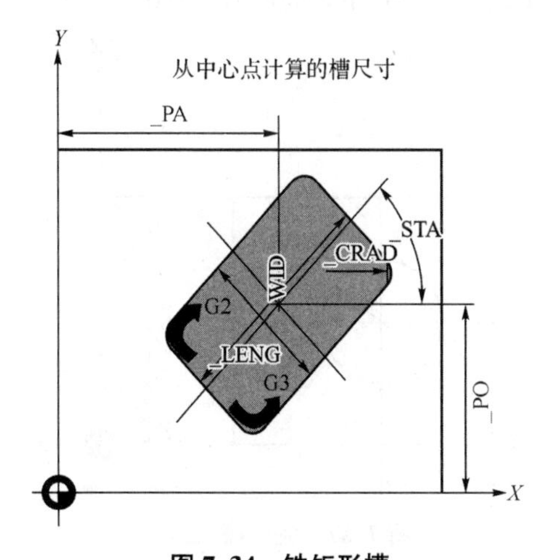

图 7.34 铣矩形槽

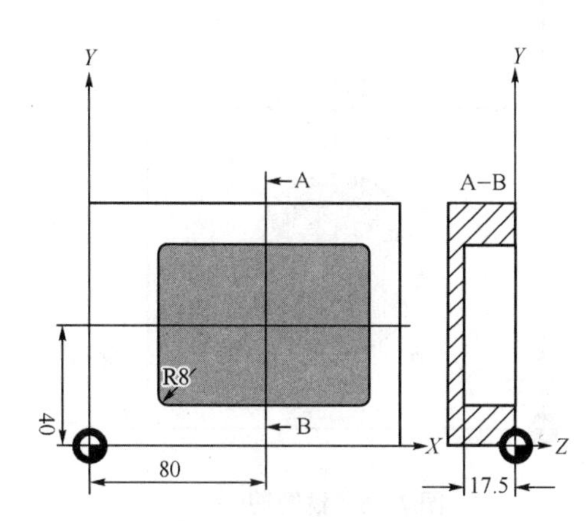

图 7.35 铣矩形槽

```
N10 T1 D1 M3 S600 G54
N20 G90 G0 X60 Y40 Z5                                  ;快速定位到起始位置
N30 POCKET3(5,0,0.5,−17.5,60,40,8,60,40,0,4,            ;循环调用
0.75 0.2,1000,750,0,11,5,  ,  ,  ,  ,)
N40 M30                                                ;程序结束
```

5) 铣圆槽 POCKET4(见表 7.14)

指令格式：POCKET4(_RTP，_RFP，_SDIS，_DP，_PRAD，_PA，_PO，_MID，_FAL，_FALD，_FFP1，_FFD，_CDIR，_VARI，_MIDA，_AP1，_AD，_RAD1，_DP1)

表 7.14　参数意义说明

参　数	类　型	说　明
_PRAD	实数	槽半径
_AP1	实数	不需要加工的空腔的半径
_VARI	整数	加工类型 TENS DIGIT 值：　0 使用于 G0，垂直于槽中心 　　　1 使用于 G1，垂直于槽中心 　　　2 沿螺旋状 UNITS DIGIT 值：　1 粗加工；　2 精加工

注：其中没有槽长、槽宽、和槽拐角半径参数，其他参数意义同 POCKET3 循环。

功能：用于加工平面中的圆形槽。铣削过程与 POCKET3 循环相同(深度进给始终从槽中心点开始垂直下刀或螺旋状下刀)(见图 7.36)。

编程举例：在 *YZ* 平面上加工一个圆形槽。中心点为 Y50 Z50。深度的进给轴是 *X* 轴。未定义精加工余量和安全间隙。沿螺旋路径进行进给。使用半径为 10 mm 的铣刀(见图 7.37)。

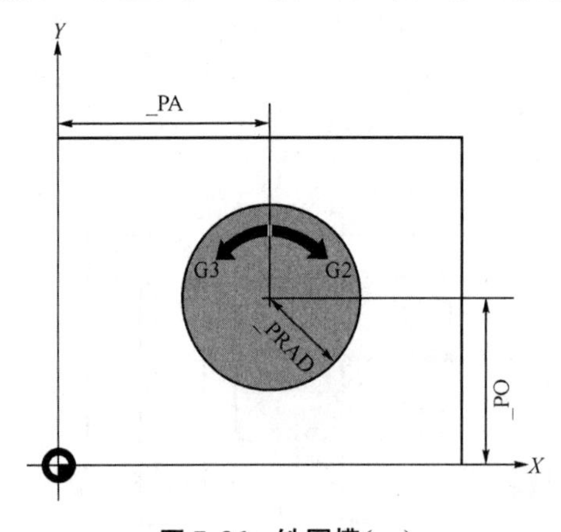

图 7.36　铣圆槽(一)

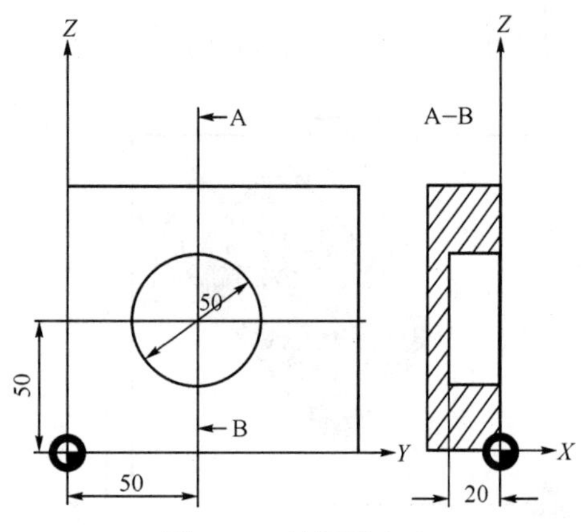

图 7.37　铣圆槽(二)

```
N10 M3 S650 T1 D1 G54
N20 G0 Y50 Z50
N30 POCKET4(3,0,0,−20,25,50,60,6,0,0,        ;调用铣圆槽循环，省略
200,100,1,21,0,0,0,2,3)                        参数 FAL,FALD
N40 M30                                       ;程序结束
```

注：SIEMENS 802D 系统循环指令的功能与格式和 SIEMENS 828D 系统的循环指令完全相同。

7.4　参数化编程

用数控系统所带的跳转、函数运算功能等指令编写的程序可以作为数控加工程序的一部分，它能被数控系统识别和处理，可作为一个程序段或一个独立的程序储存在系统存储器中，作为加工程序的一部分。

使用参数编程能够用一个程序加工多种形状相同、尺寸不同的工件，可节约编程时间，能够在程序中进行中等复杂程度的数学计算，减少编程工作量；能够进行曲面、曲线编程加工；能够减少程序重复编制，减少字符数，节约内存；能够和 PLC 通讯，适时利用机床本身加工信息。

参数编程基本步骤：首先，对同类工件进行工艺分析，提取相同部分，用参数表达要变化的各部分的尺寸；其次，列出程序中使用的数学公式和计算步骤；第三，根据所编程序的要求，设计程序的流向，最好作出程序框图；第四，编写程序；第五，列出需要调用程序的参数表和参数含义；第六，上机调试程序。

7.4.1 参数赋值

1) R 参数分类

R0～R99：用户可以自由使用的参数

R100～R246：加工循环传递参数

2) 赋值方法

R 参数可以用常量和计算表达式来赋值。常量赋值范围：±(0.0000001～99999999)，或±(10^{-300}～10^{+300})，指数值可写在 EX 符号之后，10^{-30}写为 10EX－300；例如：R0＝2.35，R1＝5.67EX4。计算表达式赋值遵循通常的数学运算规则。

用参数或参数表达式可对除 N、G、L 的 NC 地址赋值，赋值时在地址符之后加“＝”符号，也可赋一负值。例如：N20 G0 X＝－R9，即给 X 轴赋值。

3) 参数赋值计算举例

参数运算法则遵循通常的数学运算规则。圆括号内的运算优先进行，乘法和除法运算优先于加法和减法运算。编程举例如下：

```
N10 R1=R1+1                                  ;由原来的 R1 加上 1 后得到的 R1
N20 R1=R2+R3 R4=R5-R6 R7=R8*R9 R10=R11/R12
N30 R13=SIN(25.3)                            ;R13 等于正弦 25.3°
N40 R14=R1*R2+R3                             ;乘法和除法运算优先于加法和减法运算
                                              R14=R1*R2+R3
N50 R14=R3+R2*R1                             ;与 N40 一样
N60 R15=SQRT(R1*R1+R2*R2)                    ;意义：R15=√(R1²+R2²)
坐标赋值轴  N10 G1 G91 X=R1 Z=R2 F300
           N20 Z=R3
           N30 X=-R4
```

7.4.2 函数表达式

函数表见表 7.15。

表 7.15 函数表

名 称	含 义	编程实例
SIN()	正弦	R1＝SIN(17.35)
COS()	余弦	R2＝COS(R3)
TAN()	正切	R4＝TAN(R5)
ASIN()	反正弦	R10＝ASIN(0.35)
ACOS()	反余弦	R20＝ACOS(R2)

续表 7.15

名　称	含　义	编程实例
ATAN2()	反正切 2	R40=ATAN2(30.5,80.1)
SQRT()	平方根	R6=SQRT(R7)
POT()	平方值	R12=POT(R13)
ABS()	绝对值	R8=ABS(R9)
TRUNC()	取整	R10=TRUNC(R11)

7.4.3　程序跳转

程序跳转功能可以实现程序运行分支。

1）程序跳转目标(标记符)

标记符用于标记程序中所跳转的目标程序段。标记符可以自由选取,但必须由 2 个字母或数字组成,其中开始两个符号必须是字母或下划线。跳转目标程序段中标记符后面必须为冒号,标记符位于程序段段首,如果程序段有段号,则标记符紧跟着段号。在一个程序段中,标记符不能含有其他意义。

例:N10 MARKE1:G1 X20　　　　;MARKE1 为标记符,跳转目标程序段
　…
　TR789:G0 X10 Z20　　　　;TR789 为标记符,跳转目标程序段没有段号
　N100　…　　　　;程序段号可以是跳转目标

2）绝对跳转

绝对跳转就是程序在运行时可以通过插入程序跳转指令无条件改变程序执行顺序。跳转目标只能是有标记符的程序段。此程序段必须位于该程序之内。绝对跳转指令必须占用一个独立的程序段。

例:GOTOF　Label　　　　;向前跳转(向程序结束的方向跳转)
　GOTOB　Label　　　　;向后跳转(向程序开始的方向跳转)

其中:Label 所选字符串用于标记符或程序段号。

3）有条件跳转

用 IF 条件语句表示有条件跳转。如果满足跳转条件,则进行跳转。同样跳转目标只能是有标记符的程序段,该程序段必须在此程序之内。有条件跳转指令要求一个独立的程序段,在一个程序段中可以有许多个条件跳转指令。

例:IF 条件 GOTOF　Label　　　　;向前跳转(向程序结束的方向跳转)
　IF 条件 GOTOB　Label　　　　;向后跳转(向程序开始的方向跳转)

其中:IF 是跳转条件导入符。条件表达式中比较运算符的含义见表 7.16。

表 7.16　比较运算符含义

运算符	意　义	举　例
=	等于	R5=R3+1
<>	不等于	R8<>R6−1
>	大于	R4>0
<	小于	4<R2

续表 7.16

运算符	意 义	举 例
>=	大于或等于	R6>=SIN(R7*R7)
<=	小于或等于	R7<=COS(R5−R3)

例:N10 IF R1=1 GOTOF MARKE1;

N50 IF R>10 GOTOB MARKE2

表 7.17 绝对跳转举例

执行符号	程 序	说 明
	N10 G0 X…Z…	
	…	
	N20 GOTOF MARKEA	;跳转到标记 MARKEA
	…	
	…	
	N50 MARKEA:R1=R2+R3	
	N55 GOTOF MARKEB	;跳转到标记 MARKEB
	…	
	MARKEC:G1 X…Z…	
	N100 M02	;程序结束
	MARKEB:G1 X…Z…	
	…	
	N150 GOTOB MARKEC	;跳转到标记 MARKEC

7.5 编程实例

编写图 7.38 所示零件在铣床上加工的加工程序。毛坯尺寸 80 mm×80 mm×10 mm,编程零点设在毛坯对称中心的上表面(用直径 10 mm 的铣刀)。

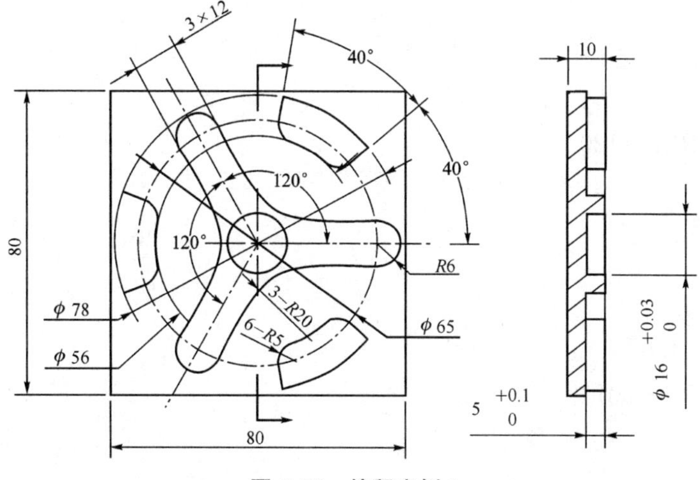

图 7.38 编程实例 1

```
N10   T1D1
N20   G54G0X0Y0Z5M03S800
N30   R1=ATAN2(6,32.5) R2=120-R1
      R3=120+R1
N40   R4=SQRT(1092.25) R5=SQRT(45)
N50   G1Z-2F100
N60   X2
N70   G2X2Y0I-2J0
N80   G0Z5
N90   R6=2
N100  MARKE1:G1X40Y20
N110  G01Z-2
N120  G42G1X40Y6
N130  X3Y6RND=20
N140  AP=R2 RP=R4
N150  CT AP=R3 RP=R4
N160  G1X=-R5Y0RND=20
N170  AP=-R3RP=R4
N180  CT AP=-R2RP=R4
N190  G1X3Y-6RND=20
N200  X32.5
N210  G3X32.5Y6I0J6
N220  G40G0X40Y20
N230  M03S1200
N240  T1D2
N250  R6=R6-1
N260  IF R6>0 GOTOB MARKE1;
N270  G0Z5
N280  L1
N290  ROT RPL=120
N300  L1
N310  AROT RPL=120
N320  L1
N325  TRANS
N330  G0Z10
N340  X50Y0
N350  G1Z-2F100
N360  G3X50Y0I-50J0
N370  G0Z10
N380  M30
```

```
L1:
N1    T1D1
N3    S800M03
N5    R7=2
N10   MARKE2:G0X60Y30
N15   G01Z-2
N40   G42G01 AP=40RP=39
N50   G3AP=80RP=39
N60   G1AP=80RP=28RND=5
N70   G2AP=40RP=28RND=5
N80   G1AP=40RP=39
N85   G40G01X60Y50
N100  M03S1200
N110  T1D2
N115  R7=R7-1
N120  IF R7>0 GOTOB MARKE2;
N125  G0Z5
N130  RET
```

7.6 数控铣削习题

7.6.1 加工图 7.39 所示零件，材料为铝合金，要求制订加工工艺（加工路线、切削刀具、切削用量），编写加工程序，要求使用刀补，分粗、精加工。

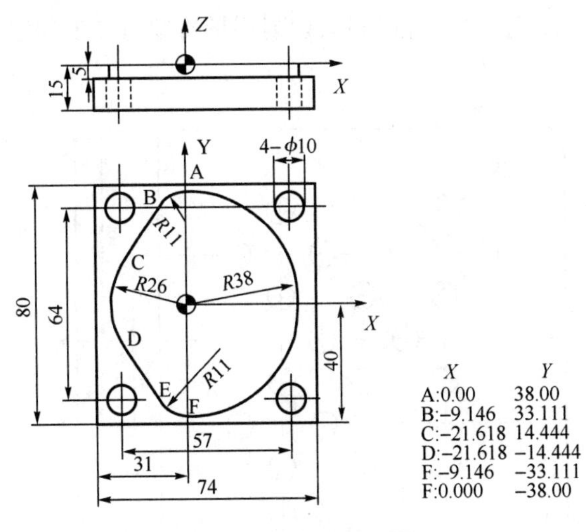

图 7.39 题 7.6.1 图

7.6.2 加工图 7.40 所示零件，材料为铝合金，有两个工艺孔，用 ϕ10 mm 螺钉夹紧工件。要求深度方向用调用子程序方法编写加工程序。

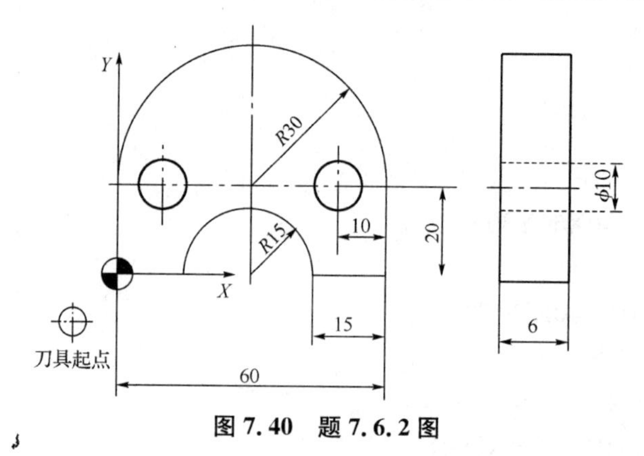

图 7.40　题 7.6.2 图

7.6.3　加工图 7.41 所示零件，材料为铝合金，台阶深度为 2 mm，要求制订加工工艺（加工路线、切削刀具、切削用量），编写加工程序。

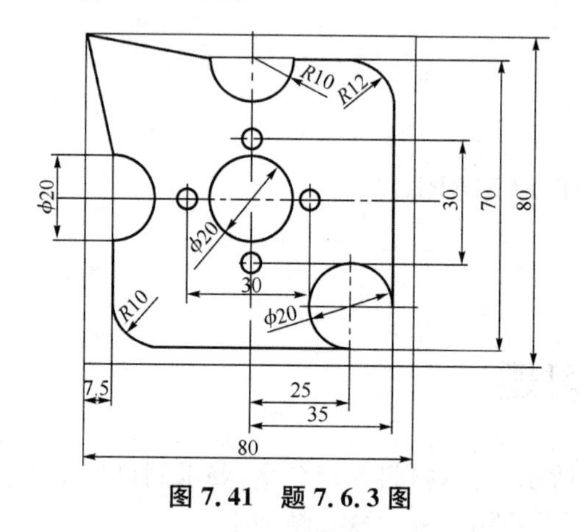

图 7.41　题 7.6.3 图

7.6.4　加工图 7.42 所示零件，毛坯材料为 200×200×10 mm 45＃钢板，刀具 ϕ10 mm 钻头。要求制订加工工艺（加工路线、切削刀具、切削用量），编写加工程序。

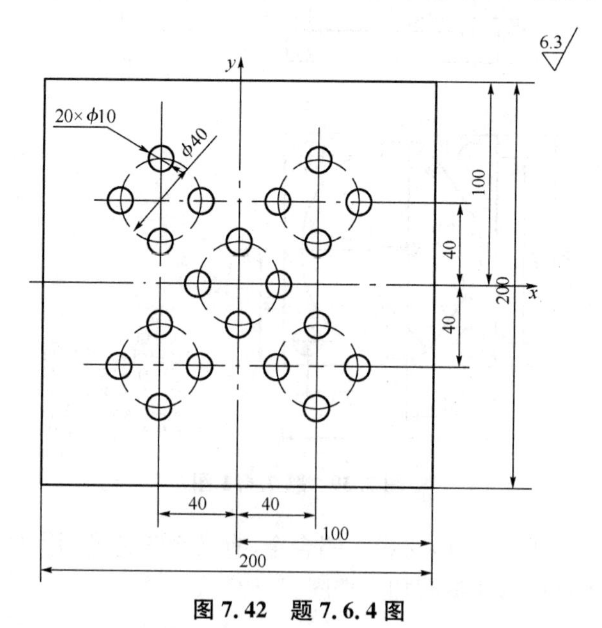

图 7.42　题 7.6.4 图

8　SIEMENS 828D 系统数控铣床操作

8.1　机床面板介绍

1) 数控系统控制面板(见图 8.1)

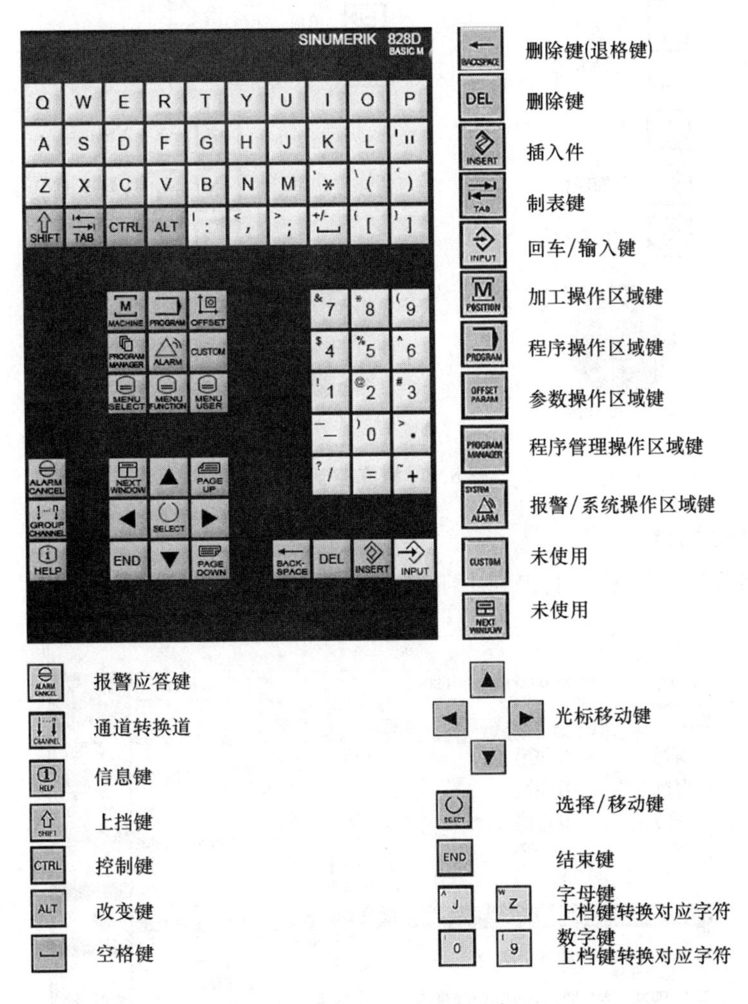

图 8.1　数控系统控制面板

2) 机床控制面板(见图 8.2)

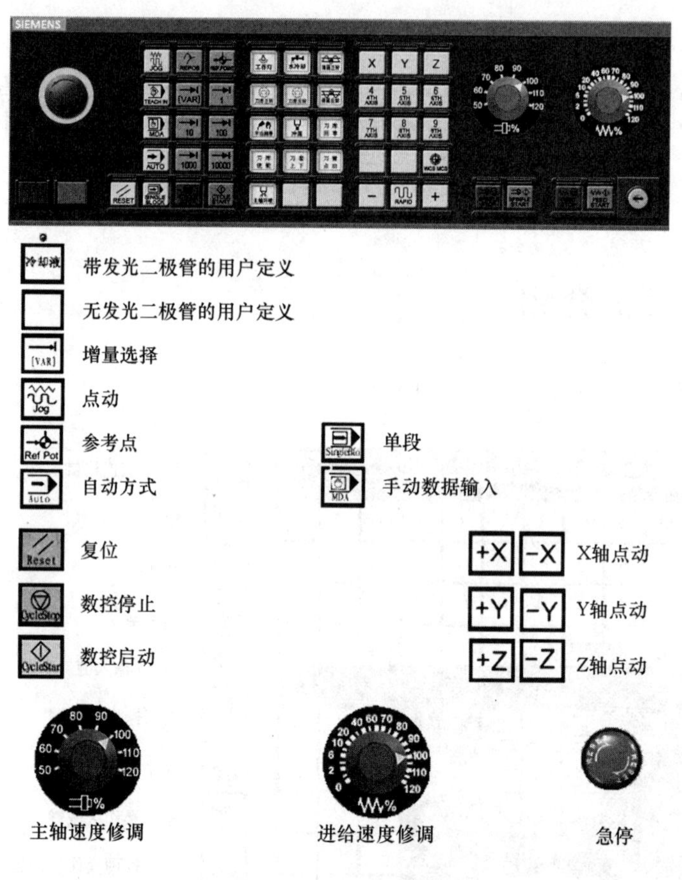

图 8.2　机床控制面板

3）屏幕功能划分

屏幕功能划分显示如图 8.3、表 8.1 所示。

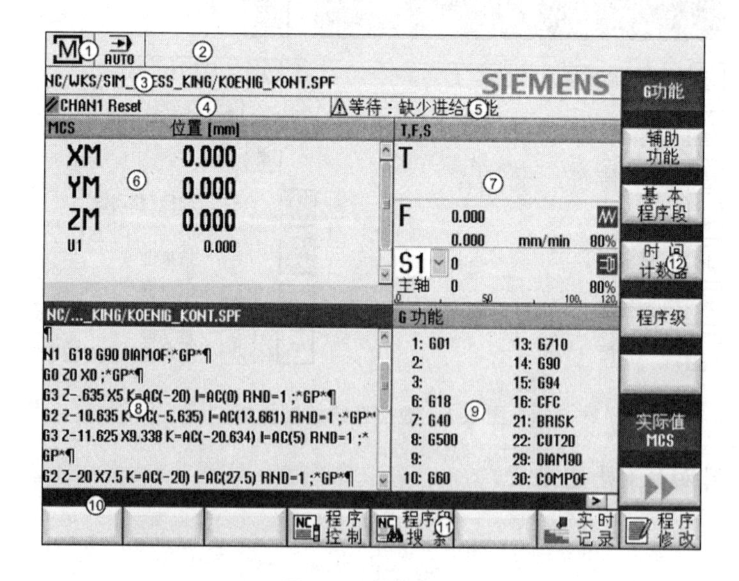

图 8.3　屏幕划分

表 8.1 屏幕显示单元说明

图中位置	含义说明
①	有效操作区域和运行方式
②	报警/信息行
③	程序名
④	通道状态和程序控制
⑤	通道运行信息
⑥	实际值窗口中的轴位置显示
⑦	显示内容:有效刀具 T;当前进给率 F;当前状态的有效主轴(S);主轴负载,以百分比表示
⑧	加工窗口,带程序段显示
⑨	显示有效 G 功能,所有 G 功能,辅助功能,以及用于不同功能的输入窗口(例如跳转程序段,程序控制)
⑩	用于传输其他用户说明的对话行
⑪	水平软键栏
⑫	垂直软键栏

8.2 手动方式操作(JOG)

操作步骤

[JOG] 可以通过机床控制面板上的 JOG 键选择 JOG 运行方式。

[+X]、[+Y]、[+Z] 操作相应的方向键 *X* 轴、*Y* 轴或 *Z* 轴,可以使坐标轴运行。

只要相应的键一直按着,坐标轴就一直连续不断地以设定数据中规定的速度运行,如果设定数据中此值为“零”,则按照机床数据中存储的值运行。

 需要时可以使用修调开关调节速度。

[Rapid] 如果同时按动相应的坐标轴键和“快进”键,则坐标轴以快进速度运行。

在选择“增量选择”以步进增量方式运行时,坐标轴以所选择的步进增量移动,步进量的大小在屏幕上显示。再按一次“点动键”就可以去除步进增量方式。

在“JOG”状态图上显示位置、进给值、主轴值和刀具值,如图 8.4 所示。

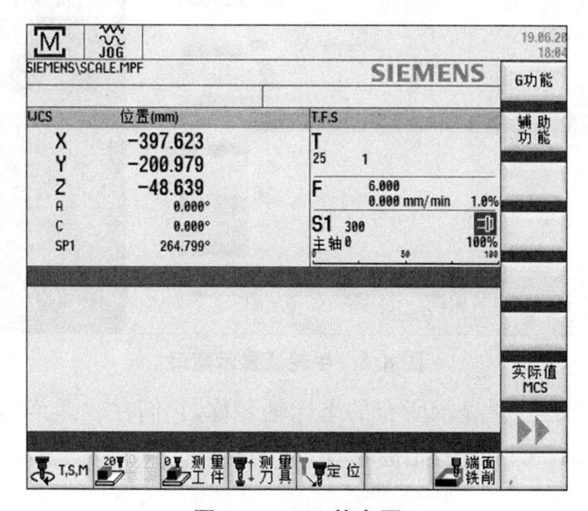

图 8.4 JOG 状态图

设置零偏　按此键，在相对坐标系中设定临时参考点和基本零偏。此功能用于设定基本零偏，即工件零点。

提供如下功能：

● 直接输入所要求的轴位置　在加工窗口把光标定位到所要求的轴，输入新位置。按输入键或移动光标完成输入。

● 把所有的轴设为零　使用 $X=Y=Z=0$ 功能，即所有在零上软键，可以把所有坐标轴的当前位置设置为工件零点。

● 设定单个轴为零　如果选择软键 $X=0$，$Y=0$ 或 $Z=0$，则当前的位置值被设定为工件408738338 点。可以用“删除基本零偏”软键删除所设的零偏。

此功能下所设的工件零点，是以当时刀具所在的位置点为临时工件零点，如果重新设零偏或关机则自动消失，没有保存功能。也不须在程序中再指定 G54～G59。如果该零点设置在 G54～G59 中，则关机后不会消失。

测量工件　确定零点偏置。

测量刀具　处理零件程序时必须考虑加工刀具的几何数据。这些数据作为刀具补偿数据保存在刀具列表中。每次调用刀具时，控制系统将该刀具补偿数据计算在内。

定　　位　在该屏幕格式下，当前坐标系所定位置。

G 功 能　当前开机系统默认 G 代码功能显示。

辅助功能　当前开机系统默认准备功能代码显示。

8.3　手轮方式操作(HND)

操作步骤

手轮方式　在 JOG 运行状态出现“点动”窗口，同时按下外挂手轮有效按钮，激活手轮方式，并在屏幕上显示外挂手轮有效，如图 8.5 所示。

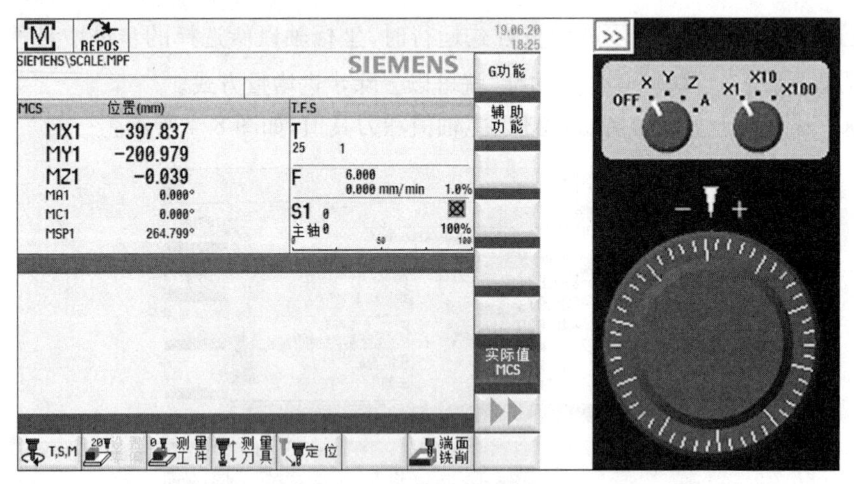

图 8.5　手轮及显示窗口

打开窗口，在“坐标轴”一栏显示所有的坐标轴名称，它们在软键菜单中也同时显示机床 X、Y、Z。视所连接的手轮轴，可以通过光标移动，在坐标轴之间进行转换。选中的坐标轴在其后出现符号☑。

手轮的速度可以通过手轮控制盒上的速度选择旋钮选择，有 1 μm、10 μm、100 μm 三挡选择。也可以用增量选择键进行选择，连续按下此键，会在 1 μm、10 μm、100 μm、1 000 μm 及手动变量 INC 之间重复选择。此时，在“手动变量 INC”状态下摇动手轮机床是静止的。另外，注意当选择“1 000 μm”摇动手轮时，机床运动的速度会比较快，要注意安全。

8.4　程序的输入与编辑

操作步骤

选择 PROGRAM MANAGER“程序管理操作区域”主功能键，会以列表形式显示零件程序及目录。程序管理窗口如图 8.6 所示。

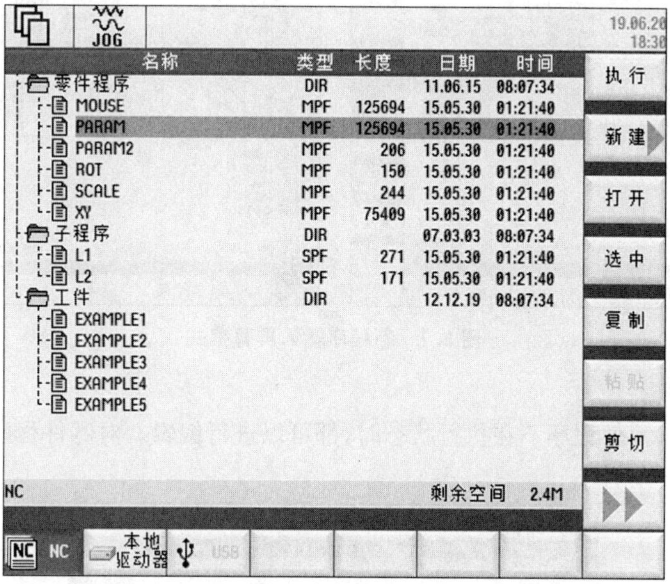

图 8.6　程序管理器窗口

在程序目录中用光标键选择零件程序。为了更快地查找到程序，输入程序名的第一个字母。控制系统自动把光标定位到含有该字母的程序前。

软键：

程　序　按程序键显示零件程序目录，包含零件程序、子程序和工件三个主目录。程序目录以字母和数字顺序排名列表。

执　行　按下此键选择待执行的零件程序，按数控启动键时启动执行该程序。

新　建　操作此键可以输入新的程序。

打　开　按此键打开待执行的程序。

选　中　操作此键可以把所目标程序选择。

复　制　操作此键可以把所选择的程序拷贝到另一个程序中。

剪　切　用此键可以删除光标定位的程序，并提示对该选择进行确认。按下确认键执行清除功能，按中断键取消并返回。也可用光标键选择是否删除全部文件。

输入新程序——“程序”操作区

操作步骤

PROGRAM MANAGER　选择“程序管理”操作区，显示系统中已经存在的程序目录。

新　建　按动“新程序”键，出现一对话窗口，在此输入新的主程序和子程序名称，如图 8.7 所示。

Y、L、L 输入新文件名。

确认 按“确认”键接收输入，生成新程序文件，现在可以对新程序进行编辑。

中断 用中断键中断程序的编制，并关闭此窗口。

主程序的程序类型为 MPF，子程序的程序类型为 SPF。以字母“L”开头的程序名系统会默认为子程序，且后缀名类型为 SPF。如图 8.7 所示。

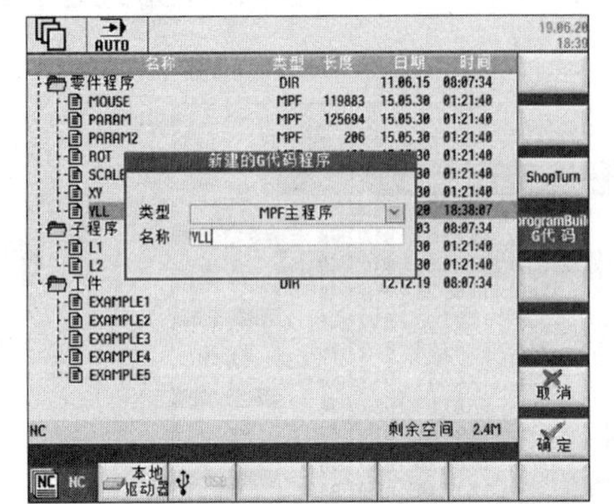

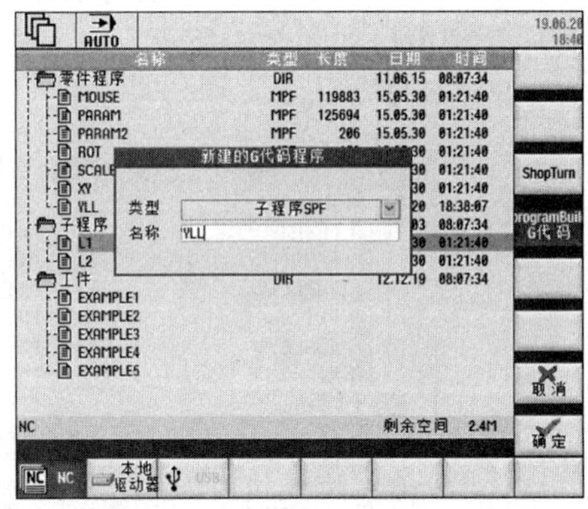

图 8.7　新程序输入屏幕格式

零件程序的编辑

在编辑功能下，零件程序不在执行状态时，都可以进行编辑。对零件程序的任何修改，可立即被存储(见图 8.8)。

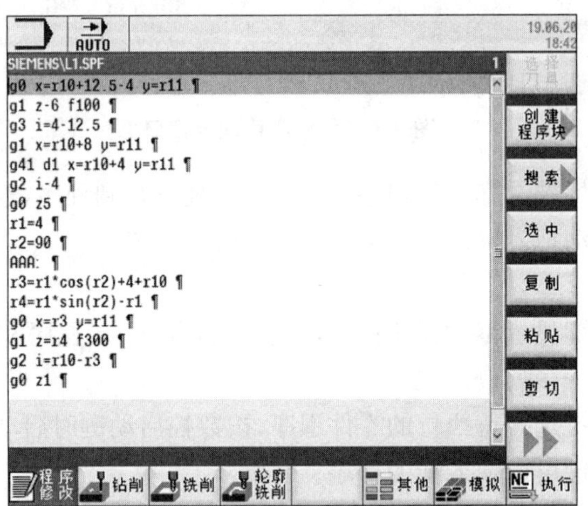

图 8.8　程序编辑器窗口

软键

修改程序　对程序段进行编辑。

钻　　削　下拉菜单包括钻中心孔、钻削铰孔、深孔钻削、镗孔、螺纹加工。

铣　　削　包括钻平面铣削、型腔、多边形凸台、槽、螺纹加工、雕刻、路径铣削。

轮廓铣削　使用循环“轮廓铣削”可以铣削简单或复杂的轮廓。可以定义开口的或闭合的轮廓(腔、岛、凸台)。一个轮廓有各个轮廓元素组合而成，对此，一个定义的轮廓给定至少两个至多 250 个元素。提供有圆角、倒角和切线过渡作为轮廓过渡元素。

集成的轮廓计算器可以利用几何关系计算各轮廓元素的交点,不必输入完整标注的元素。对于铣削轮廓,一定要先编写轮廓的几何形状,然后再编写工艺程序段。

执　　行　使用此键,执行所选择的文件。

模　　拟　在模拟中会完全计算当前的程序,并将结果以图形方式显示出来。不用运行加工轴就可以控制编程的结果。这样,可以及早发现出编程错误的加工步骤,避免错误的工件加工。图形显示模拟会使用正确的比例在屏幕上显示工件和刀具。在铣床上进行模拟时,工件停止在固定区域。与机床结构类型无关,此时仅刀具移动。毛坯定义:工件上使用毛坯尺寸,在程序编辑器中输入。夹紧毛坯时,以进行毛坯定义时生效的坐标系为基准。在使用 G 代码程序定义毛坯前,必须创建所需的输出条件,例如通过选择适当的零点偏移。

搜　　索　用“搜索”键和“搜索下一个”键在所显示的程序中查找一字符串。在输入窗口键入所搜索的字符,按“确认”键启动搜索过程。按“返回”键则不进行搜索,退出窗口。按此键继续搜索所要查询的目标文件。

模拟功能　编程的刀具轨迹可以通过线图表示。

8.5 刀具参数及刀具补偿参数的设置

在 CNC 进行工作之前,必须在 NC 上通过参数的输入和修改对机床、刀具等进行调整:

● 输入刀具参数及刀具补偿参数。

● 输入/修改零点偏置。

● 输入设定数据。

8.5.1 输入刀具参数及刀具补偿参数

刀具参数包括刀具几何参数、磨损量参数和刀具型号参数。

不同类型的刀具均有一个确定的参数数值,每个刀具有一个刀具号(T—号),如图 8.9 所示。

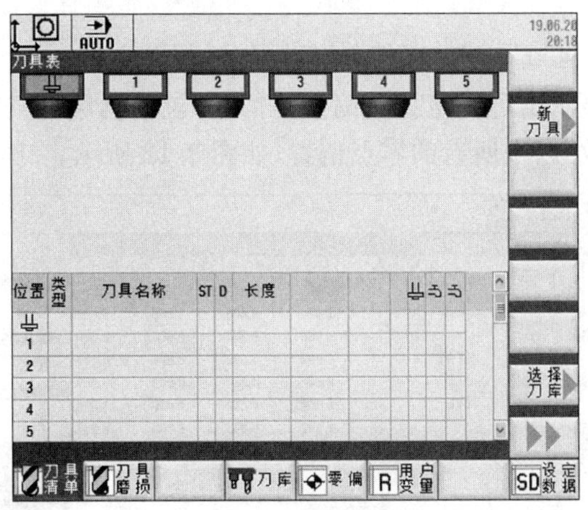

图 8.9　刀具参数设置

操作步骤

OFFSET 打开刀具补偿参数窗口,显示所使用的刀具清单。可以通过光标键和“上一页”“下一页”键选出所要求的刀具。

通过以下步骤输入补偿参数:

● 在输入区定位光标。

● 输入数值。

按“输入键”确认或者移动光标。对于一些特殊刀具可以使用软键扩展，填入全套参数。

8.5.2　建立新刀具

操作步骤

新刀具　在该功能下有两个软键供使用，分别用于选择刀具类型，填入相应的刀具号，如图 8.10 和 8.11 所示。

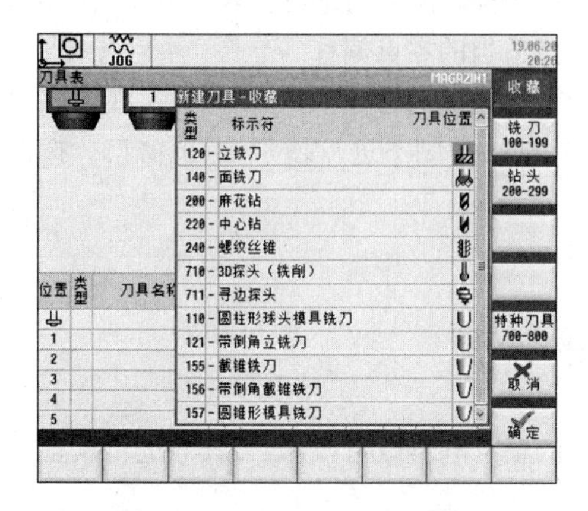

图 8.10　新刀具刀具类型窗口

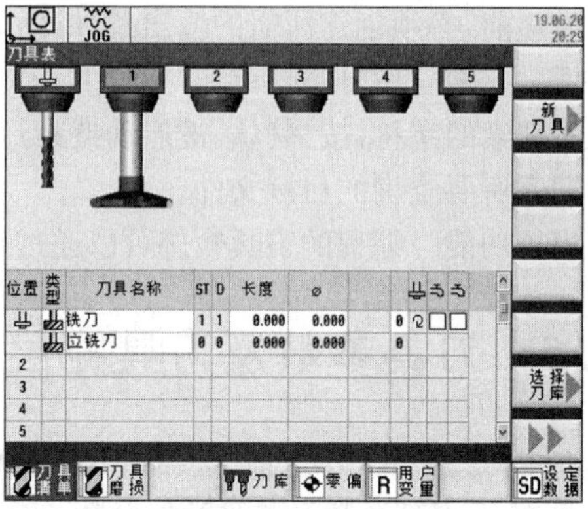

图 8.11　新刀具刀具号输入

按“确认键”确认输入。在刀具清单中自动生成数据组(默认值为零)。

8.5.3　输入/修改零点偏置值

在回参考点之后，机床的所有坐标均以机床零点为基准，而工件的加工程序则以工件零点为基准，这之间的差值就可作为设定的零点偏移量输入，即通过对刀来实现。

操作步骤

通过按“参数操作区域”键和“零偏”软键可以选择零点偏置。

零　　偏　屏幕上显示出可设定零点偏置的情况，包括已编程的零点偏置值、有效的比例系数状态显示、“镜像有效”以及所有的零点偏置，如图 8.12 所示。

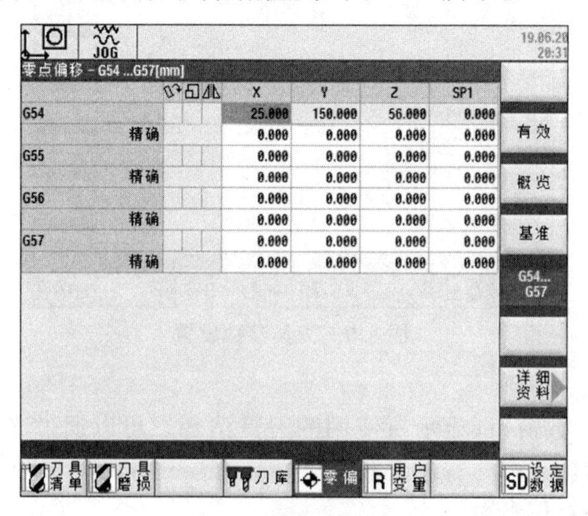

	X	Y	Z	SP1
G54	25.000	150.000	56.000	0.000
精确	0.000	0.000	0.000	0.000
G55	0.000	0.000	0.000	0.000
精确	0.000	0.000	0.000	0.000
G56	0.000	0.000	0.000	0.000
精确	0.000	0.000	0.000	0.000
G57	0.000	0.000	0.000	0.000
精确	0.000	0.000	0.000	0.000

图 8.12　零点偏移窗口

按◄、▲、▼、►方向键，把光标移到待修改的地方。

输入数值。通过移动光标或者使用输入键输入零点偏置的数值。

1) 计算零点偏置值

选择零点偏置(比如 G54～G59)窗口，确定待求零点偏置的坐标轴，如图 8.13 所示。

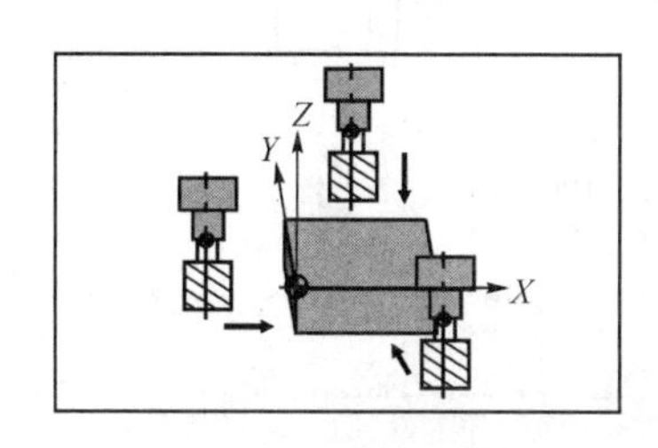

图 8.13 计算零点偏置

操作步骤

测量工件 按“测量工件”软键。控制系统转换到“加工”操作区，出现对话框用于测量零点偏置。所对应的坐标轴以背景为黑色的软键显示。

移动刀具 使其与工件相接触。在工件坐标系“设定 Z 位置”区域，输入所要触接的工件边沿的位置值。

在确定 X 和 Y 方向的偏置时，必须考虑刀具正、负移动的方向(见图 8.14、图 8.15)。

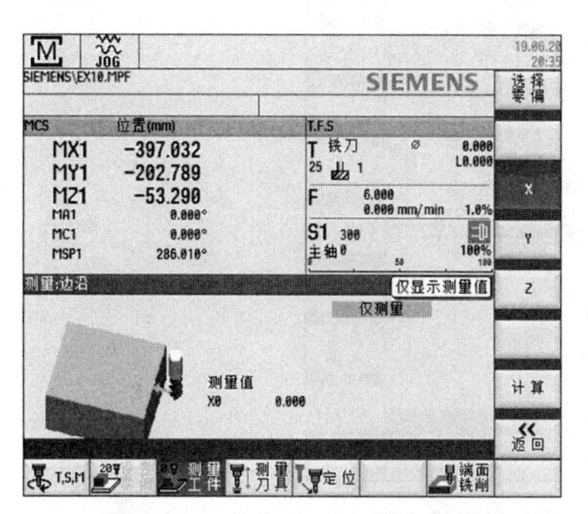

图 8.14 确定 *X* 方向零点偏置

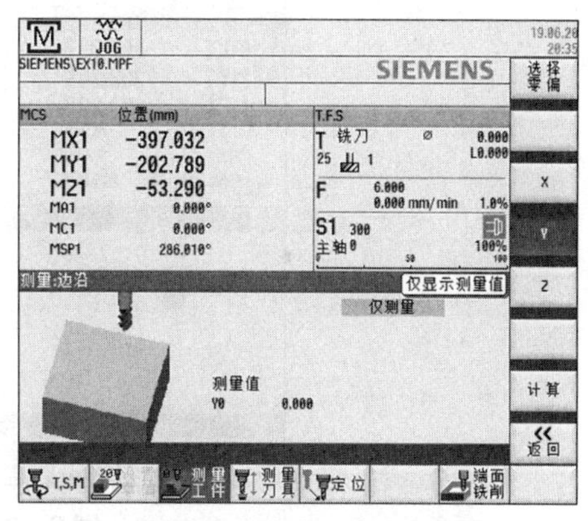

图 8.15 确定 *Y* 方向偏置

计算 按“计算”软键进行零点偏置的计算，结果显示在零点偏置栏。

8.6 对刀操作

8.6.1 确定刀具补偿值

利用此功能可以计算刀具 T 未知的几何长度。

前提条件

换入该刀具。在 JOG 方式下移动该刀具，使刀尖到达一个已知坐标值的机床位置，这可能是一个已知位置的工件。

输入参考点坐标 X0，Y0 或者 Z0。

注意：铣刀要计算长度 L 和半径。

如图 8.16 所示，利用 F 点的实际位置(机床坐标)和参考点，系统可以在所预选的坐标轴方向计算出刀具补偿值长度 L 或刀具半径。可以使用一个已经计算出的零点偏置(G54～G59)作为已知的机床坐标。使刀具运行到工件零点。如果刀具直接位于工件零点，则偏移值为零。

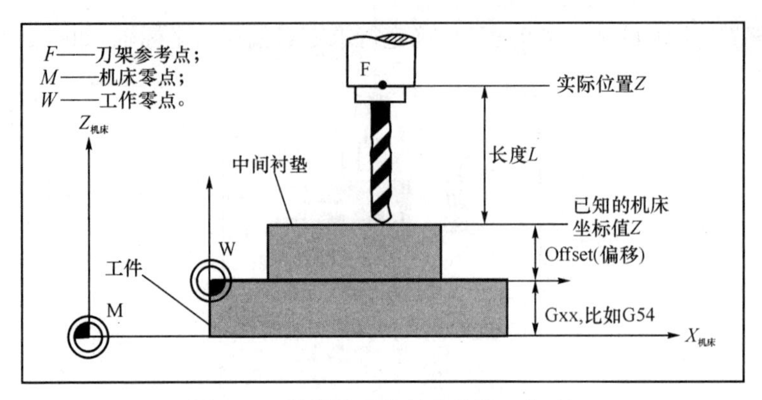

图 8.16　计算钻头的长度补偿：1/Z 轴

操作步骤

测量刀具　用此软键打开刀具补偿值窗口，自动进入位置操作区，如图 8.17 所示。

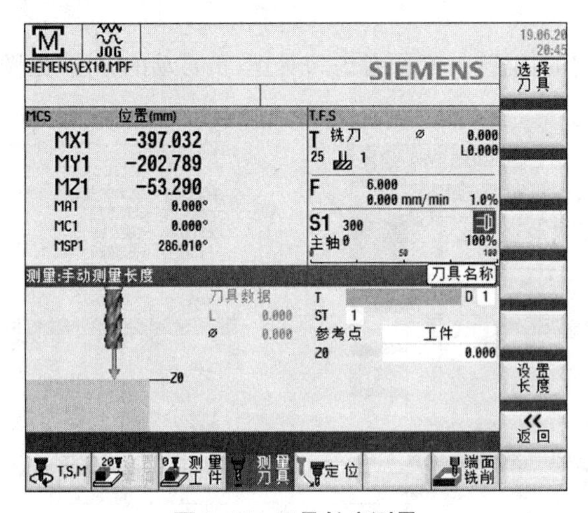

图 8.17　刀具长度测量

在 $X0$、$Y0$ 或者 $Z0$ 处登记一个刀具当前所在位置的数值，该值可以是当前的机床坐标值，也可以是一个零点偏置值。如果使用了其他数值，则补偿值以此位置为准。

按软键“设置长度”或者“设置直径”，系统根据所选择的坐标轴计算出它们相应的几何长度 L 或直径。所计算出的补偿值被存储。

8.6.2　确定工件补偿值

测量工件　按“测量工件”软键。选择 X 轴、Y 轴或 Z 轴，所对应的坐标轴以背景为黑色的软键显示。

操作步骤

移动刀具，使其与工件相接触。在确定 X 和 Y 方向的偏置时，必须考虑刀具正、负移动的方向(见图 8.18、图 8.19)。

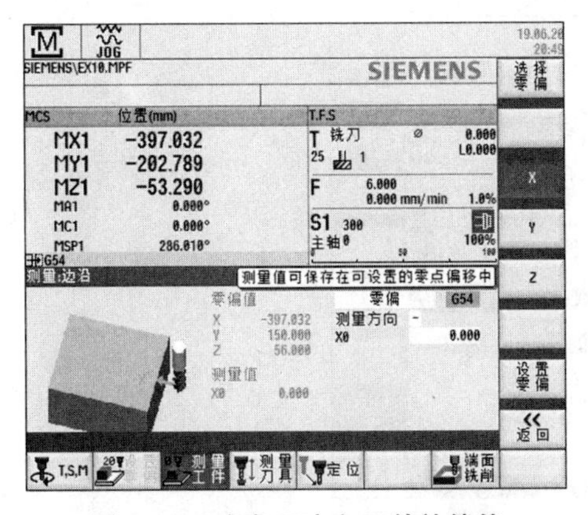

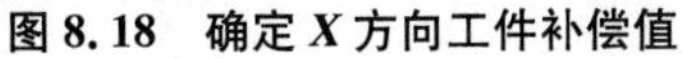
图 8.18　确定 X 方向工件补偿值

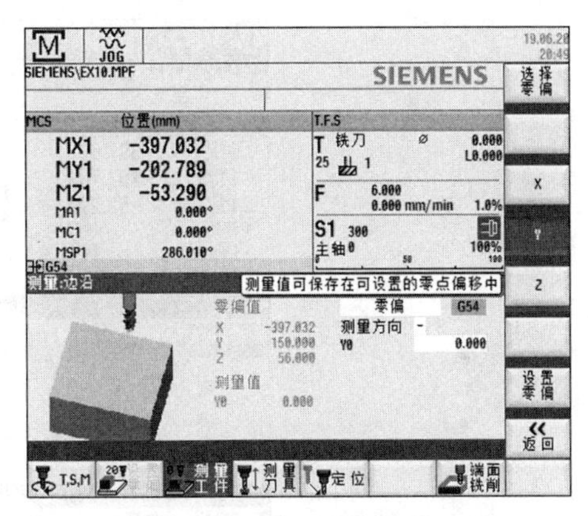

图 8.19　确定 Z 方向件补偿值

选择对刀数据存储在何零点偏置中，可选择 G54∽G59 中的任一零点偏置。通过“ ”键来回选择，如选择 G54。此时切勿选择基本零点偏置 Basic。

选择刀具的偏移方向，在工件正、负方向。通过“ ”键来回选择。

在“设置位置到”中，输入所测量的数据. 如果在刀具表中已设置刀具实际的刀沿半径，则不须再考虑刀具半径，系统会自动计算在内。

计　算　按“计算”软键进行零点偏置的计算，结果显示在零点偏置栏。

8.6.3　工件零点 MDA 方式检验

刀具对好之后，要在 MDA 方式检验一下，以确认对刀方法正确和参数设置无误。

进入 MDA 操作方式，输入如下一段程序：

G54 T1D1 M3 S800；

G0 X0 Y0 Z50；

先将进给速度倍率开关调到最小，然后按“数控启动”键启动机床运动。此时要仔细观察刀具是否向工件零点方向移动，如果不是或过了工件零点，则将进给速度倍率开关调到 0。此时说明对刀失败，要重新对刀或检查零偏值等。

8.7　MDA 运行方式

在 MDA 运行方式下可以编制一个零件程序段来执行。

注意：

⚠ 此运行方式中所有的安全锁定功能与自动运行方式一样，其他相应的前提条件也与自动运行方式一样。如果机床要运动，必须要先回机床参考点，且已正确对刀和设置工件零点偏移，否则不能执行 MDA 运行方式。

8.7.1　MDA 基本设置

操作步骤

通过机床控制面板上的“MDA”键可以选择 MDA 运行方式，如图 8.20 所示。

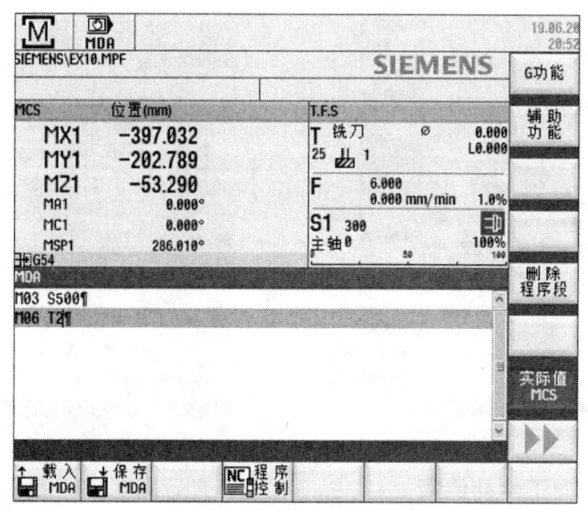

图 8.20　MDA 状态图

通过操作面板输入程序段。

按"数控启动键"执行输入的程序段。在程序执行时不可以再对程序段进行编辑。执行完毕后,输入区的内容仍保留,这样程序段可以通过按"数控启动键"重新运行。

8.7.2　端面铣削

使用此功能可以为其后的加工准备好毛坯,而无需为此编写一专门的零件程序(见表 8.2)。

操作步骤

端面加工　在 MDA 方式下使用端面键打开输入屏幕格式。

把坐标轴定位到起始点。

在此屏幕格式中输入所有的参数,产生一个零件程序,然后按 NC 启动键就可以执行此程序。此时关闭此屏幕格式,转换到加工屏幕格式,在此可以观察程序的执行过程。

注意:必须事先在设定参数菜单中定义退回平面和安全距离。

表 8.2　端面铣削窗口的参数说明

参　数	说　明
刀具	输入所要使用的刀具。在加工之前换上刀具。
零偏	选择工件零点,即 G54～G59。
进给率 *F*	输入进给率(mm/min 或 mm/r)。
主轴 S	输入主轴速度(r/min)。
M3/M4	选择主轴的旋转方向。
加工	确定加工表面的质量。可以选择粗加工和精加工。
X0,Y0,Z0,X1,Y1 毛坯尺寸	输入工件的几何尺寸。X0,Y0,Z0 为工件左下角角点 1,即刀具起点的坐标值。此时 Z0 应设置在工件表面上,且为绝对值。 X1,Y1 为毛坯右上角角点 2 终点的坐标值。切记该值为增量值。
Z1 加工深度	加工深度。即端面铣削深度。
DXY	最大平面进给,即行距。该值多为刀具直径的百分之七十。如 ϕ10 的铣刀,该值可设为 7。
DZ	最大深度进给,即每刀的切深。
UZ	深度方向精加工余量。如果不留余量,该值设为 0。

具有不同切削方向定义的软键

横坐标平行方向的加工，可以变换方向。双向铣削，行与行之间不提刀。该加工方式空行程少，效率高。但存在顺铣和逆铣，适合粗加工。

横坐标平行方向的加工，只在一个方向切削。单向铣削，行与行之间提刀。该加工方式有空行程，但只有顺铣或逆铣，适合精加工。

纵坐标平行方向的加工，可以变换方向切削。

纵坐标平行方向的加工，只在一个方向切削。

各参数正确输入并选择切削方向后，按确认键软键执行，则自动生成一段 MDA 程序，如下所示。

S800 M3 G54 F300

CYCLE71(10,0,2,−5,0,0,20,20,0,2,7,2,0,300,11,2)。

8.8 自动加工方式(AUTO)

机床已经按照机床生产厂家的要求调整到自动运行方式。

操作步骤

按"自动方式键"选择自动运行方式。

屏幕上显示"自动方式"状态图，显示位置、主轴值、刀具值以及当前的程序段，如图 8.21 所示。

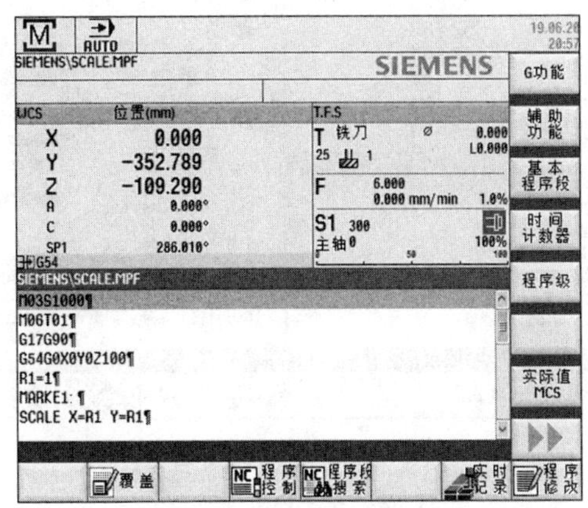

图 8.21 自动方式状态图

软键

程序控制　按此键显示所有用于选择程序控制方式的软键(如：程序段跳跃、程序测试)。

程序测试　在程序测试方式下，所有到进给轴和主轴的给定值被禁止输出，此时给定值区域显示当前运行数值。

空运行进给　进给轴以空运行数据中的设定参数运行，执行空运行时，进给速度编程指令无效。

有条件停止　程序在执行到有 M01 指令的程序段时，停止运行。

跳　　过　程序运行到前面有斜线标志的程序段时，跳过不予执行(比如"/N100")。

单步程序段　此功能生效时，零件程序逐段运行：每个程序段逐段解码，在程序段结束时有一暂停，但是，没有空运行进给的螺纹程序段时为一例外，在此只有螺纹程序段运行结束后才会产生一暂停。单段功能只有处于程序复位状态时才可以选择。

ROV 有效　按“快速修调键”,修调开关对于快速进给也生效。

《返回　按“退出键”退出当前正在执行的窗口。

程序段搜索　使用“程序段搜索”功能可以找到程序中任意一个位置。

计算轮廓　程序段搜索,计算照常进行。在程序段搜索时,与正常程序方式下一样计算照常进行,但坐标轴不移动。

启动搜索　程序段搜索,直至程序段终点位置。在程序段搜索时,与正常程序方式下一样计算照常进行,但坐标轴不移动。

搜索断点　光标定位到中断点所在的主程序段,在子程序中自动设定搜索目标。

搜　　索　搜索键提供功能“行查找”和“文本查找”。

模　　拟　利用线图可以显示编程的刀具轨迹。

程序修正　在此可以修改错误的程序,所有修改会立即被存储。

G 功能　打开 G 功能窗口,显示所有有效的 G 功能。

G 功能窗口下显示所有有效的 G 功能,每个 G 功能分配在一个功能组下并在窗口中占有一固定位置,如图 8.22 所示。通过操作翻页键可以显示其他的 G 功能。通过“向上翻页键”或者“向下翻页键”可以显示其他的 G 功能。

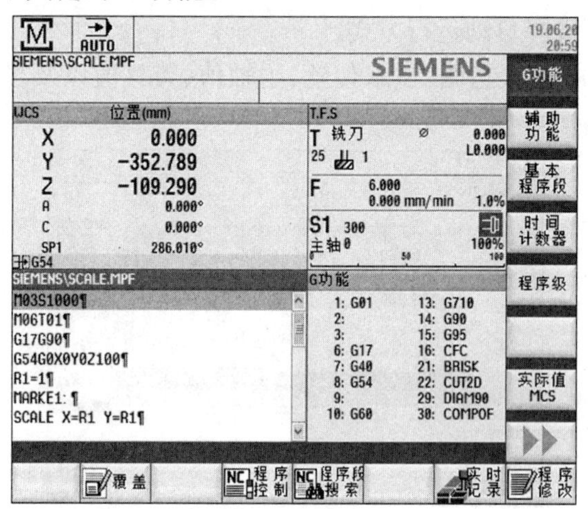

图 8.22　G 功能窗口

辅助功能　在此窗口显示所有有效的辅助功能和 M 功能。再按此键,关闭窗口。

轴进给　按此键显示轴进给窗口。再按此键,关闭窗口。

程序顺序　从 7 段程序转换到 3 段程序。

MCS/WCS 相当坐标　操作此键可以分别选择机床坐标系、工件坐标系或相对坐标系中的实际值。

外部程序　外部程序可以通过 RS232 接口传送到控制系统,然后按 NC 启动键后立即执行。

8.8.1　选择和启动零件程序加工

在启动程序之前必须要调整好系统和机床,安装校正、夹紧好零件毛坯,同时还必须注意机床生产厂家的安全说明。

操作步骤

Auto 按自动方式键选择自动工作方式。

PROGRAM 显示出系统中所有的程序。

◀、▲、▼、▶ 把光标移动到要执行的程序上。

执行 用执行键选择待加工的程序，被选择的程序名显示在屏幕区“程序名”下。

程序控制 如果有必要，你可以确定程序的运行状态(见图 8.23)。

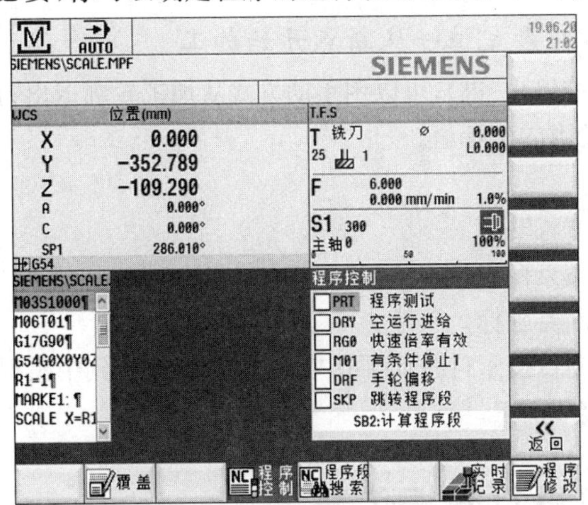

图 8.23 程序控制窗口

CycleStart 按下数控启动键执行零件程序。

8.8.2 程序段搜索加工

前提条件：程序已经选择，系统处于复位状态。

操作步骤

搜 索 使用程序段搜索功能查找所需要的零件程序。查询目标可以通过光标直接定位到程序段上(见图 8.24)。

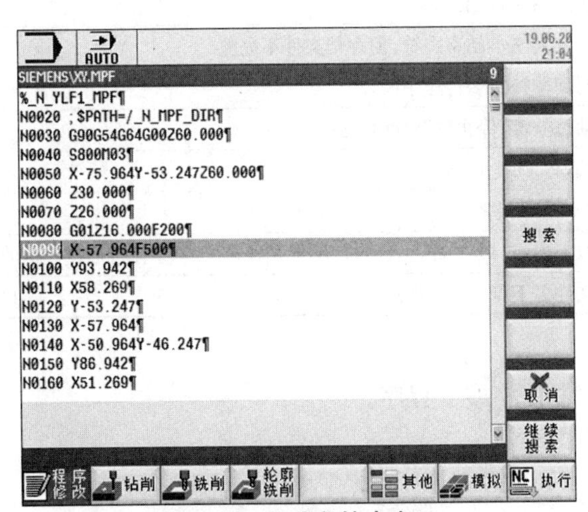

图 8.24 程序段搜索窗口

使用区域定义确定从哪一位置开始搜索。

搜索结果 窗口中显示所搜索到的程序段。

8.8.3 停止、中断及重新返回加工

1）停止、中断零件加工

操作步骤

用数控停止键停止加工的零件程序，按“数控启动键”可恢复被中断了的运行。

用复位键中断加工的零件程序，按“数控启动键”重新启动，程序从头开始运行。

2）程序中断之后的再定位一从断点开始加工

程序中断后（用“数控停止”键），可以用手动方式从加工轮廓退出刀具。控制器将中断点坐标保存，并能显示离开轮廓的坐标值。

操作步骤

选择“自动运行方式”。

程序段搜索　打开搜索窗口，准备装载中断点坐标。

搜索断点　装载中断点坐标。

计算轮廓　启动中断点搜索，使机床回中断点。执行一个到中断程序段起始点的补偿。

按数控启动键继续加工。

8.9 与计算机进行数据传送

通过 RS232 接口进行数据传送

输出功能是通过控制系统的 RS232 接口把机床数据读出（比如：零件程序、系统参数等），并保护到外部设备中，同样也可以从那儿把数据再读入到系统中。当然，RS232 接口必须与外部设备相匹配（见表 8.3）。

表 8.3　传送信息及其含义

信　息	含　义
0K	传送结束，没有出错
ERR EOF	接收到文本结束字符，但存档文件不完整
Time out	时间监控报警传送中断
User Abort	通过软键“停止键”中断传送
Error Com	端口 COM 出错
NC/PLC Error	NC 故障报警
Error data	数据出错（1）文件读人时带/不带先导符；（2）穿孔带形式传送的文件没有文件名
Error File Name	文件名不符合 NC 规范

文件类型：

● 零件程序　零件主程序或子程序。

● 循环　标准循环。

操作顺序

打开“程序管理器”，进入 NC 程序主目录。

读　　出　用此键通过 RS232 接口读出存储零件程序。

全部文件　使用此键选择所有的文件。

选择零件程序目录中所有的文件，并开始数据传送。

启　　动　用此键启动输出过程。

从零件程序目录中输出一个或几个文件。按“停止”键中断传送过程

读　　入　按此键通过 RS232 接口装载零件程序。

错误记录　错误记录。

所有传送的文件均列表并显示状态信息：

● 对于输出文件：文件名称，故障应答。

● 对于输入文件：文件名称和路径参数，故障应答。

外部程序开头必须改成系统能接受的如下格式(输入以下两行内容不允许有空格)：

%_N_程序名_MPF

；$ PATH=/_N_MPF_DIR

DNC 自动加工　按“外部程序”键。

在外部计算机上使用 PCIN，并在数据输出栏接通程序输出。此时程序被传送到缓冲存储器，并被自动选择且显示在程序选择栏中。为有助于程序执行，最好等到缓冲存储器装满为止。

用“NC 启动”键开始执行该程序，该程序被一段一段装入系统进行加工，直至全部结束。

注意事项：

①在“系统/数据 I/O”区，有错误提示，操作者可以看到多种传送错误。

②对于外部读入的程序，不可以进行程序段搜索。

8.10 数控铣床安全操作注意事项

(1) 数控铣床开机顺序是：先开总电源，数控系统上电正常显示后，释放急停开关，再按“复位”键。

(2) 数控铣床关机顺序是：先按“复位”键，再按下“急停”开关，最后关闭总电源。

(3) 开机后要先回机床零点，否则不能加工与对刀。机床回零时，一般要先回 Z 方向，再回 X、Y 方向，防止刀具碰到工件。

(4) 刀具是否确实锁紧。工件是否确实夹紧。主轴转动是否平稳。高速运转时，加工零件或刀具是否会松落飞出(注意压力及夹持方式是否稳固)。

(5) 工件零点设置(G54－G59)是否正确，基本零偏(BASIC)是否有数值输入。二者不能重复设置。查看刀具补正值是否正确。刀具半径和长度设置是否正确。

(6) 试切削后，修改程序时要确实核对小数点、正负号，并用单节操作，以免因该错误而产生撞机。

(7) 确认工件夹持方向正确，夹紧力是否合适。夹具与刀具路径是否干涉。

(8) 开始执行时，应检查程序是否回到程序起始之正确位置。

(9) 中途停机重新开始执行时，应注意其位置是否在正确的出发点位置。

(10) 数控机床在模拟时 PRT 开关是否打开，否则机床会运动，极易撞刀。此时空运行开关也已打开，以加快模拟速度。

(11) 模拟加工完成后，空运行开关必须要关闭。否则切削速度会很快，刀具与工件都会损坏。

9 综合编程实例

9.1 数控车床综合编程实例

9.1.1 综合实例(一)——带内瓦、调头加工

编写如图 9.1 所示的零件的加工程序。

毛坯尺寸:直径为 40 mm,长度 42 mm;毛坯材料:45#。

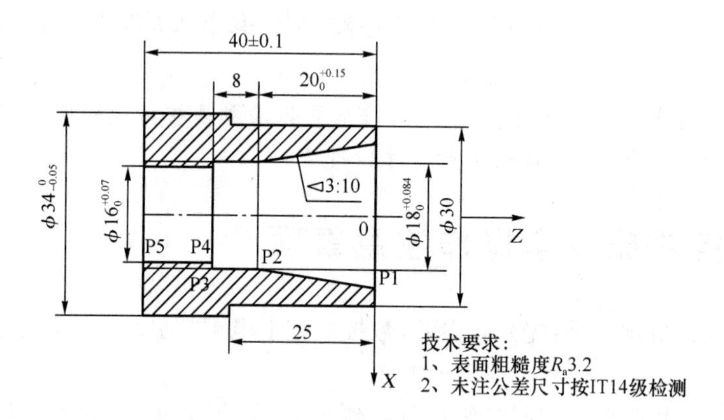

图 9.1 综合实例(一)

1) 零件加工工序(见表 9.1)

表 9.1 实例(一)加工工序

工步号	工步内容	刀具号	切削用量		
			背吃量 a_p(mm)	进给速度 f(mm/r)	主轴转速 n(r/min)
1	夹住毛坯外圆,车右端面	T01	1~2	0.2	600
2	车倒角及 ϕ30 外圆	T01	1~2	0.2	600
3	自动(手动)钻中心孔	T02	1.5	0.1	800
4	自动(手动)钻 ϕ14 孔	T03	8	0.08	400
5	粗车 ϕ16+0.070、ϕ18+0.084 0 等内轮廓,留 0.4 mm 精加工余量	T04	1~2	0.15	600
6	精车 ϕ16+0.070、ϕ18+0.084 0 等内轮廓至尺寸要求	T05	0.2	0.1	800
7	调头装夹 ϕ30 外圆,车左端面,控制工件总长为 40±0.1	T01	1~2	0.15	600
8	车 ϕ34 外圆至尺寸	T01	1~2	0.2	600
9	自检尺寸,上交零件				

2）零件加工程序

①建立工件坐标系

加工右侧表面时取右端面与工件轴线交点为工件坐标系原点，加工左侧表面时则取左侧端面与工件轴线交点为工件原点，本课题左侧面加工程序略。

②计算基点坐标

基点坐标按各点极限尺寸的平均值进行计算，内轮廓各点坐标见表 9.2。

表 9.2　基点坐标

基点	坐标(X,Z)	基点	坐标(X,Z)
P1	(24,0)	P4	(16.035,−28.125)
P2	(18.042,−20.075)	P5	(16.035,−40)
P3	(18.042,−28.125)		

③参考程序

法那克系统程序名“O0001”，中心孔及 ϕ14 孔采用手动钻削(见表 9.3)。

表 9.3　加工程序

程序段号	程序内容	说　明	备注
	O0001	程序名	内轮廓加工程序
N05	G97 G99 M3 S600 G21	程序初始化	
N10	T0101	选择 T01 号外圆车刀，1 号刀补	
N20	G00 X0 Z2	刀具移近至进刀点	
N30	G01 Z0 F0.2	刀具加工至工件原点	
N40	X35	车右端面	
N50	Z−24.8	粗车 ϕ30 外圆	
N60	X32	刀具沿 X 方向退出	
N70	G00 Z2	刀具沿 Z 方向退回	
N80	X30	刀具沿 X 方向进刀	
N90	G01 Z−25 F0.1	车 ϕ30 外圆至尺寸	
N100	X42	刀具沿 X 方向退出	
N110	G00 X100 Z200	刀具沿 Z 方向退回	
N120	M0	程序停，手动钻中心孔、钻孔	
N130	T0202	换内孔粗车刀	
N135	G50 S1400	恒定切削速度控制，切削速度为 90 m/min，主轴最高转速 1 400 r/min	
N140	G96 S90		
N150	G00 X12 Z2	刀具移至循环起点	
N160	G71 U1 R1	设置循环参数，调用粗加工循环	
N170	G71 P180 Q240 U-0.4 W0.2		

续表 9.3

程序段号	程序内容	说　明	备注
	O0001	程序名	内轮廓加工程序
N180	G00 X24 F0.1	精加工内轮廓程序段	
N190	G01 Z0		
N200	X18.042 Z−20.075		
N210	Z−28.125		
N220	X16.035		
N230	Z−42		
N240	X14.2		
N250	G00 X100 Z200	刀具退回至换刀点	
N260	M0 M5	主轴停、程序停、测量	
N270	T0202	换内孔精车刀	
N275	G50 S2000	恒定切削速度控制，切削速度为 120 m/min，最高工件转速 2 000 r/min	
N280	G96 S120		
N290	G00 X12 Z2	刀具移至循环起点	和粗加工相同
N300	G70 P180 Q240	调用精加工循环，精加工内轮廓	
N305	G97 G00 X100 Z200	取消恒定切削速度控制	
N310	M30	程序结束并返回加工起始点	

9.1.2　综合实例(二)——带内孔、调头加工

编写如图 9.2 所示的零件的加工程序。

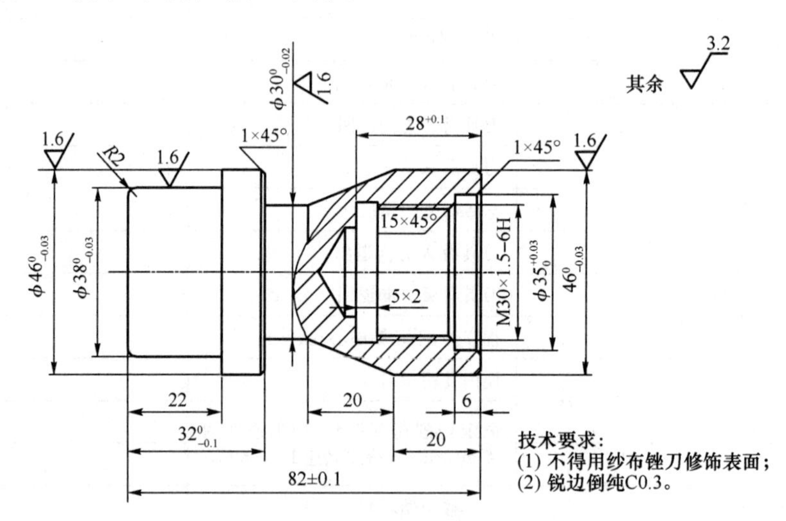

图 9.2　综合实例(二)

毛坯尺寸：直径为 50 mm；长度 86 mm，毛坯材料：45＃。

1）零件加工工序（见表 9.4）

表 9.4 实例（二）加工工序

工步号	工步内容	选用刀具	主轴转速 n(r/min)	进给速度 f(mm/r)	背吃刀量 a_p(mm)
1	夹毛坯，伸出长度超 60 mm，车平端面	93°外圆车刀	800	手动	0.5
2	钻孔深 32 mm	ϕ20 麻花钻	350	手动	
3	粗镗零件右端内孔轮廓	镗孔刀	600	0.15	1
4	精镗零件右端内孔至尺寸要求	镗孔刀	750	0.1	0.5
5	粗精车内螺纹沟槽	内沟槽刀	450	0.06	
6	粗、精加工内螺纹至尺寸要求	内螺纹刀	600	1.5	0.2
7	粗加工零件右端外轮廓	35°菱形车刀	800	0.18	1
8	精加工零件右端外轮廓至尺寸要求	35°菱形车刀	1 200	0.1	0.3—0.5
9	调头取零件总长 82 mm	93°外圆车刀	800	手动	0.5
10	粗加工零件左端外轮廓	35°菱形车刀	800	0.18	1
11	精加工零件左端外轮廓至尺寸要求	35°菱形车刀	1 200	0.1	0.3—0.5
12	自检，上交零件				

2）零件加工程序（FANUC 系统）

①建立工件坐标系

加工右侧轮廓时取右端面与工件轴线交点为工件坐标系原点，加工左侧外圆表面时则取左侧端面与工件轴线交点为工件原点。

②计算基点坐标

基点坐标按各点极限尺寸的平均值进行计算。

③参考程序

程序段号	程序内容	说 明	备 注
	O0001	程序名	右端内孔加工程序单
N10	M03 S600	主轴以 600 r/min（正转）	
N20	T0101	调用 1 号刀——内孔镗刀，1 号刀补	
N30	G00 X20 Z2	快速点定位至毛坯加工起始点	
N40	G71 U1 R1	调用毛坯粗加工切削复合循环	
N50	G71 P60 Q130 U−0.4 W0.1 F0.2	P、Q—精加工轮廓程序段起始段和终止段程序段号 U—X 向的精加工余量 W—Z 向的精加工余量 F—粗加工进给量	X 向精加工余量符号为负
N60	G00 X37	轮廓第一点坐标	
N70	G01 Z0 F0.1		
N80	X35.015 Z−1		
N90	Z−6		
N100	X30.5		

续表

程序段号	程序内容	说　明	备　注
	O0001	程序名	右端内孔加工程序单
N110	X28.5 Z-7.5	第 5 点坐标	
N120	Z-28.05	第 6 点坐标	
N130	G01 X20	第 7 点坐标(精加工轮廓退刀点)	
N140	G00 Z150	退刀至 $X100$、$Z150$ 点处	
N150	X100		
N160	M05	主轴停止	
N170	M00	程序暂停	
N180	M03 S800	主轴以 800 r/min(正转)	
N190	T0101	调用 1 号刀——内孔镗刀,1 号刀补	
N200	G00 X20 Z2	快速点定位至毛坯加工起始点	
N210	G70 P60 Q130	调用精加工切削循环	
N220	G00 Z150	退刀至 $X100$、$Z150$ 点处	
N230	X100		
N240	M30	程序结束并返回加工起始点	

程序段号	程序内容	说　明	备　注
	O0002	程序名	右端内沟槽加工程序单
N10	M03 S450	主轴以 450 r/min(正转)	
N20	T0404	调用 4 号刀具(5 mm 宽切槽刀),4 号刀补	
N30	G00 X26 Z2	快速点定位至安全位置	
N40	G01 Z-28 F0.2	定位至切槽加工起始点 Z 坐标	
N50	X32 F0.05	切槽	
N60	G04 X1	暂停 1 s	
N70	G01 X26 F0.2	退刀至 $X26$	
N80	G00 Z200	快速退刀至 $Z200$	换刀安全位置
N90	X100	快速退刀至 $X100$	
N100	M30	程序结束并返回加工起始点	

程序段号	程序内容	说　明	备　注
	O0003	程序名	内螺纹加工程序单
N10	M03 S600	主轴以 600 r/min(正转)	
N20	T0303	调用 3 号刀——内螺纹刀,3 号刀补	
N30	G00 X26 Z2	快速点定位至毛坯加工起始点	
N40	G92 X28.5 Z-24 F1.5	调用 G92 螺纹切削复合循环	
N50	X29	第 1 点螺纹终点坐标	
N60	X29.4	第 2 点螺纹终点坐标	
N70	X29.7	第 3 点螺纹终点坐标	

续表

程序段号	程序内容	说 明	备 注
	O0003	程序名	内螺纹加工程序单
N80	X30	第四点螺纹终点坐标	
N90	G00 Z150	退刀至 *Z*150 点处	
N100	X100	退刀至安全位置	
N110	M05	主轴停止	
N120	M30	程序停止并返回加工起始点	

程序段号	程序内容	说 明	备 注
	O0004	程序名	右端外轮廓程序单
N10	M03 S600	主轴以 600 r/min(正转)	
N20	T0202	调用 2 号刀—35°菱形车刀,2 号刀补	
N30	G00 X52 Z2	快速点定位至毛坯加工起始点	坐标 X52 Z2
N40	G73 U10 W1 R12	调用粗加工外径切削复合循环	*U*-*X* 向切削余量(半径值) *R*-切削次数
N50	G73 P60 Q140 U0.4 W0.1 F0.2	*P*、*Q*—精加工轮廓程序段起始段和终止段程序段号 *U*—*X* 向的精加工余量(直径值) *W*—*Z* 向的精加工余量 *F*—粗加工进给量	
N60	G00 X44	轮廓第一点坐标	
N70	G01 Z0 F0.1		
N80	X45.985 Z−1		
N90	G01 Z−20		
N100	X29.99 Z−40		
N110	Z−50		
N120	X44		
N130	X48 Z−52		
N140	G01 X50	精加工轮廓退刀点	
N150	G00 X100	退刀至 *X*100、*Z*150 点处	换刀安全位置
N160	Z150		
N170	M05	主轴停止	
N180	M00	程序暂停	
N190	M03 S1200	主轴以 1 200 r/min(正转)	
N200	T0202	调 2 号刀——35°菱形车刀,2 号刀补	
N210	G00 X52 Z2	快速点定位至毛坯加工起始点	和粗加工定位相同
N220	G70 P60 Q140	调用精加工切削循环	
N230	G00 X100	退刀至 *X*100、*Z*150 点处	
N240	Z150		
N250	M30	程序结束并返回加工起始点	

续表

程序段号	程序内容	说　明	备　注
	O0005	程序名	右端外圆程序单
N10	M03 S600	主轴以 600 r/min(正转)	
N20	T0202	调 2 号刀——35°菱形车刀,2 号刀补	
N30	G00 X52 Z2	快速点定位至毛坯加工起始点	坐标 X52 Z2
N40	G71 U1 R1	调用粗加工轮廓封闭切削复合循环	U—X 向切削余量 R 切削次数
N50	G71 P60 Q130 U0.4 W0.1 F0.16	P、Q—精加工轮廓程序段起始段和终止段程序段号 U—X 向的精加工余量 W—Z 向的精加工余量 F—进给量	
N60	G00 X34	轮廓第一点坐标	
N70	G01 Z0 F0.1		
N80	G03 X38 Z−2 R2		
N90	G01 Z−21.95		
N100	X45.4		
N110	G01 X46 Z−22.3		
N120	Z−34		
N130	G01 X50	精加工轮廓退刀点	
N140	G00 X100	退刀至 X100、Z150 点处	换刀安全位置
N150	Z150		
N160	M05	主轴停止	
N170	M00	程序暂停	
N180	M03 S800	主轴以 800 r/min(正转)	
N190	T0303	调 2 号刀——35°菱形车刀,2 号刀补	
N200	G00 X52 Z2	快速点定位至毛坯加工起始点	
N210	G70 P60 Q130	调用精加工切削循环	
N220	G00 Z150	退刀至 X100、Z150 点处	
N230	X100		
N240	M30	程序结束并返回加工起始点	

9.1.3 综合实例(三)——配合件的加工

编写如图 9.3 所示零件的加工程序。

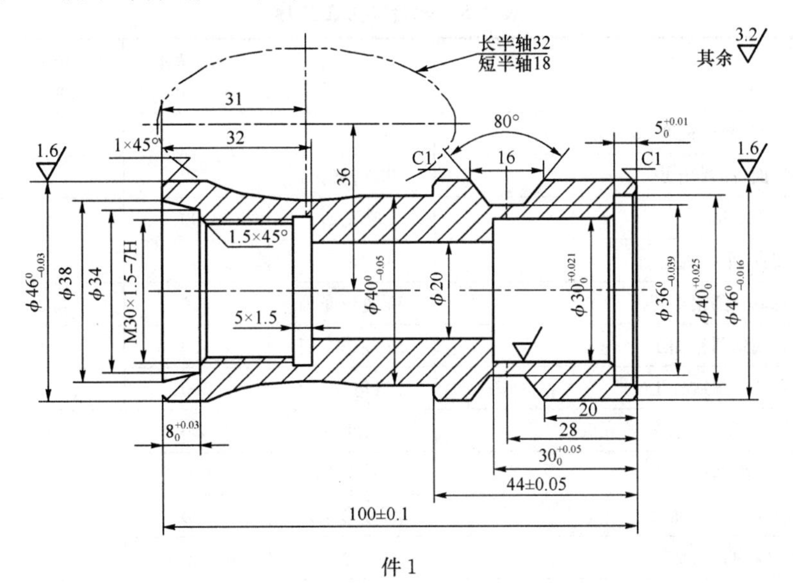

件 1

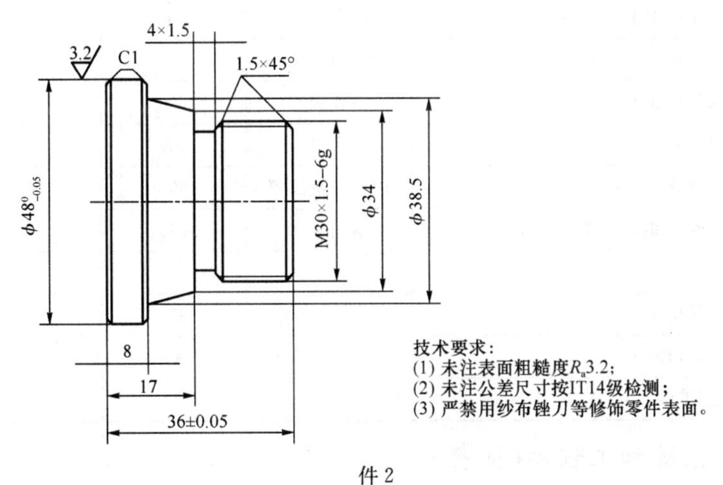

件 2

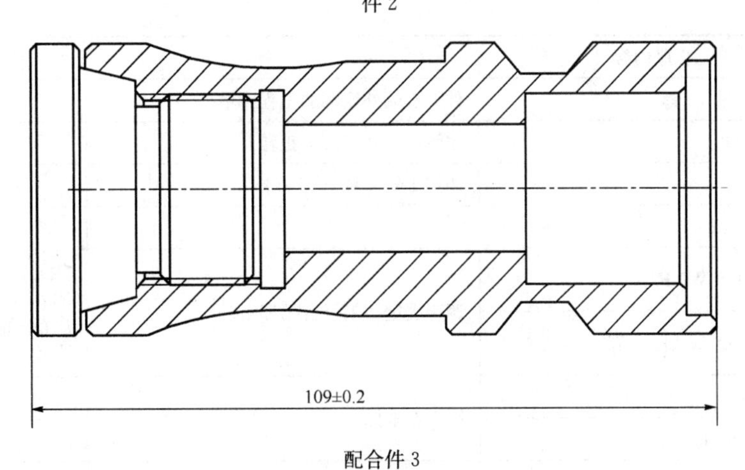

配合件 3

图 9.3 装配图

毛坯尺寸:直径为 50 mm,长度 150 mm;毛坯材料:45#。

1) 零件加工工序(见表 9.5)

表 9.5 配合件加工工序

工步号	工步内容	选用刀具	主轴转速 (r/min)	进给速度 (mm/r)	背吃刀量 (mm)
1	装夹毛坯,伸出长度 85 mm				
2	车平端面,外圆光出	93°外圆刀	750		
3	钻孔深 108 mm	麻花钻	300		
4	掉头装夹,车平端面	93°外圆刀	750	0.2	1
5	件 2 右端外圆粗加工	35°菱形车刀	650	0.2	1
6	件 2 右端外圆精加工	35°菱形车刀	800	0.1	0.5
7	件 2 右端外螺纹加工	外三角螺纹刀	600	1.5	0.2
8	切断件 2,保证总长>36 mm	切断刀	300		
9	件 1 右端外圆粗加工	35°菱形车刀	650	0.2	1
10	件 1 右端外圆精加工	35°菱形车刀	800	0.1	0.5
11	件 1 右端内孔粗加工	内孔镗刀	600	0.2	1
12	件 1 右端内孔精加工	内孔镗刀	800	0.1	0.5
13	调头取件 1 总长 100 mm	93°外圆刀	750		
14	件 1 左端内孔粗加工	内孔镗刀	600	0.2	1
15	件 1 左端内孔精加工	内孔镗刀	800	0.1	0.5
16	件 1 左端内螺纹	内三角螺纹刀	600	1.5	
17	配合件 2 和件 1,取件 2 总长 36 mm	93°外圆刀	750		
18	拆卸件 2				
19	件 1 左端外圆粗加工	35°菱形车刀	650	0.2	1
20	件 1 左端外圆精加工	35°菱形车刀	800	0.1	0.5
21	自检尺寸,卸零件				

2) FANUC 系统加工程序(见表 9.6)

程序段号	程序内容	说 明	备 注
	O0001	件 2 右端外轮廓加工程序单	
N20	M03 S600	主轴以 600 r/min(正转)	
N30	T0101	调用 1 号刀具,1 号刀补	
N40	G00 X52 Z2		
N50	G73 U11.5 W2 R13	调用固定切削复合循环 G73	U11.5—X 向切削余量 R13—循环切削次数 P、Q—精加工程序段号 U、W—精加工余量
N60	G73 P70 Q200 U0.3 W0.1 F0.2		
N70	G00 X27	第 1 点坐标	
N80	G01 Z0 F0.1		
N90	X29.9 Z−1.5	第 2 点坐标	

续表 9.6

程序段号	程序内容	说　明	备　注
	O0001	件 2 右端外轮廓加工程序单	
N100	Z−13.5	第 3 点坐标	
N110	X27 Z−15	第 4 点坐标	
N120	Z−19	第 5 点坐标	
N130	X34	第 6 点坐标	
N140	X38.5 Z−28	第 7 点坐标	
N150	X44	第 8 点坐标	
N160	X46 Z−29	第 9 点坐标	
N170	Z−35.5	第 10 点坐标	
N180	X42 Z−37.5	第 11 点坐标	
N190	Z−41	第 12 点坐标	
N200	G01 X50	退刀至毛坯轮廓处	
N210	G00 X120	快速退刀至 X120 处	
N220	Z150	快速退刀至 Z150 处	
N230	M00	程序暂停	
N240	M03 S1200	主轴以 1 200 r/min(正转)	
N250	T0101	调用 1 号刀具,1 号刀补	
N260	G00 X52 Z2	快速点定位至加工起始点	
N270	G70 P70 Q200	调用精加工循环	
N280	G00 X120	退刀至 X120、Z150 处	
N290	Z150		
N290	M30	程序结束并返回加工起始点	

程序段号	程序内容	说　明	备　注
O0002	件 2 右端外三角螺纹加工程序单		
N20	M03 S600	主轴以 600 r/min(正转)	
N30	T0202	调用 T02 外三角螺纹刀	
N40	G00 X32 Z2	快速点定位至孔加工起始点	
N50	G92 X30 Z−16 F1.5	调用螺纹切削复合循环指令 G92	螺纹的起始段终点坐标
N60	X29.5	第 2 点螺纹终点坐标	
N70	X29.1	第 3 点螺纹终点坐标	
N80	X28.7	第 4 点螺纹终点坐标	
N90	X28.5	第 5 点螺纹终点坐标	
N100	X28.2	第 6 点螺纹终点坐标	
N110	X28.05	第 7 点螺纹终点坐标	
N120	G00 X120	退刀至 X120、Z150 处	
N130	Z150		
N140	M30	程序结束	

续表 9.6

程序段号	程序内容	说　明	备　注
	O0003	件 1 右端内孔轮廓加工程序单	
N20	M03 S600	主轴以 600 r/min(正转)	
N30	T0303	调用 3 号刀镗孔刀,3 号刀补	
N40	G00 X20 Z2	快速点定位至孔加工起始点	
N50	G71U1R1	调用粗加工循环指令 G71	U 切削深度 R 退刀量
N60	G71P70Q140U−0.4W0.1F0.18	X 向精加工余量 0.4 mm,Z 向精加工余量 0.1 mm	
N70	G0 X42	第 1 点坐标	起点
N80	G1 Z0 F0.1		
N90	X40 Z−1	第 2 点坐标	
N100	Z−5	第 3 点坐标	
N110	X32	第 4 点坐标	
N120	X30 Z−6	第 5 点坐标	
N130	Z−30	第 6 点坐标	
N140	X20	第 7 点坐标	终点
N150	G00 Z120	退刀至 Z120、X100 处	
N160	X100		
N170	M05	主轴停止	
N180	M00	程序暂停	
N200	M03 S750	主轴以 750 r/min(正转)	
N210	T0202	调用镗孔刀精加工	
N220	G00 X20 Z2	快速点定位至加工起始点	
N230	G70 P70 Q140	调用精加工循环 G70	
N240	G00 Z120	退刀至 Z120、X100 处	
N250	X100		
N260	M30	程序结束	

程序段号	程序内容	说　明	备　注
	O0004	件 1 右端外轮廓加工程序单	
N10	T0101	调用 35°菱形车刀,1 号刀补	
N30	M03 S600	主轴以 600 r/min(正转)	
N40	G00 X52 Z2	快速点定位至加工起始点	
N50	G73 U7 W2 R10	调用固定切削复合循环 G73	U—X 向切削余量,R—切削次数 P、Q—精加工程序段号 U、W—精加工余量
N60	G73 P70 Q160 U0.4 W0 F0.15		

续表 9.6

程序段号	程序内容	说　明	备　注
	O0004	件 1 右端外轮廓加工程序单	
N70	G0 X44		
N80	G1 Z0 F0.15		
N90	X46 Z−1		
N100	Z−20		
N110	X36 Z−[20+5*TAN[40]]		
N120	Z−31.8		
N130	X46 Z−36		
N140	Z−43.5		
N150	X42 Z−47		
N160	G01 X50		轮廓终点
N170	G00X100	退刀至 $X100$、$Z100$ 处	
N180	Z100		
N190	M30	程序结束	
N200	M44	主轴挡位选择指令	
N210	M03 S800	主轴以 600 r/min(正转)	
N220	G00 X52 Z2	快速点定位至加工起始点	
N230	G70 P70 Q160	调用精加工循环 G70	
N240	G00 X100	退刀至 $X100$、$Z100$ 处	
N250	Z100		
N260	M30	程序结束	

程序段号	程序内容	说　明	备　注
	O0005	件 1 左端内轮廓加工程序单	
N20	M03 S600	主轴以 600 r/min(正转)	
N30	T0404	调用镗孔刀和 4 号刀补	
N40	G00 X20 Z2	快速点定位至加工起始点	
N50	G71 U1 R1	调用 G71 粗加工循环	U—切削深度,R—退刀量 P、Q—精加工程序段号 U、W—精加工余量
N60	G71 P70 Q130 U−0.4 W0.1 F0.18		
N70	G00 X38	第 1 点点坐标	
N80	G01 Z0 F0.1		
N90	X34 Z−8	第 2 点点坐标	
N100	X30.5	第 3 点坐标	
N110	X28.5 Z−9.5	第 4 点点坐标	
N120	Z−32	第 5 点点坐标	
N130	G01 X20.2	第 6 点点坐标	

续表 9.6

程序段号	程序内容	说　明	备　注
	O0005	件 1 左端内轮廓加工程序单	
N140	G00 Z100	退刀至 *X*100、*Z*100 处	
N150	X100		
N160	M00	程序暂停	
N180	M03 S800	主轴以 600 r/min(正转)	
N190	G00 X20 Z2	快速点定位至加工起始点	
N200	G70 P70 Q130	调用精加工循环 G70	
N210	G00 Z100	退刀至 *X*100、*Z*100 处	
N220	X100		
N230	M30	程序结束	

9.1.4　综合实例(四)——梯形螺纹车削编程

编写如图 9.4 所示零件的梯形螺纹加工程序。

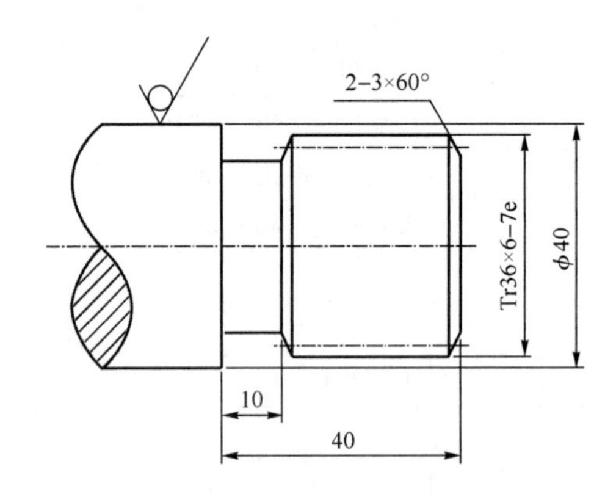

图 9.4　梯形螺纹的加工

毛坯尺寸:直径为 50 mm,长度 100 mm;毛坯材料:45#。

1) 零件加工工序(见表 9.7)

表 9.7　螺纹车削加工工序

工步号	工步内容	选用刀具	主轴转速(r/min)	进给速度(mm/r)	背吃刀量(mm)
1	夹毛坯,伸出长度超 50 mm,车平端面	93°外圆车刀	800	手动	0.5
2	粗、精车螺纹端外圆	35°菱形车刀	800	0.2	1
3	切螺纹退刀槽	3 mm 宽切槽刀	450	0.06	
4	粗、精车梯形螺纹	梯形螺纹车刀	400	6	
5	自检,上交零件				

2) 梯形螺纹零件(3种进刀方式)程序(FANUC 系统)(见表9.8)

表9.8 传送信息及其含义

程序段号	程序内容	说 明	备注
	O0001	程序名	直进法车梯形螺纹
N10	M03 S400	主轴以400 r/min(正转)	低速挡
N20	T0101	调用1号刀——梯形螺纹车刀,1号刀补	
N30	#1=3.5	设置螺纹牙高为3.5 mm	变量设置
N40	G00 X40 Z5	快速点定位至螺纹加工起始点	
N50	G33 X[29+2*#1] Z-33 F6	螺纹切削	设置螺纹终点坐标
N60	G00 X40	螺纹加工结束退刀至 *X*40、*Z*5	
N70	Z5		
N80	#1=#1-0.02	自变量设置,每次切削深度0.02 mm	螺纹的牙高不断减小
N90	IF [#1 GE 0] GOTO 40	条件跳转,当#1大于等于0时返回至N40程序段继续加工	
N100	G00 X100	螺纹加工结束,退刀至 *X*100、*Z*150点处	
N110	Z100		
N120	M30	程序结束并返回加工起始点	

程序段号	程序内容	说 明	备注
	O0002	程序名	斜进法车梯形螺纹
N10	M03 S400	主轴以400 r/min(正转)	低速挡
N20	T0101	调用1号刀——梯形螺纹车刀,1号刀补	
N30	#1=3.5	设置螺纹牙高为3.5 mm	变量设置
N40	G00 X40 Z[5-#1*TAN[15]]	快速点定位至螺纹加工起始点	以右牙侧进给切削
N50	G33 X[29+2*#1] Z-33 F6	螺纹切削	设置螺纹终点坐标
N60	G00 X40	螺纹加工结束退刀定位至 *X*40、*Z*5	
N70	Z5		
N80	#1=#1-0.05	自变量设置,每次切削深度0.05 mm	螺纹的牙高递减
N90	IF [#1 GE 0] GOTO 40	条件跳转,当#1大于等于0时返回至N40程序段继续加工	
N100	G00 X100	螺纹加工结束,退刀至 *X*100、*Z*150点处	
N110	Z150		
N120	M30	程序结束并返回加工起始点	

程序段号	程序内容	说 明	备注
	O0003	程序名	左右借刀法车梯形螺纹
N10	M03 S400	主轴以400 r/min(正转)	低速挡
N20	T0101	调用1号刀——梯形螺纹车刀,1号刀补	
N30	#1=3.5	设置螺纹牙高为3.5 mm	变量设置

续表 9.8

程序段号	程序内容	说　明	备注
	O0003	程序名	左右借刀法车梯形螺纹
N40	G00 X40 Z5	快速点定位至螺纹加工起始点	以中间进给切削
N50	G33 X[29+2* #1] Z-33 F6	螺纹切削	设置螺纹终点坐标
N60	G00 X40	螺纹加工结束退刀定位至 X40、Z5	
N70	Z5		
N80	G00 X40 Z[5-0.134-#1* TAN[15]]	快速点定位至螺纹加工起始点	以右牙侧进给切削
N90	G33 X[29+2* #1] Z-33 F6	螺纹切削	设置螺纹终点坐标
N100	G00 X40	螺纹加工结束退刀定位至 X40、Z5	
N110	Z5		
N120	G00 X40 Z[5+0.134+#1* TAN[15]]	快速点定位至螺纹加工起始点	以左牙侧进给切削
N130	G33 X[29+2* #1] Z-33 F6	螺纹切削	设置螺纹终点坐标
N140	G00 X40	螺纹加工结束退刀定位至 X40、Z5	
N150	Z5		
N160	#1=#1-0.05	自变量设置，每次切削深度 0.05 mm	螺纹的牙高递减
N170	IF [#1 GE 0] GOTO 40	条件跳转，当#1 大于等于 0 时返回至 N40 程序段继续加工	
N180	G00 X100	螺纹加工结束，退刀至 X100、Z150 点处	
N190	Z150		
N200	M30	程序结束并返回加工起始点	

说明：外圆、切槽程序略。

9.2　数控铣床综合编程实例

9.2.1　铣削加工实例(一)

编写图 9.5 所示零件在加工中心上加工的加工程序。毛坯尺寸 100 mm×100 mm×20 mm，编程零点设在毛坯对称中心的上表面。

工艺分析

(1) 刀具选用——选用 ϕ16 的铣刀粗铣外形轮廓；采用 ϕ16 的铣刀精铣外形轮廓；ϕ9.8 钻头钻孔；选择 ϕ10H8 铰刀进行铰孔；采用 ϕ10 立铣刀粗铣内轮廓，采用 ϕ10 立铣刀精铣内轮廓；倒角刀去毛刺。

(2) 工艺步骤：① 铣外形(粗铣、精铣)；

② 铣深度为 5 mm 的 32×24 的内腔；

③ 钻 2-ϕ10 的定位孔，钻 2-ϕ9.8 孔、铰孔。

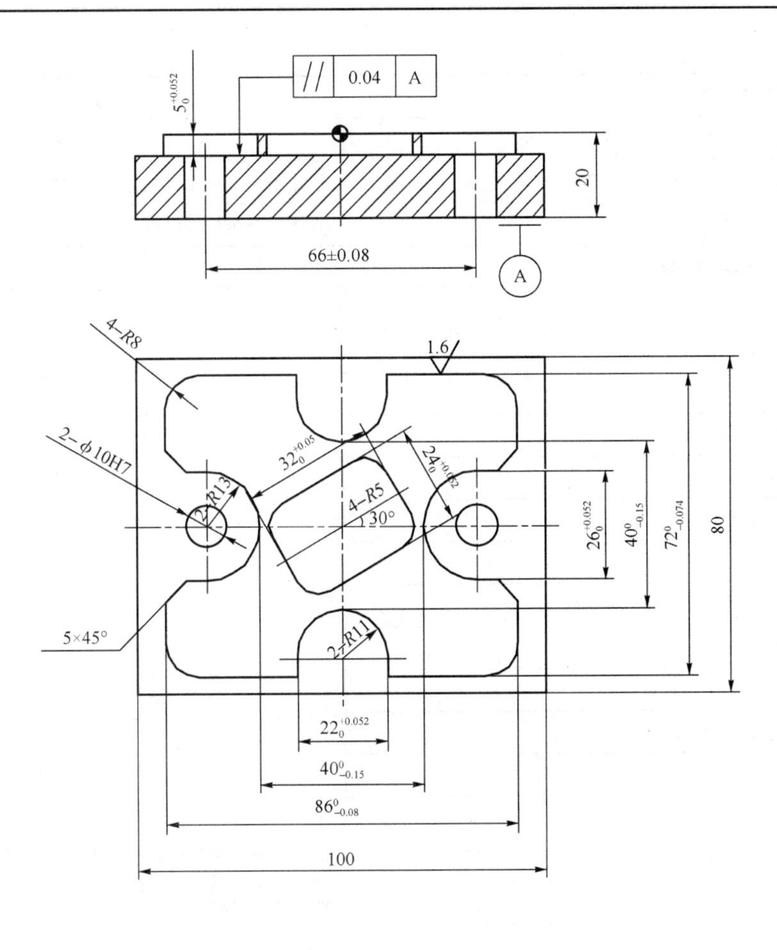

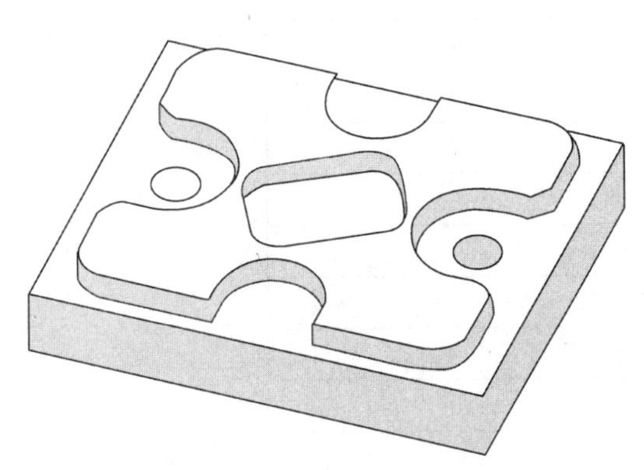

图 9.5 铣削加工实例(一)

(3) 本例工件参考程序如表 9.9 所示。

表 9.9 参考程序

SIEMENS 828D 系统程序		程序说明
程序段号	YLLWLK. MPF	主程序名
N10	G40 G90 G56 G94	程序初始化
N20	M06 T01	换 1 号刀
N30	M03 S800	主轴以 800 r/min(正转)

续表 9.9

SIEMENS 828D 系统程序		程序说明
程序段号	YLLWLK. MPF	主程序名
N40	G00 X−65 Y−60 Z10 M08	快速定位至加工起始点(左下角)
N50	G01 Z−5 F120	直线插补至切削深度(可修改)
N60	G41 G01 X−43 D01 F200	建立刀补
N70	Y−18	加工外形轮廓(粗、精加工为同一程序,加工过程中修改所使用刀具半径补偿值即可) 精加工主轴转速用 1 000 r/min
N80	X−38 Y−13	
N90	X−33	
N100	G03 Y13 CR=13	
N110	G01 X−38	
N120	X−43 Y18	
N130	Y28	
N140	G02 X35 Y36 CR=8	
N150	G01 X−11	
N160	Y31	
N170	G03 X11 CR=11	
N180	G01 Y36	
N190	X35	
N200	G02 X43 Y28 CR=8	
N210	G01 Y18	
N220	X38 Y13	
N230	X33	
N240	G03 Y−13 CR=13	
N250	G01 X38	
N260	X43 Y−18	
N270	Y−28	
N280	G02 X35 Y−36 CR=8	
N290	G01 X11	
N300	Y−31	
N310	G03 X−11 CR=11	
N320	G01 Y−36	
N330	X−35	
N340	G02 X43 Y−28 CR=8	
N350	G40 G01 X−65 Y−60	取消刀补
N360	G00 Z100	抬刀
N370	M09	关闭冷却液
N380	M30	程序结束并返回加工起始点

续表 9.9

SIEMENS 828D 系统程序		程序说明
程序段号	YLLZK. MPF	钻孔程序主程序名
N10	G40 G90 G56 G94	程序初始化
N20	M06 T02	换 2 号刀(ϕ9.8 钻头)
N30	M03 S600	主轴以 600 r/min(正转)
N40	G00 X33 Y0 Z50 M08 F80	快速定位至加工起始点
N50	CYCLE81(20,0,5,−22,,)	调用钻孔循环钻孔加工
N60	G00 X−33	
N70	CYCLE81(20,0,5,−22,,)	
N80	G00 X0 Y0	钻内轮廓工艺孔
N90	CYCLE81(20,0,5,−4.95,,)	
N100	G00 Z100	退刀
N110	M09	关闭冷却液
N120	M30	程序结束并返回加工起始点

SIEMENS 828D 系统程序		程序说明
程序段号	YLLZK. MPF	内轮廓程序主程序名
N10	G40 G90 G56 G94	程序初始化
N20	M06 T03	换 3 号刀(ϕs10 立铣刀)
N30	M03 S1000	主轴以 1 000 r/min(正转)
N40	G00 X0 Y0 Z50 M08	快速定位至加工起始点
N50	G01 Z−5 F100	定位至 Z 向加工起始点
N60	ROT RPL=30	坐标旋转指令
N70	G41 G01 X−10 Y−12 F150	加工内轮廓
N80	X10	
N90	G03 X16 Y−6 CR=6	
N100	Y6	
N110	G03 X10 Y12 CR=6	
N120	X−10	
N130	G03 X−16 Y6 CR=6	
N140	G01 Y−6	
N150	G03 X−10 Y−12 CR=6	
N160	G40 G01 X0 Y0	
N170	ROT	
N180	G00 Z100	退刀
N190	M09	关闭冷却液
N200	M30	程序结束并返回加工起始点

9.2.2　铣削加工实例(二)

编写如图 9.6 所示零件在加工中心上加工的加工程序，毛坯尺寸 150 mm×150 mm×25 mm，零点设在毛坯上表面的对称中心。

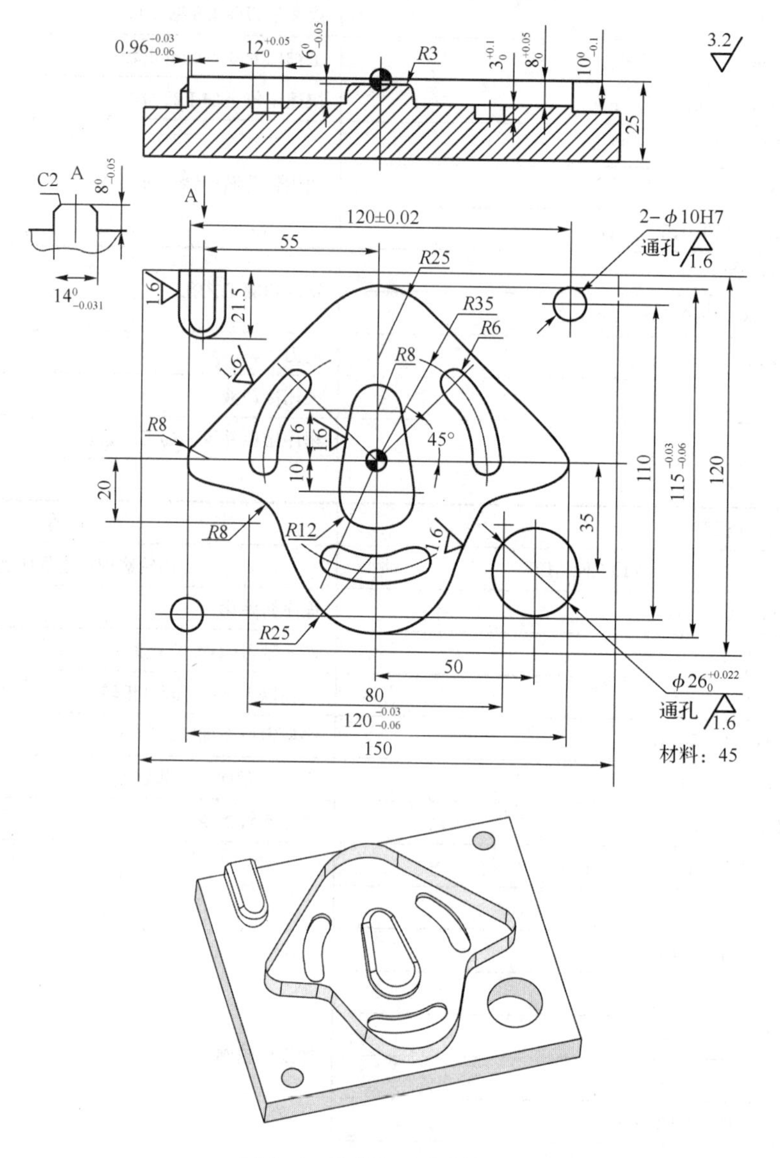

图 9.6　铣削加工实例(二)

工艺分析：

(1) 刀具选用：ϕ16 立铣刀、ϕ9.8 钻头、ϕ12 mm 键槽铣刀、R3 球头刀、ϕ10H7 铰刀、ϕ20－30 可调精镗刀。

(2) 加工步骤：① 采用 ϕ16 立铣刀粗、精加工外形轮廓；

② 选择 9.8 钻头钻孔，同时在内型腔加工工艺底孔；

③ 采用 ϕ16 立铣刀粗、精铣内型腔轮廓，同时将 ϕ26 孔扩至 ϕ25.6 mm；

④ 采用 ϕ12 mm 键槽铣刀加工三个圆弧槽；

⑤ 选择精镗刀进行镗孔加工；

⑥ 采用立铣刀或球头刀进行轮廓倒角和倒圆加工；

⑦ 手动去毛刺，自检尺寸，完成零件加工。

(3) 本例工件参考程序(见表 9.10)。

表 9.10

SIEMENS 828D 系统程序		程序说明
程序段号	JWLK. MPF	外轮廓加工程序主程序名
N10	G40 G90 G56 G94	程序初始化
N20	M06 T01	换 1 号刀(ϕ16 立铣刀)
N30	M03 S800	主轴以 800 r/min(正转)
N40	G00 X−76 Y−76 Z10 M08	快速定位至加工起始点
N50	G01 Z−10 F120	直线插补至切削深度(可修改)
N60	G41 G01 X−23.05 Y−36.69 D01	建立刀补
N70	X−32.63 Y−16.9	加工外形轮廓 如果要使用该程序加工薄壁内轮廓，则先修改起刀点和退刀点位置，再将 G41 改成 G42，同时修改刀具半径参数补偿值即可(粗、精加工为同一程序，加工过程中修改所使用刀具半径补偿值即可)
N80	G03 X−37.16 Y−12.52 CR=8	
N90	G01 X−50.42 Y−7.48	
N100	G02 X−53.69 Y5.16 CR=8	
N110	G01 X−19.1 Y46.13	
N120	G02 X19.1 CR=25	
N130	G01 X53.69 Y5.16	
N140	G02 X50.42 Y−7.48 CR=8	
N150	G01 X37.16 Y−12.52	
N160	G03 X32.63 Y−16.9 CR=8	
N170	G01 X23.05 Y−39.69	
N180	G02 X−23.05 CR=25	
N190	G40 G01 X−76 Y−76	取消刀补
N200	G00 Z100	抬刀
N210	M09	关闭冷却液
N220	M30	程序结束

SIEMENS 828D 系统程序		程序说明
程序段号	YLLZK. MPF	钻孔程序主程序名
N10	G40 G90 G56 G94	程序初始化
N20	M06 T02	换 2 号刀(ϕ9.8 钻头)
N30	M03 S600	主轴以 600 r/min(正转)
N40	G00 X60 Y55 Z50 M08 F80	快速定位至加工起始点
N50	CYCLE81(20,0,5,−26,,)	调用钻孔循环钻孔加工
N60	G00 X−60 Y−55	
N70	CYCLE81(20,0,5,−26,,)	

续表 9.10

SIEMENS 828D 系统程序		程序说明
程序段号	YLLZK. MPF	钻孔程序主程序名
N80	G00 X−35 Y0	钻内轮廓工艺孔
N90	CYCLE81(20,0,5,−7,98,,)	
N100	G00 X35 Y0	
N110	CYCLE81(20,0,5,−7.98,,)	
N120	G00 X0 Y−35	
N130	CYCLE81(20,0,5,−7.98,,)	
N140	G00 Z100	退刀
N150	M09	关闭冷却液
N160	M30	程序结束并返回加工起始点

SIEMENS 828D 系统程序		程序说明
程序段号	YLLZK. MPF	铣中间凸台程序主程序名
N10	G40 G90 G56 G94	程序初始化
N20	M06 T01	换 2 号刀(ϕ16 铣刀)
N30	M03 S800	主轴以 600 r/min(正转)
N40	G00 X−20 Y16 Z50 M08 F150	快速定位至加工起始点
N50	G01 Z−8 F80	Z 向下刀至底面
N60	G41 G01 X−10 D01	加工中间凸台轮廓
N70	X0	
N80	G02 X7.8 9.78 CR=8	
N90	G01 X11.7 Y−7.33	
N100	G02 X−11.7 CR=−12	
N110	G01 X−7.8 Y9,78	
N120	G02 X0 Y16 CR=8	
N130	G40 G0 X15	
N140	G00 Z100	抬刀
N150	M09	关闭冷却液
N160	M30	程序结束并返回加工起始点

SIEMENS 828D 系统程序		程序说明
程序段号	YLLZK. MPF	铣中间圆弧槽程序主程序名
N10	G40 G90 G56 G94	程序初始化
N20	M06 T01	换 2 号刀(ϕ16 铣刀)
N30	M03 S800	主轴以 600 r/min(正转)
N40	G00 X0 Y0 Z5 M08 F150	快速定位至加工起始点
N50	SLOT2(2,0,2,−8,,3,45,16,35,0,35,0,60,60,120,4,,0.1,2,0.5,,0,)	铣中间 3 个圆弧槽
N60	G00 Z100	抬刀

续表 9.10

SIEMENS 828D 系统程序		程序说明
程序段号	YLLZK. MPF	铣中间圆弧槽程序主程序名
N70	M09	关闭冷却液
N80	M30	程序结束并返回加工起始点

SIEMENS 828D 系统程序		程序说明
程序段号	YLLZK. MPF	镗 φ26 孔程序主程序名
N10	G40 G90 G56 G94	程序初始化
N20	M06 T03	换 2 号刀(φ16 精镗刀)
N30	M03 S800	主轴以 600 r/min(正转)
N40	G00 X50 Y-35 Z5 M08 F150	快速定位至加工起始点
N50	CYCLE86(10,0,1,-26,,1,3,2,3,1,45,0,1,12)	镗 φ26 的孔
N60	G00 Z100	抬刀
N70	M09	关闭冷却液
N80	M30	程序结束并返回加工起始点

SIEMENS 828D 系统程序		程序说明
程序段号	TTDJ. MPF	钻孔程序主程序名
N10	G40 G90 G56 G94	程序初始化
N20	M06 T01	换 1 号刀为直径 16 立铣刀
N30	M03 S600	主轴以 600 r/min(正转)
N40	G00 X-20 Y0 Z50 M08	快速定位至加工起始点
N50	R1=0	角度赋初值为 0
N60	MM:R2=3*SIN(R1)-5	刀位点 Z 坐标,初值为-5
N70	R3=8-(3-3*COS(R1))	刀具半径补偿值参数
N80	$TC_DP6[1,1]=R3	导入刀具半径补偿参数
N90	G01 Z=R2 F60	Z 向加工深度
N100	G41 G01 X-11.86 Y-8.15 D01	中间凸台倒圆角,该段程序也可以以子程序形式编程
N110	G01 X-7.9 Y17.23	
N120	G02 X7.9 CR=8	
N130	G01 X22.5	
N140	G03 X32.5 Y-29.64 CR=8	
N150	G01 X11.86 Y-8.15	
N160	G02 X-11.86 CR=-12	
N170	G40 G01 X-20 Y0	
N180	R1=R1+2	角度增量为 2°
N190	IF R1<=90 GOTOB MM	条件判断
N200	G00 Z100	退刀
N210	M09	关闭冷却液
N220	M30	程序结束并返回加工起始点

注:选择本程序加工倒圆角时,请务必使用 φ16mm 立铣刀进行加工。

参 考 文 献

[1] 华茂发.数控机床加工工艺[M].北京:机械工业出版社,2010
[2] 赵志修.机械制造工艺学[M].北京:机械工业出版社,1985
[3] 周泽华.金属切削原理[M].上海:上海科学技术出版社,1993
[5] 缪德建.CAD/CAM应用技术[M].南京:东南大学出版社,2013
[6] 陈吉红.数控机床现代加工工艺[M].武汉:华中科技大学出版社,2009
[7] 张洪江.数控机床与编程[M].北京:北京大学出版社,2010
[8] 《实用数控加工技术》编委会编.实用数控加工技术[M].北京:兵器工业出版社,1994
[9] 中国机械工业教学协会组编.数控加工工艺及编程[M].北京:机械工业出版社,2001
[10] 金属切削世界[J].山特维克可乐满的商务及技术杂志.3/11
[11] 金属切削世界[J].山特维克可乐满的商务及技术杂志.1/13
[12] 山特维克可乐满切削手册[M].6/10
[13] 山特维克可乐满金属切削基础教材资料[J]
[14] 山特维克可乐满铣削应用指南[J]
[15] 顾雪艳.数控加工编程操作技巧与禁忌[M].北京:机械工业出版社,2007
[16] 邓奕.数控加工技术实践[M].北京:机械工业出版社,2010